Paul Ch. Donders · Johannes Hüger

# Wertvoll und wirksam führen

Paul Ch. Donders · Johannes Hüger

# Wertvoll und wirksam führen

## In Balance von Mensch und Ergebnis

*Vier-Türme-Verlag*

## Widmungen

PAUL CH. DONDERS

Für Jeroen, der nicht nur ein begabter Denker und Leiter ist, sondern auch ein sehr angenehmer Reisegefährte und außerdem mein Sohn, auf den ich außerordentlich stolz bin!

JOHANNES HÜGER

Dieses Buch widme ich vor allem meinem Vater Alois Paul Hüger, dem ich durch sein Leben und Vorbild sehr viel verdanke.

**Bibliografische Informationen der Deutschen Nationalbibliothek**

Die Deutsche Nationalbibliothek verzeichnet diese Publikation in der Deutschen Nationalbibliografie.
Detaillierte bibliografische Daten sind im Internet über http://dnb.d-nb.de abrufbar.

1. Auflage 2011


Lektorat: Judith Engst
Umschlaggestaltung: Thomas Uhlig, www.coverdesign.net
Umschlagbild: www.f1online.de
Druck und Bindung: Friedrich Pustet KG, Regensburg
ISBN 978-3-89680-498-3

*www.vier-tuerme-verlag.de*

INHALT


## 1 Einführung 7

1.1 Führung heute – oder: Warum begegnen uns heute die Herausforderungen, mit denen wir uns konfrontiert sehen? 11
1.2 Wertvoll und wirksam führen – das integrierte Führungsmodell 29

## 2 Selbstverantwortung 59

2.1 Gestaltungswille 65
2.2 Integrität 74
2.3 Leistungswille 79
2.4 Achtsamkeit 84
2.5 Maßhalten 89

## 3 Soziale Verantwortung 93

3.1 Verbundenheit 100
3.2 Respekt 104
3.3 Die Haltung des Unterstützens, der Hilfsbereitschaft und des Gebens 112
3.4 Vertrauen 116
3.5 Mut 120

## 4 Soziale Kompetenz 127

4.1 Menschenkenntnis 130
4.2 Beziehungskompetenz 137
4.3 Menschen/Mitarbeiter führen 142
4.4 Kommunikation 154
4.5 Teambildung 164

## 5 Managementkompetenz 173

5.1 Fach- und Innovationskompetenz 176
5.2 Richtungskompetenz 181
5.3 Organisationskompetenz 189
5.4 Systematische und strategische Personalentwicklung 197

## 6 Identität 203

6.1 Selbstkenntnis 207
6.2 Perspektive 219
6.3 Lebensbalance 224
6.4 Spiritualität 230
6.5 Selbstreflexion 237

## 7 Abschluss und Ausblick 243

7.1 Mandat und Führungsautorität 245
7.2 Führungsqualität entwickeln 253

**Nachwort** 260

**Quellenverzeichnis** 261

**Dank** 264

# 1 Einführung

*Der Weise höre und vermehre sein Wissen,*
*der Verständige lerne kluge Führung.*

BIBEL, BUCH DER SPRÜCHE 1,5

Ach du liebe Zeit – schon wieder ein neues Buch über Führung! Als ob es nicht schon mehr als genug Literatur darüber gäbe. Aber das Thema Führung ist einfach zu spannend und wirft viele Fragen auf. Sind Sie eine Führungskraft? Wer kann sich überhaupt als Führungskraft bezeichnen? Was macht gute Führung aus? Kann man Führung erlernen? Wie entwickelt man Führungskompetenz? Stimmt es, dass Führung heute ein anderes Verhalten voraussetzt als noch vor 50 Jahren?

In diesem Buch nehmen wir Sie mit auf eine spannende Reise, auf der wir diesem Thema sehr praxisbezogen auf den Grund gehen. Falls Sie (noch) keine Führungskraft sind, legen Sie das Buch nicht gleich aus der Hand! Vielleicht sind Sie näher dran, als Sie denken. Wir hoffen auf jeden Fall, dass dieses Buch in Ihnen die Sehnsucht nach gesunder Führung weckt. Wir hoffen, Sie bekommen Lust auf Führungsverantwortung. Und wir hoffen, die Lektüre macht Sie zu einer noch besseren Führungskraft, als Sie es bereits sind. Ob wir Ihnen das zutrauen? – Auf jeden Fall!

Wir betrachten es als Privileg, als unsere Berufung, an einer neuen, gesunden Führungskultur mitzuwirken. Gesunde Führung sorgt auf lange Sicht für gesunde Ergebnisse. Sie trägt dazu bei, dass kränkelnde Unternehmen und Organisationen gesund werden. Sie ist ein wichtiger Rahmen für die Gesundheit (Gesundung) von Menschen. Gesunde Führung schließt auch die Verantwortung für unsere Umwelt mit ein. Kranke Führung ist dagegen hochansteckend und infiziert ... Gerne können Sie diesen Satz vollenden und ergänzen, was alles von kranker Führung infiziert wird. Natürlich ist der Vergleich schlechter Führung mit einer hochansteckenden Krankheit krass. Aber schauen Sie sich doch einmal in der Praxis um. Sie werden schnell die Bestätigung finden, wie sehr ein Unternehmen oder eine Organisation und sämtliche Mitarbeiter an schlechter Führung kranken können. Ist der Anspruch, eine gesunde Führungskultur zu etablieren, nicht ein bisschen zu hoch? Letztendlich müssen aus Sicht einer Führungskraft doch einfach die Zahlen stimmen. Das ist zwar richtig – und doch könnte es um mehr gehen.

Um diesem Anspruch gerecht zu werden, beobachten, forschen, sammeln und arbeiten wir seit über 25 Jahren mit praktischen Erfahrungen und theoretischem Wissen in diesem Bereich. Hinter unserer Arbeit steckt die nüchterne Analyse verschiedenster Modelle, aktueller Literatur und anderer Forschungsergebnisse. Viele Arbeiten von Kollegen aus unterschiedlichen Ländern und Kulturkreisen sind eingeflossen. Trotzdem haben wir uns entschieden, kein wissenschaftliches Buch zu schreiben.

Es gibt hervorragende Bücher, die das Thema Führung ganz einfach machen. Sie sind eine große Hilfe für jemanden, der neu ist, wenig Zeit hat und im Dickicht zahlreicher Fachveröffentlichungen zum Thema Führung den Einstieg wagt. Daneben gibt es sehr gute, sehr tiefgründige Bücher international bekannter Experten wie etwa Malik, Collins, Drucker. Das sind Autoren, die wir sehr respektieren, von denen wir viel gelernt haben und deren Arbeiten vielen Führungskräften eine große Hilfe sind.

Warum aber ist aus unserer Sicht ein neues Buch zur Führungskultur nötig? Weil es einen Aspekt gibt, der in den meisten Büchern fehlt. Er wird entweder als selbstverständlich vorausgesetzt oder gänzlich vergessen. Es handelt sich um die Bedeutung von Haltung und Werten. Sprich, es kommt auf die Einstellung, den Charakter einer Führungskraft entscheidend an. Interessanterweise liefern hierzu gerade aktuelle neurobiologische Erkenntnisse viel Bedeutsames. Dazu später mehr.

### Was Sie erwartet

Dieses Buch besteht aus mehreren Teilen:

- **Führung heute – oder: Warum haben wir die Probleme, die wir heute haben?** Führung findet immer in einem bestimmten Kontext statt, kulturell wie zeitgeschichtlich. Ohne die Auseinandersetzung mit dem kulturellen und geschichtlichen Umfeld ist eine Weiterentwicklung der Führungskultur nicht möglich. Was nutzt es uns, heute alles so zu machen, wie es vor 100 Jahren als richtig empfunden wurde? In diesem ersten Teil (Abschnitt 1.1) finden Sie außerdem einige grundsätzliche Denkanstöße zum Thema Führung.

- **Die Schlüsselprinzipien – ein Überblick über unser Führungsmodell »wertvoll und wirksam führen«.** Welches sind heute Schlüsselprinzipien, die gute Führung ausmachen? Wie greifen diese Prinzipien ineinander? In Abschnitt 1.2 stellen wir Ihnen ein Modell vor, das Ihnen einen Überblick über das gesamte Thema werteorientierter Führung gibt. Sie erfahren, warum unser Führungsmodell aus fünf Dimensionen besteht, nämlich aus den Dimensionen Identität, Fach- und Managementkompetenz, soziale Kompetenz, Selbstverantwortung und soziale Verantwortung.
- **Dimensionen von Führung und die zugehörigen Handlungsfelder:** Die oben genannten Dimensionen von Führung bilden gewissermaßen die Kapitelüberschriften. Zu jeder Dimension gehören bestimmte Handlungsfelder – also Dinge, die Sie als Führungskraft tun, Kompetenzen, die Sie stärken, oder Fähigkeiten, die Sie trainieren sollten.

In Kapitel 2 geht es um die Handlungsfelder der Selbstverantwortung, in Kapitel 3 um die der sozialen Verantwortung. Zu den Handlungsfeldern der sozialen Kompetenz lesen Sie mehr in Kapitel 4 und mit den Handlungsfeldern, die zur Fach- und Managementkompetenz gehören, beschäftigen wir uns in Kapitel 5 näher.

Gehen Sie mit uns auf die Reise!

## 1.1 Führung heute – oder: Warum begegnen uns heute die Herausforderungen, mit denen wir uns konfrontiert sehen?

*Die Spannbreite unseres Denkens und Handelns ist durch das begrenzt, was wir nicht bemerken. Und da wir nicht merken, dass wir es nicht bemerken, können wir nur wenig tun, um uns zu ändern; bis wir merken, wie stark die Tatsache, dass wir es nicht bemerken, unser Denken und Handeln formt – und uns neu auf den Weg machen.*

RONALD DAVID LAING, BRITISCHER PSYCHIATER

Haben Sie schon einmal in Ruhe darüber nachgedacht, welche Auswirkungen schwache beziehungsweise gute Führung hat?

Aber wenn Sie sich aufmerksam umsehen, zeigt sich durchaus, welch zentralen Einfluss das Thema Führung auf alle Lebensbereiche nimmt. Ob im Hinblick auf das Miteinander oder auf notwendige Weiterentwicklungen in Wirtschaft, in Politik, Kirche, Schule oder Verein: Es gibt keinen Bereich unserer Gesellschaft, in dem das Thema Führung und die Frage, wie geführt wird, nicht eine tragende Rolle spielen würden.

### Gute Führung – schwache Führung

Gute Führung bewegt etwas. Sie trägt maßgeblich zu einer positiven Atmosphäre bei, in der Menschen sich entwickeln, entfalten, motiviert sind, sich nach Kräften einsetzen, etwas leisten, gute Ergebnisse bringen und dabei manchmal sogar über sich hinauswachsen. Schwache Führung bewirkt Stillstand und Rückschritt. Sie führt zu Demotivation, Frustration, zu schwacher Leistung und unbefriedigenden Ergebnissen.

Leider werden die Kosten schwacher Führung kaum je in einer Bilanz, einem Budget oder Haushaltsplan direkt aufgeführt. Wie viel Geld schwache Führung kostet, können wir nicht genau beziffern. Aber dass es sich dabei um unglaubliche Summen handeln muss, dürfte allen klar sein. Lesen Sie im Folgenden ein paar Forschungsergebnisse, die diese Behauptung untermauern.

## Führung und Gesundheit

Schwache Führung wirkt sich auf die Gesundheit der Mitarbeiter aus. Sie erhöht die Zahl der Langzeiterkrankungen und steigert das Risiko für Krankheiten und Herzinfarkte. Unter schwacher Führung erhöht sich das Risiko um 25 Prozent, ergab eine Studie des schwedischen Karolinska Instituts. Diese Studie basiert auf Daten von 20 000 Angestellten in Schweden, Finnland, Deutschland, Polen und Italien.

Sie zeigt außerdem, dass schwedische Mitarbeiter und Mitarbeiterinnen, die ihre Führungskräfte als inspirierend, positiv und begeisternd beschrieben, deutlich weniger kurze krankheitsbedingte Fehlzeiten sowie einen besseren allgemeinen Gesundheitszustand aufwiesen.

## Die sonstigen Kosten

Schlechte Führung schadet der Produktivität und Rentabilität. Eine permanente Studie des renommierten Gallup-Instituts zeigt: Arbeitsgruppen, die unzureichend geführt werden, arbeiten im Durchschnitt um 50 Prozent weniger produktiv und um 44 Prozent weniger profitabel.

Schwache Führung ist für schwache Leistung (Underperformance) mitverantwortlich. Eine 2003 veröffentlichte Studie in »Personnel Today« zeigt Statistiken über die Auswirkungen unzureichender Führung. 70 Prozent der Befragten gaben an, die mangelnde Führungsqualität hätte sie dazu veranlasst, deutlich weniger zu leisten, als sie eigentlich könnten. Unzureichende Führung provoziert deutlich mehr Konflikte. Das ist ebenfalls in einer Studie aus dem Jahr 2003 nachzulesen. Diese Untersuchung zeigt, dass Führungsschwäche der Hauptgrund für Ärger und Konflikte in Organisationen ist.

In seinem Buch über »7 Hidden Reasons Employees Leave« (»7 verborgene Gründe, warum Mitarbeiter ihren Job hinwerfen«) schreibt Leigh

Branham, dass 70 Prozent der guten Mitarbeiter ihren Arbeitsplatz aufgrund von Faktoren wechseln, die ihre Vorgesetzten hätten beeinflussen können. Die Kosten für den Arbeitgeber sind enorm. Man geht heute davon aus, dass die Kosten pro Wechsel je nach Qualifikation bei fünf bis 15 Monatsgehältern pro Mitarbeiter liegen.

Wayne Hochwarter, Management-Professor an der Florida State University, sagt: »Mitarbeiter verlassen selten ihren Job oder die Firma, sie schmeißen ihren Job wegen ihres Vorgesetzten hin.« Das größte Gewicht hat hier interessanterweise die Summe der Dinge, die wir oft vorschnell als Nichtigkeiten abtun: Der Chef lässt einen Mitarbeiter links liegen, hält seine Versprechen nicht ein, redet schlecht über Abwesende oder schiebt anderen die Schuld zu.

Schlechte Führungsqualität hat auch Einfluss auf unsere Volkswirtschaft. Laurence Karsh schätzt die Kosten auf mindestens ein Prozent des Bruttoinlandsprodukts und bezifferte 2004 den jährlichen Schaden allein für die USA auf 142,5 Milliarden Dollar.

Aber keine Sorge, Sie finden in diesem Buch nicht nur Negativbeispiele! Es ist nicht alles schlecht. Bei unserer Arbeit als Führungskräfte-Coachs haben wir mit vielen Führungskräften zu tun, die ihre Arbeit wirklich gut machen und nicht aufhören, an sich zu arbeiten. Gerade aber der Unterschied zwischen schlechten Chefs und diesen Menschen zeigt, dass es keineswegs egal ist, wie man führt!

Wir reden hier etwas plakativ von guter und von schlechter Führung. Was ist damit gemeint? Aus der theologischen Forschung wissen wir, dass es am Anfang der Bibel eigentlich gar kein Wort für gut oder schlecht gibt. Die Worte, die dort benutzt werden, bedeuten »dem Leben dienend« oder »dem Leben abträglich«. Das bringt genau das auf den Punkt, was wir meinen: Gute Führung dient dem Leben in seinen vielfältigsten Formen.

Dieses Buch soll einen positiven Beitrag zur Diskussion leisten, wie gute Führung aussehen kann. Es zeigt nicht nur Missstände im Führungsverhalten auf (»Wie nicht?«), sondern gibt auch Anstöße zur Verbesserung des eigenen Führungsstils (»Wie dann?«), gerade weil heute mehr Menschen denn je mit Führungsaufgaben betraut werden.

## Herausforderungen im Wandel der Zeit

Wir leben in einer der schnellsten und veränderungsintensivsten Epochen in der Geschichte der Menschheit. Noch nie hat sich in so kurzer Zeit so viel auf einmal verändert. Noch vor Jahrtausenden waren die Menschen Jäger und Sammler. Um zu überleben, mussten sie eine gute Kondition haben und den Umgang mit Pfeil und Bogen beherrschen. Ebenso wichtig war für sie das Wissen um essbare und giftige Pflanzen(teile).

Irgendwann wurden die Menschen sesshaft, bauten Getreide an und züchteten Vieh. Fachleute haben errechnet: Ackerbau und Viehzucht war 50 Mal produktiver als die Jagd und das Sammeln. Auch die Arbeitsumgebung änderte sich. Mehr und mehr gab es eine Verschiebung in Richtung einer arbeitsteiligen Gesellschaft. Gefragt war jetzt nicht mehr Fährtenlesen, sondern kräftiges Zupacken und das Wissen um die besten Anbau- und Viehzuchtmethoden. Die Zahl der Jäger und Sammler ging um 90 Prozent zurück. Die Arbeitswelt hatte sich komplett gewandelt.

Viele Generationen später kam das Industriezeitalter. Menschen bauten Fabriken, spezialisierten sich, lernten zu delegieren. Die Fabriken des Industriezeitalters waren wiederum 50 Mal produktiver als die Landwirtschaft. Und abermals wurde die gesamte Arbeitswelt umgekrempelt.

Jedes Mal, wenn sich der Haupterwerb der Menschheit änderte, hatte dies dramatische Auswirkungen auf Kultur, Lebensgewohnheiten, Religion und auch auf die Fähigkeiten, die nötig waren, die geschult und gefordert wurden – kurzum: Die ganze Gesellschaft wurde umgekrempelt. Der Volkswirtschaftler Erik Händeler hat Entwicklungen und Zusammenhänge der vergangenen 250 Jahre in seinem Buch »Die Geschichte der Zukunft« sehr fundiert und detailreich beschrieben. Hier ein kurzer Abriss, was sich alles geändert hat.

## Wissensmenge

Im Windschatten der industriellen Revolution trat ein neues Phänomen auf. Die Menschen waren begierig, zu lernen, zu verstehen und sich weiterzuentwickeln. Eine Studie der Stanford Universität zeigt, dass sich das gesamte, weltweit verfügbare Wissen zwischen dem Jahr 1800 und 1900 verdoppelte. Die nächste Verdoppelung brauchte keine 100 Jahre mehr, schon 1950 stand der Menschheit doppelt so viel Wissen zur Verfügung wie noch 50 Jahre zuvor. Bis zur nächsten Verdoppelung des Wissens waren nur noch 20 Jahre nötig. 1970 war es so weit. Danach verdoppelte sich das Wissen nach acht Jahren (1978) und nach vier Jahren (1982). Zurzeit reichen für jede Verdoppelung 2,5 Jahre aus.

Der Wirtschafts- und Sozialwissenschaftler Walter Simon meint, dass 60 Prozent aller Wissenschaftler, die es je gegeben hat, heute leben. Die Wissens- und Informationsflut führte bereits im vergangenen Jahrhundert zu einer deutlichen Veränderung der Arbeit, nämlich tendenziell weg von der industriellen »Handarbeit« in Richtung industrieller »Kopfarbeit«.

## Innovation

Wozu führte die enorme Zunahme an Wissen? – Natürlich zu einer Vielzahl von Innovationen und Erfindungen. Vielen von uns ist gar nicht bewusst, was ein heute 40-Jähriger schon alles an Veränderung erlebt hat. Unsere Kinder können heute mit einer Schallplatte nichts mehr anfangen. Auch bei einer CD lächeln sie nur noch milde. Sie laden sich ihre Musik aus dem Internet herunter.

Merken Sie die enormen Entwicklungssprünge, die sich alle in nur einer Generation vollzogen haben? Wer von Ihnen schreibt noch mit einer mechanischen Schreibmaschine? Wer legt noch einen Film in die Kamera, um wichtige Momente für die Ewigkeit festzuhalten?

Während meines Studiums las ich einen Artikel, in dem ein verrückter Amerikaner mit Vornamen Bill erklärte, er träumte davon, dass jeder Mensch auf dieser Welt einen eigenen Rechner hätte. All diese Rechner könnte man dann über Telefonleitungen miteinander verbinden. So könnte man ganz neue Formen der Zusammenarbeit einführen, die nicht nur die Arbeitswelt, sondern auch zunehmend Haushalte und private Wohnzimmer erobern würden. Teilweise könnte auf diese Weise die klassische Post ersetzt und ganz neue Strukturen für die Verwaltung von Daten ermöglicht werden. Unter diesem Artikel standen zwei Kommentare hochdotierter Professoren. Beide meinten, besagter Amerikaner sollte ruhig weiterträumen. So etwas Utopisches wäre frühestens ab dem Jahr 2050 ansatzweise denkbar.

Erst kürzlich las ich, wir hätten in den letzten 50 Jahren so viele Innovationen erlebt wie in den gesamten 1000 Jahren der Menschheitsgeschichte davor. Die Innovationswelle rollt weiter und es warten noch viele spannende Neuerungen auf uns.

## Geschwindigkeit

Innovationen sparen Zeit. Ein Beispiel: Wie lange durfte 1975 ein Geschäftsvorfall dauern? Ein Brief nahm vom Versand bis zum Erhalt einer Antwort zwei Wochen in Anspruch. Ein Mitarbeiter brachte die Post mit seinem Wagen in die Büros. Er bildete zum Vorsortieren Stapel für reine Werbepost und für sonstige Post, die zu bearbeiten war. Dieser zweite Stapel wurde dann gemütlich auf verschiedene Häufchen verteilt und den richtigen Empfängern unternehmensintern zugestellt. Eventuell kam die Sekretärin am nächsten Morgen zum Diktat, sie nahm die Antwort auf. Nach einem bis zwei Tagen erhielt der Diktierende einen schön getippten Brief, an dem er noch einige Änderungen vornehmen ließ.

Die Geschwindigkeit nahm deutlich zu, als das Faxgerät erfunden war. Jetzt wurde erwartet, dass innerhalb von zwei bis drei Arbeitstagen eine Antwort vorlag. Heute kann es Ihnen passieren, dass ein Anrufer Sie fragt, ob Sie die E-Mail schon gelesen hätten, die er Ihnen vor zehn Minuten geschickt habe.

Die Universität Hannover veröffentlichte eine Studie, wonach in den vergangenen 15 Jahren die Arbeitsmenge pro Mitarbeiter in Deutschland im Schnitt um 33 Prozent zugenommen hat. Ahnen Sie, wohin das Ganze führt? Mehr Arbeit, mehr Zeitdruck, höhere Erwartungen, noch mehr Druck ...

Dieser Druck fordert seinen Tribut. Wer die Geschwindigkeit nicht selbst bestimmen kann, sondern fremdbestimmt ist, empfindet dies als enorme Belastung.

### Komplexität

Wir haben heute die faszinierende Möglichkeit, im Voraus zu wissen, was bei einer guten Entscheidung alles beachtet werden muss: Wirtschaftlichkeit, Mitarbeiter, Stimmung, Qualität, Umwelt, Gesetzeslage, Marktbegleiter, Wirtschaftslage, Risiken, Schnelligkeit ...

Die Anforderungen an die Qualität der Arbeit und der Produkte sind enorm gestiegen, und das nicht zu Unrecht. Aber all diese Dinge kosten Zeit, Kraft, Nerven und Aufmerksamkeit. Alles sollte dann auch noch perfekt dokumentiert werden, um Haftungsrisiken zu vermeiden. Merken Sie, wie schwierig es wird, wenn lediglich einer allein die Verantwortung trägt?

### Internationalisierung (Globalisierung)

Wir werden uns zunehmend der gemeinsamen Verantwortung bewusst, die wir für unsere Erde und für die Menschen in anderen Erdteilen haben. Wir sind dankbar für die Chancen einer verantwortungsvollen Globalisierung. Zugleich leiden wir aber mit an den Folgen, wenn diese Globalisierung auf verantwortungslose Weise vorangetrieben wird. Keine Frage, die Welt rückt enger zusammen. Nicht zuletzt deshalb brauchen wir Führung, die weise und weitblickend mit diesen Fragen umgeht. Die zunehmende Internationalisierung hat eine große Auswirkung auf Führung. Es geht darum, sich dieser Herausforderung verantwortungsvoll zu stellen.

### Eine neue Epoche?

Wissensmenge, Innovation, Geschwindigkeit, Komplexität, Internationalisierung – all diese Faktoren führen zu enormen Veränderungen in allen Bereichen unserer Gesellschaft. In der Diskussion mit Fachleuten sind wir uns einig, dass wir alle an der Schwelle zu einer neuen Arbeitsepoche der Menschheit stehen.

Seit 1975 befinden wir uns in einer der schnellsten Umstellungen der Arbeitsepochen, die es je in der Geschichte der Menschheit gab. Experten gehen davon aus, dass wir als Gesellschaft bis zum Jahr 2020 die Umstellung mehrheitlich vollzogen haben werden. Dann leben die meisten Menschen, die die Gesellschaft maßgeblich beeinflussen, bereits in einer neuen Epoche. Wir sind die »privilegierte« Generation, die in dieser Übergangsphase leben darf. Wir kennen das Alte, schätzen es, wissen, wie es funktioniert hat. Zugleich leiden wir aber auch unter der Veränderung. Wir spüren, dass uns das Neue, die neuen Technologien, Arbeitstechniken, Entscheidungsmöglichkeiten, Paradigmen einiges abverlangen. Sie kennen die Herausforderungen des Übergangs: Das Alte funktioniert immer weniger, das Neue (oft) noch nicht.

Wie wird das neue Zeitalter heißen? Die Bezeichnung Informations- und Wissenszeitalter stimmt durchaus. Glauben Sie, dass die Produktivität in diesem Zeitalter wieder um das 50-Fache steigen wird? Die Zeichen dafür stehen sehr gut, wenn wir uns der Veränderung stellen.

Gute Wissensarbeit ist wertvoll. So wertvoll, dass sie Unternehmen aller Branchen außergewöhnliche Chancen der Wertschöpfung und Weiterentwicklung bietet.

Natürlich fällt es uns nicht unbedingt leicht, die neuen Denkweisen und Fähigkeiten zu erlernen. Hier tragen wir Verantwortung, diesen Prozess menschenwürdig zu gestalten, das heißt, den Übergang so einzurichten, dass

- Menschen Lust und Freude an einer Verbesserung und Weiterentwicklung haben,
- Menschen wissen, dass sie in diesem Prozess nicht auf der Strecke bleiben werden,
- Ängste wahrgenommen, ernst genommen und schließlich auch angenommen werden,
- Menschen sich selbst die Veränderung zutrauen,
- ihnen geholfen wird, konkrete Schritte zu gehen.

Der bekannte Managementdenker Peter Drucker ist sicher, dass im Zentrum der kommenden Zeit der Mensch selbst und sein Verhalten stehen. Uns gefällt deshalb der Name »Kooperationszeitalter«, denn eines ist klar: Die Herausforderungen des Alltags wird in Zukunft kein einzelner Mensch mehr bewältigen können! Es reicht nicht mehr, Experten an Bord zu haben und die besten Mitarbeiter zu finden. Entscheidend ist vielmehr die Frage: Sind die Besten auch kompatibel? Gelingt ein Miteinander?

Dieses Miteinander betrifft nicht nur einzelne Menschen, es betrifft ganze Abteilungen und Fachbereiche. In der Vergangenheit war vor allem Expertentum gefragt. Von Experten wurden Spitzenleistungen erwartet und auch erbracht. Doch inzwischen reichen solche Insellösungen nicht mehr aus. So groß die Freude über jeden gut ausgebildeten Spezialisten sein mag – entscheidend ist, wie gut die einzelnen Spezialisten miteinander vernetzt sind.

Oft gibt es in Organisationen eine intensive Auseinandersetzung unter den Beteiligten: Wer ist denn jetzt der Wichtigste? Kein Chef oder Experte wird für sich allein die Probleme unserer Gesellschaft lösen können. Wir brauchen neben Experten heute ein neues vernetztes Denken und Handeln, mehr als je zuvor! Erfreulicherweise steht somit der Mensch zum ersten Mal in der Geschichte in einer noch nie gekannten Ganzheitlichkeit im Fokus. Er entscheidet, inwieweit das gelingt.

### Wandel im Bereich Führung

Die oben genannten rasanten Veränderungen wirken sich auch auf das Thema Führung aus. Um dies zu illustrieren, gibt es zwei schöne Vergleiche aus der Natur. Das eine ist das sogenannte Büffelprinzip. Auswanderer nach Nordamerika hatten zu Beginn auf ihrem Weg durch die amerikanische Steppe immer wieder große Probleme mit Büffelherden, die alles niedertrampelten. Um das Problem zu lösen, wurde anfangs einfach willkürlich in die Herde hineingeschossen. Doch die Weißen lernten schnell von der indianischen Bevölkerung, die mit einigen wenigen Männern einer Büffelherde Herr wurden. Was war deren Geheimnis? Die Indianer wussten, dass jede Büffelherde einen Leitbüffel hat. War dieser erst einmal identifiziert und getötet, war es ein Leichtes, die Herde zu verwirren und zu zerstreuen. Das Führungssystem der Büffel ist auf ein einziges Leittier zugeschnitten. Böse Zungen behaupten, die mangelnde Bereitschaft der Büffel, sich umzustellen, sei der Grund, warum einst die Büffel fast ausstarben.

Ein anderes Bild stammt ebenfalls aus der Natur: Wildgänse. Viele von uns kennen wunderbare Bilder, wie die Gänse in V-Formation durch die Lüfte schweben. Sie wissen, warum Wildgänse in dieser Formation fliegen? Die nachfolgenden Gänse fliegen im Windschatten der vorausfliegenden Gänse. Das ermöglicht den Vögeln, mit den gleichen Energiereserven annähernd die doppelte Strecke zu bewältigen. Aufmerksam wird man auf die Tiere durch ihr Schnattern. Die vorderste Gans ist meist stumm. Weiter hinten läuft die Unterhaltung! Das Schnattern der hinteren Wildgänse motiviert die vorderen. Die Truppe feuert sich gegenseitig an und ermutigt die Leitgans: »Flieg, flieg, flieg!« Ist die vorderste Gans dann erschöpft, lässt sie sich rechtzeitig zurückfallen. Es entsteht eine kurze Verwirrung und die aktuell stärkste setzt sich an die Spitze. Versuchen Sie doch, sich als Wildgans von der Truppe zu lösen und allein zu fliegen. Wie viel mehr Kraft würde das kosten?

So weit zwei Beispiele aus der Natur. Wobei das Attribut »natürlich« oder »naturgemäß« nicht ausreicht, um einen Führungsstil als gut oder schlecht zu qualifizieren.

Wenn Sie jetzt an die aktuellen gesellschaftlichen Herausforderungen denken, die Wissens- und Informationsflut, den technischen Fortschritt, die zunehmende Geschwindigkeit und Komplexität der Entwicklungen, die Internationalisierung – glauben Sie, dass das noch alles von einer Person, einem Leitbüffel, zu schaffen wäre? Nötig ist ein Führungsstil, bei dem ein Miteinander gelingt, der mit Menschen umgehen, sie führen, sie integrieren und zu eigenverantwortlichem Handeln anstiften kann.

## Brauchen wir überhaupt Führung?

Bei dieser Frage sind sich eigentlich alle einig. Ja, Führung ist notwendig. Doch wie diese Führung vonstattengeht, kann sehr unterschiedlich sein.

Ein befreundeter Kollege, Christian A. Schwarz, führte eine große internationale Studie durch. Es ging um die Qualitätsmerkmale spezieller Non-Profit-Organisationen. Er entdeckte acht Qualitätsmerkmale, die für alle wachsenden Organisationen typisch sind. Eines dieser Qualitätsmerkmale war – Führung! Ein Punkt ist besonders spannend: Bevor Christian Schwarz mit der Studie begann, meinte er, es brauche einen starken, visionären Leiter. Heute lacht er über seine eigenen Vorurteile.

Interessanterweise fand er unter den erfolgreichen Führungskräften Männer und Frauen. Manche der untersuchten Organisationen wurden von einem Ehepaar gemeinsam geleitet. Es gab sogar Organisationen, bei denen ein Führungsteam gemeinsam Verantwortung übernahm. Als Ergebnis könnte man vereinfacht festhalten: Wichtig ist, dass überhaupt jemand die Führung übernimmt.

Das »Wie?« wird stark durch die Kultur, die Situation, die Erwartungen und die Reife der Gruppe definiert. Wenn die Kultur es zulässt, kann Führung von einem einzelnen Mann, einer einzelnen Frau, von einem Ehepaar, von zwei Konsuln, einem Triumvirat, ja sogar von einem Team ausgeübt werden. Die Führung im Team setzt allerdings eine sehr hohe Reife der Gruppe voraus.

Klar ist jedoch: Führungsqualitäten sind nicht auf das männliche Geschlecht beschränkt. Eine wissenschaftliche Arbeit schien zunächst sogar zu belegen, dass Frauen die besseren Führungskräfte sind. Dann stellte sich allerdings heraus, dass die Studie nur Menschen berücksichtigte, die bereits eine Führungsposition innehatten. Um dahin zu kommen, musste eine Frau – leider! – deutlich besser sein als ein Mann mit den gleichen Ambitionen. Das führte zu einer Verzerrung des Ergebnisses.

Männer und Frauen führen tendenziell anders, was teilweise auch auf kulturelle Prägungen zurückgeht. Frauen und Männer sind von Natur aus gleich begabt, eine Führungskraft zu sein, vorausgesetzt, sie werden entsprechend gefördert und wachsen in einer Kultur auf, die dies zulässt (wofür wir uns natürlich sehr einsetzen).

In der Praxis zeigen viele Unternehmen und Organisationen im Augenblick viel Mut, die verschiedensten Formen von Führung auszuprobieren. Dabei überwiegen die positiven Überraschungen – Vielfalt wirkt bereichernd. Ein kleiner Querverweis zur Theologie sei an dieser Stelle erlaubt. Im Christentum glauben wir ja etwas sehr Provokantes, und wenn wir es nicht schon gewohnt wären, würde uns besagte Aussage alles andere als leicht über die Lippen gehen. Das Christentum glaubt mit größter Selbstverständlichkeit an einen dreifaltigen Gott – Vater, Sohn und Heiliger Geist. Ein Gott in drei Personen. Gott ist somit das Urbild für christliche Führung: drei, die sich eins sind.

Unser mitteleuropäisches Verständnis von Führung ist stark von den militärischen Herausforderungen der Vergangenheit geprägt. Selbst das Königtum war beeinflusst vom Bild eines starken militärischen Führers, der im Ernstfall schnell und kompetent entscheiden konnte. Dies war oft von Vorteil, brachte jedoch auch Nachteile mit sich.

Die aramäische Wurzel des Wortes »König« bedeutete ursprünglich eher »Berater« oder »Ratgeber« als »Herrscher«. An solchen Wörtern lässt sich erahnen, dass andere Kulturen durchaus ein geschichtlich anderes Verständnis von Führung haben. Vor einigen Jahren führten wir übrigens mit ein paar Führungskräften aus der Bundeswehr eine angeregte Diskussion. Selbst dort funktioniert die althergebrachte Form der Führung immer weniger.

Wenn wir im Folgenden überlegen, was wertvolle und wirksame Führung ausmacht, gehen wir der Einfachheit halber von einer einzelnen Führungskraft aus. Unsere Prinzipien gelten jedoch für alle Formen von Führung – auch für eine gemeinschaftliche Führung im Team.

## Wer oder was ist eigentlich eine Führungskraft?

Sind Sie eine Führungskraft? Ab wann darf man sich als Führungskraft bezeichnen?

In den letzen 20 Jahren haben wir eine Unmenge an Definitionen über Führung gesammelt und viele Diskussionen zu diesem Thema verfolgt. Als es in einem Unternehmen um die Auswahl der Teilnehmer an einem Intensivprogramm Führungskompetenz ging, stellte ich zur groben Orientierung die Frage, wer denn die Führungskräfte dort wären. Worauf der oberste Chef seine Sekretärin bat, uns die Anzahl und Namen der Mercedes-S-Klasse-Fahrer in der Firma zusammenzustellen.

Es ist faszinierend, sich mit den Definitionen des Begriffs Führung aus den letzten Jahren zu befassen. Es fällt auf, dass sich mehr und mehr eine Verschiebung ergibt. Die Definitionen bewegen sich weg von der reinen Funktion und Stellung in der Hierarchie hin zur Beschreibung der Herausforderung und des Nutzens von Führung. Früher waren knackige Sätze beliebt, die sicherlich nicht falsch sind, zum Beispiel:

- »Eine Führungskraft ist der dienstliche Vorgesetzte seiner Mitarbeiter.«
- »Führung ist die durch Interaktion vermittelte Ausrichtung des Handelns von Individuen und Gruppen auf ein vorgegebenes Ziel.« (Gabler Wirtschaftslexikon)
- »Eine Person führt insoweit, als es ihr gelingt, anderen Personen Ziele vorzugeben.« (Heinen)

Angesichts der aktuellen Herausforderungen gefallen uns die folgenden beiden Definitionen aber wesentlich besser, die wir selbst geprägt haben und im Beratungsalltag verwenden:

*Eine Führungskraft ist eine Person, die spürt, dass Veränderung sinnvoll, hilfreich und notwendig ist, und die Verantwortung für diese Veränderung übernimmt.*

Wohlgemerkt, der Satz lautet nicht: »... eine Person, die spürt, dass Veränderung sinnvoll, hilfreich und notwendig ist, und die darauf wartet, dass andere das endlich kapieren und umsetzen.« Bei dieser Definition fällt zudem auf, dass es nicht um die Position geht, die eine Führungskraft innehat. Angesichts heutzutage üblicher, sehr flacher Hierarchien wäre dies auch nicht sinnvoll. Vielmehr dreht es sich bei dieser Auffassung von Führung erstens um eine Dienstleistung. Zweitens ist hier die Rede davon, Verantwortung zu übernehmen, und drittens, das Geplante in die Tat umzusetzen. Moderne Führung betont und misst sich am Mut zur Wahrheit (Reflexion und Erkenntnis), an der Übernahme von Verantwortung und an der Veränderung, die sie bewirkt. Bei einer solchen Definition von Führung haben nicht nur Vorgesetzte, sondern hat jede Person Führungsverantwortung.

Bleiben wir bei der Aufgabe, den Begriff Führung möglichst treffend festzulegen. Eine andere Formulierung, die wir bei xpand gerne verwenden, beschreibt das sehr ähnlich:

*Führung (oder wenn Sie es personalisieren wollen: eine Führungskraft) erkennt das Potenzial einer Situation, von Personen oder einer Organisation und trägt alles in ihren Kräften stehende zur gesunden Entfaltung dieses Potenzials bei.*

Ein fast 2000 Jahre alter Bibeltext zum Thema Führung bringt diese Verschiebung weg vom Status hin zur Aufgabe wunderschön zum Ausdruck. Der Evangelist Matthäus beschreibt:

*Damals kam die Frau des Zebedäus mit ihren Söhnen zu Jesus und fiel vor ihm nieder, weil sie ihn um etwas bitten wollte. Er fragte sie: Was willst du? Sie antwortete: Versprich, dass meine beiden Söhne in deinem Reich rechts und links neben dir sitzen dürfen. Jesus erwiderte: Ihr wisst nicht, um was ihr bittet. Könnt ihr den Kelch trinken, den ich trinken werde? Sie sagten zu ihm: Wir können es. Da antwortete er ihnen: Ihr werdet meinen Kelch trinken; doch den Platz zu meiner Rechten und zu meiner*

*Linken habe nicht ich zu vergeben; dort werden die sitzen, für die mein Vater diese Plätze bestimmt hat. Als die zehn anderen Jünger das hörten, wurden sie sehr ärgerlich über die beiden Brüder. Da rief Jesus sie zu sich und sagte: Ihr wisst, dass die Herrscher ihre Völker unterdrücken und die Mächtigen ihre Macht über die Menschen missbrauchen. Bei euch soll es nicht so sein, sondern wer bei euch groß sein will, der soll euer Diener sein, und wer bei euch der Erste sein will, soll euer Sklave sein. Denn auch der Menschensohn ist nicht gekommen, um sich dienen zu lassen, sondern um zu dienen und sein Leben hinzugeben als Lösegeld für viele.*

(Matthäus 20,20 ff.)

Im Hinblick auf das Thema Führung könnte man diese Bibelstelle so auslegen: Die Mutter zweier seiner engsten Mitarbeiter kommt zu Jesus und ist wegen der »Karriere« ihrer beiden Söhne besorgt. Sie will für ihre Söhne die Sitzplätze neben Jesus gewissermaßen als Statussymbol langfristig reservieren lassen. Jesus selbst erteilt diesem Ansinnen eine klare Absage. Er bringt den erzürnten Jüngern sein Verständnis von Führung nahe. Der Streit unter den Jüngern, wer wohl der Wichtigste und Bedeutendste sei, ist ein altbekanntes Verhaltensmuster. Interessant ist: Jesus verurteilt das Streben nach Führung nicht. Er stellt vielmehr einen entscheidenden Unterschied heraus. Er sagt: Die meisten Führungskräfte haben ein anderes Verständnis von Macht. Sie benutzen Menschen, um es sich als Chef gut gehen zu lassen und ihrem Ego zu schmeicheln. Wer jedoch eine erfolgreiche Führungskraft sein will, der setze alles daran, andere erfolgreich zu machen.

Quer durch alle Religionen und Kulturen entdecken wir häufig im Tiefsten eine Sehnsucht nach genau dieser (Führungs-)Haltung.

Im Unternehmen ist es folglich die Aufgabe einer Führungskraft, alles zu tun, damit die Mitarbeiter das, wozu sie eigentlich eingestellt sind, optimal ausführen können. Dazu gehört auch, dafür zu sorgen, dass das, wofür die Kunden bezahlen, zu ihrer vollen Zufriedenheit ausfällt. Eine Führungskraft ist zudem dazu da, die eigene Organisation für ihre Kernaufgabe zu optimieren!

Einer der bekanntesten Managementautoren, Ken Blanchard, formuliert es so:

*Jahrelang haben wir Führung als einen Prozess der Einflussnahme definiert. Wir dachten, dass man immer, wenn man die Gedanken und Handlungen anderer privat oder geschäftlich zugunsten von Zielen zu beeinflussen suchte, Führungsarbeit leistete. Seit einigen Jahren definieren wir Führung als die Fähigkeit, andere zu beeinflussen, indem wir ihre Kräfte und Möglichkeiten zum Einwirken auf das größere Ganze freisetzen.*

Immer mehr Menschen haben die Nase von Führungskräften voll, die letztlich nur ihre Position dazu ausnutzen, um es sich selbst gut gehen zu lassen. Bei allen modernen Führungsansätzen, gleichgültig aus welchem religiösen oder kulturellen Hintergrund sie stammen, geht es interessanterweise um diese Grundfrage: Will ich als Führungskraft andere erfolgreich machen oder geht es nur um meine eigene Person? Schätzungsweise 70 Prozent aller Führungsprobleme gäbe es nicht, wenn wir diese simple Grundhaltung berücksichtigen würden. Das klingt einfach, ist nicht neu und doch für viele ein Paradigmenwechsel. Moderne Führungsansätze wie »supportive leadership« besagen aber nichts anderes. Sie geben uns allenfalls ein gutes Handwerkszeug, um diese Grundhaltung im Führungsalltag auch praktisch umzusetzen.

Haben Sie Sorge, dass Sie als Führungskraft bei einem solchen Führungsansatz auf der Strecke bleiben? Seien Sie unbesorgt: Wer diesen Führungsansatz wählt, profitiert auf unvorstellbare Art und Weise davon. Es profitieren sogar beide Seiten, Chef und Mitarbeiter!

Eine kleine Nebenbemerkung sei erlaubt: Verantwortungsträger aus den Kirchen sind erstaunt und erschrocken, dass dieser Anstoß im Augenblick ausgerechnet aus der Wirtschaft kommt. Aber speziell dort sucht man eben intensiv nach Ansätzen, die in einer zunehmend komplexen und schnellen Welt funktionieren.

## Fach- oder Führungskarriere?

Zumindest in der Theorie gibt es zwei Wege: Es kommt darauf an, ob Sie eher bereit sind, Verantwortung für Menschen zu übernehmen, oder ob Sie sich am liebsten auf eine Sachaufgabe konzentrieren wollen. Eine Fachkarriere muss nicht besser oder schlechter sein als eine Führungskarriere. Es geht dabei nur um andere Aufgaben. Manchmal vermischen sich jedoch Fach- und Führungsaufgaben.

Ein Beispiel: Nur weil eine IT-Fachkraft genial programmieren kann, heißt das noch lange nicht, dass sie auch gut andere Programmierer führen kann oder will. Sie kann vielleicht sogar ihr Wissen gut weitergeben, Schulungen halten und Verantwortung für ein Projekt übernehmen. Am liebsten macht ein Programmierer jedoch vor allem eines – und darin ist er sehr gut: Programmieren! Analoges finden Sie in allen Fachrichtungen.

Neue Entlohnungsmodelle versuchen die Bedeutung beider Karrieren zu würdigen. Leider waren in der Vergangenheit im Normalfall die Aufgaben höher dotiert, die mit Menschenführung verbunden waren. Das führte dazu, dass Menschen Mitarbeiterverantwortung übernahmen, die zwar die Position, den Geschäftswagen und das Gehalt anstrebten, die jedoch nicht die konkrete Aufgabe übernehmen wollten, Menschen zu führen. Eine gute Organisation oder ein gutes Unternehmen braucht diesbezüglich drei Dinge:

- gute Fachkräfte und
- gute (Menschen-)Führungskräfte und
- Menschen, die fähig sind, beides zusammenzubringen.

## Wider das Peter-Prinzip

Ob Fach- oder Führungskarriere oder ein Gemisch aus beidem: In der Hierarchie höher zu stehen bedeutet nicht zwangsläufig eine Verbesserung. Ein häufiges Phänomen wurde nach dem Ökonom Laurence J. Peter als das Peter-Prinzip bekannt. Er sagte: »In einer Hierarchie neigt jeder Beschäftigte dazu, bis zu dem Grad seiner eigenen Inkompetenz aufzusteigen. Die Arbeit wird von den Mitarbeitern erledigt, die ihre Stufe der Inkompetenz noch nicht erreicht haben.« Genau das sollte nicht passieren: dass eine Fach- oder Führungskraft aufsteigt, bis sie eine Ebene erreicht, der sie nicht mehr gewachsen ist.

Was wäre die Alternative? Führungskräfte, die sich ihrer Stärken und Schwächen bewusst sind, die sich weiterentwickeln, die aber auch den Mut haben, »Stopp« zu sagen, wenn ihre Beförderung sie nicht mehr weiterbringt.

Unsere Welt und unsere Zeit brauchen auf jeden Fall Menschen, die bereit sind, Führungsverantwortung zu übernehmen. Menschen, die bereit sind, sich entsprechend ihren Begabungen auf den Weg zu machen, um zu einer besseren Welt beizutragen.

Dieses Buch soll Sie auf diesem Weg begleiten, ermutigen und inspirieren. Im folgenden Kapitel werden wir Ihnen ein zeitgemäßes, praxisorientiertes Führungsmodell vorstellen, das Ihnen dabei hilft, zeitlose Schlüsselprinzipien guter Führung zu erkennen und diese in die tägliche Führungspraxis zu übersetzen. Herzlich willkommen in der Welt des wertvollen und wirksamen Führens!

## 1.2 Wertvoll und wirksam führen – das integrierte Führungsmodell

*Methoden mag es eine Million geben oder noch mehr, aber Prinzipien gibt es nur wenige. Wer Prinzipien begreift, kann mit Erfolg eigene Methoden auswählen. Wer Methoden ausprobiert und Prinzipien ignoriert, wird ohne Zweifel Probleme bekommen.*

RALPH WALDO EMERSON,
AMERIKANISCHER PHILOSOPH UND SCHRIFTSTELLER

Der Managementexperte Peter Drucker sagt: »Der Prüfstein für Führungskräfte ist nicht, was sie erreichen, sondern was passiert, wenn sie abtreten. Der wahre Prüfstein ist die Nachfolge. Falls das Unternehmen zusammenbricht, sobald diese wundervollen, charismatischen Menschen es verlassen, ist es keine Führung, sondern – unverblümt gesagt – Irreführung.«

Ein klares Wort eines führenden Managementdenkers. Doch es wirft Fragen auf: Wie führe ich zu meinen Lebzeiten eine Organisation so, dass meine Führung aktuell ein Erfolg ist und dass nach meinem Abgang eine gesunde Organisation zurückbleibt? Worauf kommt es an?

Prinzipien treten zwar meist in den Hintergrund und sind nicht auf den ersten Blick offensichtlich, aber trotzdem sind sie immer wirksam. Gute zeitgemäße Führung baut auf solche Prinzipien, wenngleich die Ausführung sehr viele Varianten zeigt. Welches sind diese Prinzipien? Wie kann man sie in den Führungsalltag übersetzen?

Seit vielen Jahren beschäftigen wir uns in der Praxis mit diesen Fragen. Führungsprinzipien müssen sich im Alltag bewähren und nicht nur in der Theorie existieren. Aus diesen Überlegungen heraus ist ein Modell entstanden, das hilft, das Wichtigste im Blick zu behalten. Wir nennen es das

»Modell des wertvollen und wirksamen Führens« oder »Werte-integrierte Führung« (value integrated leadership). »Integriert« deshalb, weil es alle wesentlichen Dimensionen von Führung berücksichtigt, vor allem auch das Thema »Werte und Haltungen«.

Jedes Modell ist zugegebenermaßen eine grobe Vereinfachung der Realität. Die Wirklichkeit ist stets komplexer als das Modell. Trotzdem können Modelle helfen, wesentliche Zusammenhänge zu verstehen. Modelle können zudem eine Hilfe zur Selbstreflexion sein und als Checkliste dienen, die gewährleistet, dass wir nichts Wichtiges aus den Augen verlieren.

Zunächst stellen wir Ihnen unsere Kernthesen vor, Prinzipien, die quer durch die ganze Fachliteratur immer wieder auftauchen. Es geht um Geisteshaltungen, die hinter erfolgreichen zeitgemäßen Führungsmethoden stecken. Aus diesen Thesen haben wir fünf Schlüsseldimensionen abgeleitet – Dinge, die alle beim Thema Führung eine entscheidende Rolle spielen. Zu jeder Dimension gehören fünf Handlungsfelder, also Verhaltensweisen und Einstellungsfragen, an denen Sie selbst arbeiten können und sollen. Eine Ebene darunter befinden sich die sogenannten Aktionsfelder. Hier geht es um lebenspraktische Dinge, die uns in der täglichen Führungsarbeit helfen.

## Die sieben Kernthesen über moderne Führung

Sieben Fundamente sind in unser Führunsmodell eingeflossen. Ohne diese grundlegenden Geisteshaltungen oder Prinzipien ist moderne Führung schlichtweg nicht denkbar.

### 1. Führung ist eine Dienstleistung

Führen ist eine Dienstleistung! Sie werden einen dramatischen Unterschied spüren, je nachdem, ob eine Führungskraft sich, egal ob bewusst oder unbewusst, selbst in den Mittelpunkt stellt oder ob sie stattdessen Führung als Dienstleistung versteht. Es geht bei Führung also nicht um einen Status oder eine Belohnung, sondern um eine Aufgabe.

Dieses Konzept einer dienstleistenden Führung ist sehr alt und kulturübergreifend. Im indischen Kulturkreis entdeckte Anfang des vorigen Jahrhunderts der Wissenschaftler Shamar Shastry Schriften aus dem 4. Jahrhundert vor Christus, das Buch Arthashastra. Chanakya war Ministerpräsident und einer der Autoren dieses alten Staatslehrbuches. Er sagt: »Eine Führungskraft (König) soll sorgfältig prüfen und darauf achten, nicht das zu tun, was ihm gefällt, sondern was seinen Untertanen dient! Er ist ein dafür bezahlter Diener, der sich für diesen Zweck der Ressourcen des ganzen Staates und seiner Bevölkerung bedienen kann.«

Im alten China galt offenbar ein ähnliches Führungsverständnis. Im Tao Te Ching, einem Text, der dem chinesischen Philosophen Lao-Tse (570-490 v. Chr.) zugeschrieben wird, heißt es: »Die beste Führungskraft ist die, die gar nicht groß in Erscheinung tritt. [...] Wenn ihre Aufgabe getan und das Ziel erreicht ist, sagen alle: Wir haben es selbst geschafft!«

In der neueren Zeit findet sich dieser Ansatz manchmal mehr, manchmal weniger offensichtlich in den meisten Publikationen über Führung. Es geht um Funktion statt um Position. Der Ansatz der »dienstbaren Führung« wurde durch Robert Greenleaf geprägt, der 1970 einen viel beachteten Aufsatz dazu veröffentlichte.

Nach seinem Tod im Jahr 1990 wurde sein Managementkonzept von etlichen Managementautoren aufgegriffen und weiterentwickelt, etwa von William George, Ken Blanchard, John Sullivan oder Ken Jennings. Interessanterweise untermauert die moderne Gehirnforschung diesen Ansatz durch Konzepte wie »supportive leadership«, einen Begriff, den Gerald Hüther, Hirnforscher an der Universität Göttingen, geprägt hat.

Was bedeutet »Führung als Dienstleistung«? Zuallererst ist es eine Aufgabe. Die entsprechende dienende Grundhaltung entspringt dem Willen, langfristig andere zu bereichern und erfolgreich zu machen.

An erster Stelle stehen die Menschen, die wir mit unserer Dienstleistung als ganze Organisation unterstützen; Kunden, für die wir als Unternehmen da sind, für die wir mitdenken, die wir durch unsere Arbeit erfolgreicher machen wollen. In der Politik nennen wir die Top-Führungskräfte bezeichnenderweise Minister, was nichts anderes als »Diener« bedeutet.

Der französische Bischof Gaillot drückte diese Haltung seinerzeit sehr treffend im Hinblick auf die Kirche mit einem Buchtitel aus: »Eine Kirche, die nicht dient, dient zu nichts.«

Eine »dienende Grundhaltung« betrifft aber auch unsere Haltung gegenüber unserer eigenen Organisation oder unserem Unternehmen. Manche Diskussionen über ausufernde Managergehälter würde nicht geführt, wenn eine dienende Grundhaltung vorherrschend wäre. Benutzen wir unser Unternehmen, damit es uns dient, oder dienen wir unserem Unternehmen?

Schließlich geht es um eine Haltung gegenüber dem einzelnen Menschen, dem gegenüber wir in einer Führungsverantwortung stehen. Um die Frage aus dem vorigen Abschnitt aufzugreifen: Tue ich als Führungskraft alles, was in meiner Macht steht, damit der Mitarbeiter das, wozu er eingestellt ist, optimal erledigen kann? Gehörig gegen den Strich geht manchen Führungskräften der noch höhere Anspruch: alles zu tun, damit sich diese Menschen in ihrem Umfeld ganzheitlich entfalten können.

Etliche Managementautoren sträuben sich zutiefst gegen einen solchen Ansatz. Meist entspringt ihr Widerstand einem sehr reduzierten, weil rein monetären Ansatz: Der Zweck eines Unternehmens besteht ihrer Ansicht nach – vor allem zur langfristigen Sicherung seiner Existenz und der Arbeitsplätze der Mitarbeiter – lediglich im Erwirtschaften von finanziellem Gewinn. Richtig – und doch nicht ausreichend.

Ein weiterer Grund ist oft ein Missverständnis darüber, was dienstleistende Führung bedeutet. Mancher hat vielleicht die Erfahrung gemacht, dass der Versuch, »zu dienen«, immer wieder ausgenutzt wurde. Dienen hat aber nichts damit zu tun, sich gutgläubig ausnutzen zu lassen. Eine solche Angst macht es vor allem am Anfang schwer, Führung als Dienstleistung zu etablieren. Dienen bedeutet, die Bedürfnisse der anderen genauso ernst zu nehmen wie die eigenen und zu überlegen, was ich zu deren Erfüllung beitragen kann und will.

Tatsächlich gleicht diese Unterstützung der Fahrt auf einer Straße mit einem rechten und einem linken Straßengraben, in den das Fahrzeug abzugleiten droht. Der rechte Straßengraben symbolisiert die Gefahr, Menschen nur zu benutzen, sie manchmal vielleicht sogar auf manipulative Weise für eigene Zwecke einzuspannen. Der linke Straßengraben steht für die Versuchung, Menschen nicht zu Selbstständigkeit und Selbstverantwortung zu erziehen, sondern sie zu verwöhnen.

Aber auch andere Vorbehalte gibt es gegen den Ansatz der dienstbaren Führung. Vor allem zu Beginn kostet dieser Ansatz Zeit. Wenn Sie den Wandel jedoch erst geschafft haben, steht der Aufwand in keinem Verhältnis mehr zum Nutzen. Probieren Sie es aus! Einige Managementautoren halten aufgrund eines solchen Paradigmenwechsels in Sachen Führung eine Produktivitätssteigerung auf das bis zu 50-Fache für möglich.

Dienen setzt Mut, Selbstbewusstsein und Größe voraus – Eigenschaften, die längst nicht bei jeder Führungskraft vorhanden sind. Anselm Grün schrieb dazu: »Manche Führungskräfte müssen andere kleinmachen, um an die eigene Größe glauben zu können.«

Bitte nehmen Sie Ihre Ängste und Besorgnis ernst, wenn Sie bezweifeln, dass Sie es sich leisten können, als Führungskraft zu dienen, anstatt zu herrschen. Sie werden entdecken: Es gibt Antworten auf die Fragen, wie Sie dies bewerkstelligen können, ohne einen Autoritätsverlust zu erleiden. Indem Sie diese Antworten für sich entdecken und in Ihrem Leben umsetzen, erschließen Sie sich einen Raum für Weiterentwicklung. Sie werden entdecken, um wie viel wirksamer Ihre Führung plötzlich wird. Dagegen provoziert Führung, die aus der Angst entstammt, selbst zu kurz zu kommen, oft genau diese Haltung auch bei den Mitarbeitern – eine Haltung, mit der niemandem geholfen ist.

## 2. Führen heißt Verantwortung übernehmen

Das Prinzip ist eigentlich ausgesprochen einfach und klingt selbstverständlich. Dennoch ist erschreckend, wie wenig Menschen wirklich Verantwortung übernehmen. Wann begegnet Ihnen normalerweise die Formulierung »Verantwortung übernehmen«? Doch immer dann, wenn jemand einen Fehler gemacht hat und deswegen seinen Dienst quittieren und sein Amt aufgeben muss. Hier kann man sich zu Recht die Frage stellen: Ist das nicht ein bisschen spät?

Verantwortung zu übernehmen ist ein sehr grundlegendes Führungsprinzip. Es wird Ihnen in diesem Buch immer wieder begegnen. Der Begriff »Verantwortung« kam erst im Mittelhochdeutschen auf und wurde ursprünglich im Sinne von »(be-)antworten« verwendet. Es stecken verschiedene bemerkenswerte Aspekte in diesem Wort:

- Ich will (auf diese Not) antworten!
- Ich gebe Antwort.
- Ich kümmere mich um die Antwort.
- Ich bin bereit, Teil einer Antwort auf eine bestimmte Herausforderung zu sein.
- Ich bin bereit, anderen Rede und Antwort zu stehen – für mein Verhalten wie auch dafür, etwas weiterzuführen.

Wer sich mit einer Aufgabe betrauen lässt, übernimmt die Verantwortung. Verantwortlichkeit wird gemeinhin positiv bewertet. Wer dagegen verantwortungslos handelt, schadet seiner Umgebung, der Gemeinschaft, der Umwelt. Wichtig ist: Wer Verantwortung trägt, muss sich dieser auch bewusst sein, weil durch das eigene Tun immer andere Menschen in Mitleidenschaft gezogen werden. Manchmal sträubt man sich auch völlig zu Recht gegen eine zu große Verantwortung. In diesem Fall besteht die Herausforderung darin, Verantwortung zu übertragen, sodass eine Gruppe gemeinsam Verantwortung übernimmt.

Zwei Begriffe, die nah beieinanderliegen, sind »Verantwortung« und »Verantwortlichkeit«. Verantwortlichkeiten sind die auf einzelne Personen übertragenen Pflichten. Der Begriff »Verantwortung« beschreibt hingegen eher die Einstellung des Verantwortungsträgers. Ein System funktioniert nur dann gut, wenn bei der Mehrheit seiner Mitglieder die empfundene Verantwortung die zugewiesene Verantwortlichkeit geringfügig übersteigt. Ist dies nicht der Fall, handelt es sich um eine sterbende Organisation. Sind Sie bereit, Verantwortung zu übernehmen? Wofür? Je konkreter Sie dies benennen, desto besser. Wichtig ist, das richtige Maß zwischen einem Zuviel und einem Zuwenig zu finden.

Ein kleiner Test: Wer ist für das verantwortlich, was Sie jetzt gerade in Ihrem Leben erleben? Sie selbst oder Ihr Chef, Ihr Partner, die Kollegen, das Wetter, Ihre Eltern, die Politik, die Gene ...? Bereits am Anfang der Bibel finden Sie eine Erzählung, in der jeder die Schuld auf den anderen schiebt: Ich habe keinen Apfel vom Baum der Erkenntnis gepflückt, die Frau hat mir davon zu essen gegeben; die Schlange ist schuld, sie hat mich dazu verführt ...

Je mehr Menschen sich der Verantwortung stellen, die sie für ihr eigenes Leben und für ihr Umfeld haben, desto größer ist die Chance auf eine positive Entwicklung.

*Verantwortlich ist man nicht nur für das, was man tut,*
*sondern auch für das, was man nicht tut!*

Lao-Tse, chinesischer Philosoph, 6. Jh. v. Chr.

### 3. Führung bringt Ergebnisse hervor (Ergebnisorientierung)

Führung will etwas bewegen, etwas bewirken. Fredmund Malik nennt dieses notwendige Prinzip der Führung Resultatorientierung. Was wollen wir denn eigentlich erreichen? Er meint, die Ergebnisorientierung könne gelegentlich auch krankhafte Züge annehmen. Das darf man auf keinen Fall unterstützen. Die Übersteigerung darf aber auch nicht als Ausrede dienen, gar nicht erst um Ergebnisse zu ringen. Es ist eindeutig: Wo gute Führung am Werk ist, gibt es immer auch Ergebnisse.

Im Jahr 1947 stellten Forscher der Universität Michigan die Frage nach dem richtigen Führungsverhalten. Zunächst vertraten sie die These, Mitarbeiter- und Menschenorientierung sowie Leistungs- und Ergebnisorientierung stellten zwei unvereinbare Extreme dar. Prompt nutzten Führungskräfte diese wissenschaftliche Meinung als Ausrede für ihr Versagen: »Ich kümmere mich um die Menschen (und nicht so sehr um die Zahlen und Ergebnisse).«

Konsequenterweise ging man davon aus, alles andere zurückstellen zu müssen, um nur das gewünschte Ergebnis zu erreichen. Menschen müssen sich hingeben, opfern, leiden, um ein Ziel zu erreichen, so die damals gängige Auffassung. Später mussten die Wissenschaftler jedoch diese Annahme verwerfen. Ihre Studien bestätigten das Gegenteil:

Ein Mehr an Mitarbeiterorientierung muss nicht durch ein Weniger an Ergebnisorientierung erkauft werden. Umgekehrt gilt das genauso: Bessere Ergebnisse gehen nicht zwangsläufig zulasten der Mitarbeiter. Die Wissenschaftler kamen einhellig zu der Schlussforderung, dass eine vernünftige Mitarbeiterorientierung langfristig zu höherer Leistung und besseren Ergebnissen führt, während eine reine Leistungsorientierung allenfalls zu einer kurzfristigen, keineswegs aber zu einer nachhaltigen Verbesserung der Resultate beiträgt.

Letztendlich bedeutet gute Führung immer beides: sowohl in Menschen zu investieren, das heißt, sich am Menschen zu orientieren, als auch die gewünschten Ergebnisse und Leistungen zu erzielen beziehungsweise zu verlangen.

Das Prinzip der Ergebnisorientierung ist keine Selbstverständlichkeit. Achtung: Wir reden bewusst von Ergebnis- und nicht von Leistungsorientierung. Leistung ist der Input. Zwar spielt es eine Rolle, wie man sein Ziel erreicht, aber wir brauchen vor allem einen vernünftigen Output. In der Bibel findet sich hierzu ein passendes Bild: »Jede Rebe, die keine Frucht bringt, schneidet er [der Winzer] ab.« (Johannes 15,2)

Wenn man dieses Prinzip der Ergebnisorientierung ernst nimmt, fällt auf: Es gibt unglaublich viele Menschen, die sich immer genau erklären können, warum etwas gerade »nicht geht«. Die eigentlich naheliegende Frage stellen sie sich gar nicht: Was wäre denn durchführbar, möglich, erreichbar? Jeder Mensch sehnt sich danach, etwas Sinnvolles zur Gemeinschaft beitragen zu können. Die Angst, diesem Anspruch nicht gerecht zu werden, führt zu diesen Schutzbehauptungen.

Spannend ist zudem die Frage nach der Qualität der Ergebnisse. Man kann sehr fleißig sein, ohne das entscheidende Ziel zu erreichen. Gute Ziele und Ergebnisse stellen ein Lern- und Experimentierfeld dar. Also nicht aufgeben, wenn etwas schiefgeht, sondern die Lektion lernen und weitermachen!

Ergebnisse sind keineswegs immer nur wirtschaftliche Ziele. Nonprofitorganisationen (Schulen, Krankenhäuser, gemeinnützige Vereine ...) wollen genauso etwas bewirken. Auch die Kirche möchte etwas bewirken. Jede Organisation braucht Ergebnisse. Leider haben wir heute manchmal eine beschränkte Wahrnehmung und sehen nur die wirtschaftlichen Ziele. Wir stellen hier die provokante Frage, ob nicht durch eine Fokussierung auf andere Ziele auch die wirtschaftlichen Ziele leichter erreichbar wären.

Letztendlich geht es hier um Wirksamkeit – und wer möchte nicht in dem wirksam sein, was er tut? Wirksame Menschen fragen nicht, wie viel und wie hart sie arbeiten müssen. Sie haben das Ziel im Blick. Der Neurobiologe, Psychiater und Mediziner Joachim Bauer benennt die gemeinsame Ausrichtung auf ein Ziel auch in Beziehungen als wichtigen Entwicklungsmotor. Wie viel Kraft geht doch von einem gemeinsamen Ziel aus!

### 4. Führung befähigt Menschen (Menschenorientierung)

Wer führt die Ergebnisse in einem Unternehmen, einer Organisation herbei? – Es sind immer Menschen. Eine gute Führungskraft weiß darum und hat genau dies im Blick. Gute Führung ist immer auch Menschenführung.

Wir sind dankbar, dass heute klar ist: Menschen- und Resultatorientierung bilden nicht unbedingt einen Widerspruch, wenngleich dies in der Praxis oft noch anders gesehen wird. Ein Chef sagte mir, er hätte lieber gerne mehr Maschinen und weniger Menschen – nicht aus Kostengründen, sondern weil man die Maschinen viel leichter dazu bringen könne, das zu tun, was man wolle, man könne sie leichter pflegen und instandhalten als Menschen. Keine Frage – es gibt komplizierte Menschen. Die Frage ist nur, was Sie in erster Linie sehen: den wertvollen Menschen, das Potenzial, das Humankapital, den Produktionsfaktor, das Problem?

Beim Sichten der Fachliteratur über Management fällt es schwer, Bücher zu finden, in denen nicht – zumindest in der Theorie – von der zentralen Bedeutung einer werteorientierten Menschenführung die Rede ist. Jedoch haben wir in der Vergangenheit schwerpunktmäßig Menschenführung ressourcenorientiert und nicht potenzialorientiert verstanden.

Ressourcen sind etwas, was da ist, was man messen kann, was man einsetzen und verwalten kann wie Dinge, über die man verfügt. Davon zu unterschieden ist der Begriff Potenzial. Potenziale sind etwas, was man im Augenblick womöglich noch nicht sieht, was aber entstehen könnte und versteckt angelegt ist. Etwas, was man suchen muss, um es überhaupt zu sehen. Die Orientierung am Potenzial der eigenen Mitarbeiter verlangt einen anderen Umgang mit ihnen.

In der Geschichte haben wir Menschen jedoch schwerpunktmäßig ressourcenorientiert gearbeitet. Wir haben geschaut, was da ist und versucht dies möglichst gewinnbringend zu verwalten. Aktuell kommen wir mehr und mehr zu der Erkenntnis, dass verschiedene Ressourcen begrenzt sind (Erdöl, Trinkwasser ...). Wenn Ressourcen verbraucht sind, geraten Menschen in eine Krise. Das stellt, so beschreibt es der Hirnforscher Gerald Hüther, einen notwendigen Schritt in einem Wandel von einer Kultur in eine andere dar. Von der Ressourcennutzungskultur gehen wir über zu einer Potenzialentfaltungskultur. Das bringt durchaus einige Probleme und große Herausforderungen mit sich. Denn was in einer Kultur der Ressourcennutzung richtig war, ist unter der neuen Prämisse kaum hilfreich. Viele der alten Methoden verhindern sogar eine wirkliche Potenzialentfaltung.

Ein wunderschönes Beispiel aus der Natur ist die befruchtete Eizelle, die ein geniales Potenzial besitzt. Was innerhalb von neun Monaten entsteht, ist ein wunderbarer Mensch und ein einzigartiges Lebewesen, dessen Entwicklungsmöglichkeiten unglaublich vielfältig sind.

Leider ist es oft so, dass Erfahrungen uns Menschen tendenziell dazu verleiten, aufzugeben, unter unseren Möglichkeiten zu bleiben oder uns mit dem abzufinden, was ist. Wir glauben, auf das beschränkt zu sein, womit die Natur uns als Kind ausgestattet hat – und fertig. Das stimmt nicht. Der Psychiater und Psychoanalyst Norman Doidge schreibt: »Unser Gehirn ist nicht – wie lange angenommen – eine unveränderbare Hardware. Es kann sich vielmehr auf verblüffende Weise umgestalten und sogar selbst reparieren – und das bis ins hohe Alter.«

Diese Erkenntnis ist die wohl sensationellste Entdeckung der Neurowissenschaften. Doidge zeigt in bewegenden Fallgeschichten, was die

Entdeckung der Neuroplastizität (der Anpassungsfähigkeit der Gehirn- und Nervenzellen) für uns bedeutet: Nicht nur gibt es Heilungschancen für neurologische Erkrankungen und Verletzungen, sondern auch gesunden Menschen eröffnen sich verblüffende Möglichkeiten, die Funktionsfähigkeit ihres Gehirns zu verbessern. Doidge erzählt von blind geborenen Menschen, denen Sehen ermöglicht wird, von Schlaganfallpatienten, die dank der Neuroplastizität einen gelähmten Arm wieder bewegen können. Er beschreibt auch, wie die Kraft unserer Gedanken sogar unsere Gene ein- und ausschalten und die Anatomie des Gehirns verändern kann.

Was uns wirklich einschränkt, ist unsere vorgefasste Meinung, Veränderung wäre im Erwachsenenalter nicht mehr möglich. Die Neurowissenschaften lehren uns etwas anderes. Wenn Sie sehen, was allein von der Entwicklung des Gehirns her möglich ist, und dann beobachten, was in Ihrer Organisation oder Ihrem Unternehmen passiert: Entwickeln sich die Menschen dort weiter oder vegetieren sie nur vor sich hin? Ahnen Sie, was hingegen möglich sein könnte?

Das Bild, das wir uns von unseren Mitmenschen machen, bestimmt, wie wir miteinander umgehen und was dieser Umgang bewirkt. Es bestimmt, ob wir anderen vertrauen, was wir von anderen erwarten und wie wir auf andere reagieren. Wir sind aus neurobiologischer Sicht auf soziale Resonanz und Kooperation angelegte Wesen. Unsere Motivationssysteme schalten ab, wenn die soziale Zuwendung oder die Resonanz auf unser Tun ausbleibt. Damit erlischt auch im Gehirn die Fähigkeit, Neues zu lernen und sich weiterzuentwickeln. Fehlende soziale Kontakte führen zum biologischen Kollaps der Motivationssysteme im Gehirn. Der Mediziner, Psychotherapeut und Neurobiologe Joachim Bauer schreibt: »Anerkennung, Zugewandtheit und Vertrauen sind der neurobiologische Treibstoff unserer Motivationssysteme.«

Die heutige Zeit steckt voller Herausforderungen. Um sie zu bewältigen, müssen wir dieses uralte im Menschen angelegte Prinzip »Führung als Entwicklung des menschlichen Potenzials« stärker als je zuvor in den Blick nehmen. Darüber hinaus ist Kooperation zwischen den Menschen die entscheidende Voraussetzung für die Entstehung und Entwicklung von

Leben. Ein Verhalten, das des Menschen würdig ist, ermöglicht Synergien in unvorstellbarem Ausmaß. Aber das geschieht nicht von allein, sondern nur, wenn entsprechende Führungskompetenz dies möglich macht.

Im Alten Testament ist die Wirkung von Kooperation einmal sehr eingängig beschrieben, als es um die Herausforderungen eines Kampfes geht (5. Mose 32,30): »Wie geht's zu, dass einer tausend verjagt und zwei sogar zehntausend flüchtig machen?« Die Summe ist mehr als die Summe der Einzelteile.

Gerald Hüther sagt: Das wichtigste Potenzial eines Unternehmens sind nicht die Mitarbeiter per se, sondern all jene Führungskräfte, die in der Lage sind, ihre Mitarbeiter zur Entfaltung ihrer Potenziale zu bringen, sie zu inspirieren und in ihrem Bereich eine Kreativität zu wecken, die von Verbundenheit, Zugehörigkeitsgefühl und Lust auf Leistung geprägt ist.

Abbildung 1.1 Die beiden wesentlichen Bestandteile von Führung

### 5. Führung erfordert Kompetenz(entwicklung)

Um sich den Anforderungen an Führung stellen zu können, sind entsprechende Kenntnisse und Fähigkeiten, auch Kompetenzen genannt, erforderlich. Kompetenz ist aber mehr als nur Wissen. Es geht um die praktische Fähigkeit, konkrete Aufgabenstellungen zu bewältigen. Die OECD-Bildungsminister formulieren es so: »Nachhaltige Entwicklung und sozialer Zusammenhalt hängen entscheidend von den Kompetenzen der gesamten Bevölkerung ab – wobei der Begriff ›Kompetenzen‹ Wissen, Fertigkeiten, Einstellungen und Wertvorstellungen umfasst.«

Kompetenzen sind die dynamische Kombination von Wissen, Fertigkeiten und Einstellungen. Diese Kombination ist von Person zu Person unterschiedlich. Führungsaufgaben verlangen aber spezielle Schlüsselkompetenzen – kommunikative, interkulturelle, transkulturelle, sprachliche, personale und emotionale Kompetenz. Aufgrund der enormen Geschwindigkeit der Wissensvermehrung veraltet Fachwissen rasch. Daher wird heute deutlich mehr als nur Fachkompetenz verlangt, beschreibt der Wirtschaftsberater Walter Simon in seinem Buch »Grundlagen der Kommunikation«.

Der Wesenskern dieser Schlüsselqualifikationen verändert sich nicht, selbst wenn sich Technologien oder Berufsinhalte wandeln. Darüber hinaus erfordern viele Tätigkeiten fachübergreifende Qualifikationen. Was in der Praxis weiterhilft, ist Methodenkompetenz. Dazu gehören die Fähigkeiten, Fertigkeiten und Kenntnisse, um anstehende Arbeitsaufgaben systematisch lösen zu können. Häufig zitiert wird auch die sogenannte Sozialkompetenz. Wichtigster Teil davon ist die Kommunikationskompetenz. Führung erfordert all diese Kompetenzen. Die gute Nachricht ist: Nach allem, was wir heute über die Wandlungs- und Anpassungsfähigkeit des menschlichen Gehirns wissen, sind diese Kompetenzen bis ins hohe Alter erlernbar, ausbaubar und formbar.

Anfang des vorigen Jahrhunderts ging man noch davon aus, Führung wäre ein unerklärliches Phänomen, es wäre einfach eine Begabung besonderer charismatischer Persönlichkeiten. Es war das Militär, das als Erstes eine Art Assessment-Center einführte, um geeignete Offiziersanwärter auszuwählen. Die damals vorherrschende Meinung, es gäbe eine angeborene Führungsfähigkeit, führte dazu, dass man eine systematische Führungskräfteentwicklung für unnötig hielt. Die richtige Person würde sich sowieso durchsetzen.

Heute ist klar: Führungskompetenzen können geschult und trainiert werden. Fredmund Malik wagt hierzu die Aussage: »Bei keinem anderen Beruf liegt die Ausbildung so im Argen wie im Management. Niemand würde sich in ein Flugzeug setzen, wenn die Piloten eine den Managern vergleichbare mangelhafte Ausbildung hätten.« Wir wissen jetzt, welche Kompetenzen maßgeblich sind, um verantwortungsvoll führen zu können.

Hand aufs Herz: Wo liegen Ihre Stärken und wo sind Ihre Schwächen als Führungskraft? Eine gesunde Weiterentwicklung bedeutet vor allem, die eigenen Stärken auszubauen, ohne dabei jedoch die Schwächen aus den Augen zu verlieren.

In unserem Führungsmodell haben wir einige Schlüsselkompetenzen herausgearbeitet, die den Führungsalltag deutlich einfacher machen. Warum bleibt die Entwicklung dieser Kompetenzen oft drastisch hinter den Möglichkeiten zurück? In den letzten Jahren wurde mit allem, was das Zeug hält, in die nötigen Kompetenzen investiert. Es gab wissenschaftlich fundierte, didaktisch ausgefeilte Trainings, mit deren Hilfe Führungskräfte Kommunikationskompetenz erwarben. Trotzdem blieben die Erfolge weit hinter dem Erhofften zurück. Aber es gab auch Fälle, bei denen durch die entsprechende Schulung ein Spitzenergebnis erreicht wurde. Was machte den Unterschied aus? Die Antwort finden Sie im nächsten Abschnitt.

### 6. Führung ohne die entsprechende Haltung beschränkt die Wirksamkeit (Werteorientierung)

Es kommt nicht in erster Linie auf die erworbenen Führungskompetenzen an, sondern auf die Haltung und den Charakter der Führungskraft.

Fred war ein hochkompetenter Manager. Wenn er vor seiner Mannschaft stand und sprach, blieb den meisten der Mund offen stehen. Sie hörten ihrem Chef gerne zu. Auch sonst hatte er dem Unternehmen geholfen, eine klare Vision und Perspektive für die Zukunft zu finden. Er führte ein System von Zielvereinbarungen ein und fand immer wieder ein gutes Wort für seine Leute. Dann kam der Schock: Wegen einer anstehenden Rezertifizierung musste noch schnell eine Mitarbeiterbefragung durchgeführt werden. Dabei sollten die Mitarbeiter ihren direkten Vorgesetzten bewerten. Das Ergebnis traf ihn zutiefst. Er erhielt hervorragende Noten für seine Fach- und Managementkompetenz. Aber 60 Prozent der Mitarbeiter gaben an, sie wären mit seiner Führung sehr unzufrieden. In der Bemerkungsspalte war mehrfach zu lesen: eingebildet, unehrlich, arrogant, falsch ...

Fred war ratlos, hatte er doch Hinweise aus Seminaren umgesetzt, sei es, das Mitarbeitergespräch einzuführen, sei es, Lob und Anerkennung an die Mitarbeiter weiterzugeben, sei es, ab und zu auch einmal Danke zu sagen. Da fragte der Berater ihn, ob er auch Danke meinte, wenn er Danke sagte. Daraufhin erwiderte Fred gereizt, das könnte man wohl nicht von ihm verlangen. Dankesagen wäre eben eines dieser Spielchen, die notwendig seien, damit Menschen funktionieren. Merken Sie etwas?

Wir Führungskräfte haben in den letzten Jahren viel in Kompetenzen, Wissen, Fertigkeiten und Verhalten investiert. Dabei haben wir eine ungemein wichtige Dimension aus den Augen verloren. Langfristig sind Kompetenzen ohne die entsprechende Haltung, ohne die richtige Einstellung und ohne eine gesunde Werteorientierung wirkungslos. Die charakterliche Grundhaltung entscheidet langfristig maßgeblich über den Erfolg entsprechender Maßnahmen.

»Ist das nicht etwas übertrieben?«, werden Sie jetzt vielleicht fragen. Aber denken Sie einmal nach: Was kostet Sie in der Zusammenarbeit mit einer Führungskraft am meisten Zeit, Kraft und Nerven? Sind es deren fehlende Kompetenzen? Manchmal sicher. Meist geht es darum, sich gegen Charakterschwächen zu wehren. Es gibt eine Aufgabe, die wir in den letzten Jahren etwas aus den Augen verloren haben: »Charakterbildung«.

Das »Lexikon für Theologie und Kirche«, das im Herder Verlag erscheint, beschreibt Charakterbildung als das Hochziel einer jeden menschlichen Fremd- und Selbsterziehung. Haben Sie gewusst, dass es Hochziele gibt? Im Falle der Charakterbildung ist offensichtlich: Sie ist langfristig das eigentlich Entscheidende.

Es ist nicht ganz einfach, Charakter zu definieren. Es gibt verschiedene Assoziationen, die sich mit diesem Begriff verbinden. Wenn wir hier von Charakter sprechen, meinen wir nicht Persönlichkeitsmerkmale, sondern Haltungen, Einstellungen, ethische Prinzipien, Werte.

Wer sich mit Charakterbildung beschäftigt, kommt um die drei Ebenen des Lernens nicht herum, die der Neurobiologe Gerald Hüther treffend beschrieben hat. Die niedrigste Ebene ist das sogenannte Sachwissen. Dies wird im Cortex angelegt, der Großhirnrinde, die immer aktiv ist, wenn Dinge auswendig gelernt, Routinen immer wieder ausgeführt, Gewohnheiten übernommen werden.

Über dieser Ebene liegt eine weitere Schicht. Diese nennen wir »Metakompetenzen«. Wer gelernt hat, wie man liest, ist noch lange nicht in der Lage, Texte auch zu verstehen. Textverständnis wäre dann die Metakompetenz. Metakompetenz ist folglich die Bezeichnung dafür, auf welche Weise ich Wissen einsetze, reflektiere und nutze. Metakompetenzen lassen sich heute wissenschaftlich sehr gut messen.

Metakompetenzen sind Funktionen im Stirnlappen des Gehirns, die aber nicht automatisch mit Sachwissen verbunden sind. Sie sind jedoch nötig, um das tägliche Leben und die Herausforderungen des Alltags zu bewältigen. Zu den Metakompetenzen gehören Problemlösungsfähigkeit, Empathiefähigkeit (die Fähigkeit, sich in andere hineinzuversetzen), die Fähigkeit, vorausschauend zu denken und die Folgen des eigenen Handelns abzuschätzen. Metakompetenzen helfen, Impulse, die sich im Innersten regen, zu lenken und zu kontrollieren und Frustrationen auszuhalten.

Ohne ausgeprägte Metakompetenzen kann der Mensch sein Sachwissen deutlich weniger nutzen als möglich – das lässt sich wissenschaftlich messen. Deswegen haben wir in den letzten Jahren angefangen, gerade diese Metakompetenzen intensiv zu schulen. Sie entstehen durch Erfahrung. Der Mensch muss etwas erlebt haben, um die dafür nötigen Metakompetenzen zu erwerben. Wir haben in unserer Gesellschaft viel Wissen gesammelt, wie man Verhalten ändern kann. Das ist nicht unbedingt falsch, aber aus neurobiologischer Sicht ist das Erlernte, auch das aus Erfahrungen Erlernte, nichts anderes als andressiertes Wissen. Es wird geprägt durch immer wiederkehrende Erfahrungen und Deutungsmuster im eigenen Leben.

Über diesen Metakompetenzen liegt noch eine Schicht, die lange nicht in ihrer Bedeutung erkannt wurde, die dritte Lernebene: die Ebene der Haltungen. Haltungen sind neuronale Verknüpfungen, die zugleich emotionale und kognitive Netzwerke miteinander verbinden. Eine Haltung bzw. eine innere Einstellung ist nichts primär Kognitives, sondern etwas Emotionales. Karl Marx sagte einst: »Ideen sind Ketten, derer man sich nicht entreißt, ohne sein Herz zu zerreißen.« Ähnliches gilt für Haltungen. Sie haben gehirntechnisch und praktisch einen enormen Einfluss.

Abbildung 1.2 Die drei Lernebenen

Deshalb sind reine Belehrungen in der Regel unnütz. Die Aussage »Ihr müsst das anders machen« bringt nichts. Ebenso wenig nützt es, eine Maßnahme einzuführen, die man auf einem Führungskräfteseminar gelernt hat (Loben, Danken). Das können Sie vergessen! Es hilft auch nichts, unzählige Bücher über richtiges Führungsverhalten zu lesen. Gezielte Belohnung, Bestrafung, emotionale Aktivierung, all das ist völlig wirkungslos. Die einzige Möglichkeit, die jetzt noch bleibt, ist eine andere Haltung einzunehmen. Neuronale Netze verknüpfen unterschiedlichste Teile des Gehirns miteinander. Deshalb haben sie eine enorme Bedeutung. Interessanterweise lässt sich die Haltung bei einem Mitarbeiter nur auf eine Art verändern: wenn er sich freiwillig – selbst – dazu entschließt. Die Initiative muss von der betreffenden Person ausgehen.

Die innere Haltung entscheidet darüber, wie und wofür jemand sein Gehirn einsetzt. Ebenso ist es der Geist, der in einer Gruppe von Menschen weht, der wesentlich darüber entscheidet, welche Erfahrungen die Menschen beim gemeinschaftlichen Tun machen. Das wiederum wirkt sich erneut darauf aus, welche Haltung diese Menschen entwickeln.

In jeder Firma, jedem Unternehmen, jeder Organisation herrscht ein bestimmter Geist, herrschen bestimmte Werte und Haltungen. Dieser

Geist wird maßgeblich durch die Haltung beeinflusst, die die verantwortliche Führungskraft mitbringt.

Eine Geisteshaltung und die Werte, die sie verkörpert, kann sowohl dem Leben zuträglich (konstruktiv) als auch abträglich (destruktiv) sein.

Es gibt beispielsweise einen Familiengeist, einen Klassengeist in der Schule, einen Sportsgeist in der Fußballmannschaft, der das Team beflügelt. Denken Sie daran: Dieser Geist beeinflusst die Erfahrungen, die die einzelnen Mitglieder in der betreffenden Gruppe vorrangig sammeln.

In manchen Organisationen herrscht ein Verwaltungsgeist, der eine lähmende Bürokratie mit sich bringt. Es gibt aber auch den Klagegeist – eine ständige Unzufriedenheit mit den aktuellen Verhältnissen. Wie gesagt, diese Haltungen schaffen eine Atmosphäre, in der die beteiligten Menschen genau die entsprechenden Erfahrungen machen. Deswegen ist die Wahrscheinlichkeit sehr hoch, dass Menschen unter dem vorherrschenden Geist eine entsprechende Haltung entwickeln, bei der Metakompetenzen gar nicht erst angewandt und Sachwissen nur in der notwendigsten Minimaldosis eingesetzt wird. Womit der ganze Mensch weit hinter seinen Möglichkeiten zurückbleibt.

Wenn es um Führung geht, stellen sich drei Fragen: Was kann ich als Führungskraft tun, um die Heranbildung gesunder Haltungen bei einem Menschen zu fördern? Was für ein Geist herrscht in meiner Organisation? Und was kann ich tun, damit sich eine Geisteshaltung, ein Klima entwickelt, das Potenzialentfaltung ermöglicht?

Ein weiterer sehr wichtiger Faktor in diesem Zusammenhang ist **Vertrauen**. Warum? – Prozesse müssen immer schneller ablaufen, werden immer komplexer. Vor ein paar Jahren lächelte man noch über Vertrauen als einen »weichen Faktor« im Wirtschaftsprozess. Heute ist klar: Vertrauen zwischen beteiligten Menschen, Vertrauen in einer Organisation und Vertrauen in der Gesellschaft ist lebensnotwendig. Vertrauen ist zum »harten Faktor« geworden. Studien zeigen: Überall, wo kein Vertrauen herrscht, dauern Prozesse deutlich länger und die Kosten sind signifikant höher. Wo die Atmosphäre jedoch durch Vertrauen geprägt ist, funktionieren Prozesse und Abläufe schneller und Kosten liegen entsprechend niedriger. Die Wirtschaft hat also Vertrauen als einen Faktor entdeckt, der harte Ergebnisse hervorbringt. »Zu wenig Vertrauen führt zu Reibungsverlusten und ist der größte Kostenfaktor überhaupt. Übrigens nicht nur in den Unternehmen, sondern in allen Organisationen, wie auch in Beziehungen und Familie«, schreibt der US-amerikanische Bestsellerautor Stephen M. R. Covey. »Fehlendes Vertrauen erzeugt versteckte Agenden, politische Winkelzüge, zwischenmenschliche Konflikte, Rivalität zwischen Abteilungen, Gewinn- und Verlustdenken und eine auf Selbstverteidigung ausgerichtete Kommunikation.«

All das reduziert die Schnelligkeit. Vertrauen hingegen schafft Schnelligkeit! Allein deshalb ist dieses Thema für einige Manager ein »Muss-Thema« geworden. Hier stellt sich die Frage, was Vertrauen aufbaut. Es setzt immer Vertrauenswürdigkeit voraus. Diese ist eine Charakter- bzw. eine Haltungsfrage, eine Frage von Ethik und Beständigkeit. Damit sind wir wieder bei unserem Thema: Gute Führung bedeutet in diesem Kontext, so auf die gewünschten Ergebnisse hinzuarbeiten, dass dabei Vertrauen entsteht. Der Weg und die Haltung sind dabei genauso wichtig wie das Ziel und der Zweck. Sie werden feststellen: Vertrauen baut sich dort auf, wo sowohl die Haltung und charakterliche Einstellung als auch die Kompetenzen und Ergebnisse stimmen.

An allen Ecken und Enden werden die Themen Werte, Tugenden, Charakter diskutiert, oft jedoch ohne Klarheit, was denn genau damit gemeint ist. Petra Gerster und ihr Mann Christian Nürnberger stießen auf kaum irgendwelche Ergebnisse, als sie für die Recherche ihres Buches »Charakter« den Katalog der deutschen Nationalbibliothek mit 24,7 Millionen Titeln durchforsteten.

Stephen M. R. Covey, ein führender Management Autor, untersuchte die gesamte Literatur zum Thema Führung. Seiner Meinung nach ging bis zu den 50er-Jahren des vorigen Jahrhunderts aus der Literatur deutlich hervor: Damit Führung gelingt, sind Charakter und Kompetenz erforderlich. Erst Ende des letzten Jahrhunderts verschoben sich die Prioritäten und man meinte: Das, was wirklich zählt, ist »Image«.

Bei unseren eigenen Recherchen stellten wir allerdings fest: In den letzten fünf Jahren sind so viele Bücher wie noch nie zu den Themen Werte, Tugenden und Herzensbildung erschienen. Überall spürt man, dass es eine Dimension gibt, die wir vernachlässigt haben und die wieder neu ins Bewusstsein kommt. Es geht um Charakterbildung. Die Auseinandersetzung damit geschieht sowohl positiv (»Was brauchen wir?«) als auch negativ (»Wie sollte es auf keinen Fall mehr sein?«). Kein Zweifel: Dieses Thema ist in den letzten Jahren auch offiziell für Profis zu einem Muss geworden. Werte, Haltungen und Charakter haben wir darum als wichtiges Prinzip in unser Führungsmodell integriert.

Wir brauchen beispielsweise dringend Integrität. Sie ist die Grundlage für Glaubwürdigkeit. Sie erschließt anderen aber auch unsere Absichten und Motive und erklärt das daraus resultierende Verhalten.

Der Forscher Orlo Ottson hat herausgearbeitet: Als Führungskräfte bleiben uns neben vielen schillernden Persönlichkeiten vor allem die ganzheitlich erfolgreichen Führungskräfte in Erinnerung, sprich: vertrauenswürdige Personen, die sich an ethischen Grundsätzen ausrichten. Ein anderes aktuelles Beispiel ist die Deep-White-Studie des MCM Instituts der Universität Sankt Gallen »Werte, Kultur und Unternehmenserfolg«. Sie zeigt: Eine gelebte Wertekultur hat einen messbaren Anteil am Unternehmenserfolg. Ein Viertel des Geschäftserfolgs lässt sich wissenschaftlich auf eine gelebte Wertekultur zurückführen. Unternehmenserfolg ist damit zu einem großen Teil an Ethik gebunden.

Das Suchen danach, was dies im Einzelnen bedeutet, führt uns zu einem reichen Schatz an Wissen über Werte und Tugenden. Dieses Wissen war vielleicht zeitweise durch die spezifische Weltsicht der einzelnen Epochen geprägt und eingeschränkt. Dennoch verkörpert es eine zeitlose Wahrheit.

Die oben zitierte Studie orientiert sich an den vier Kardinaltugenden Klugheit, Mut, Gerechtigkeit und Maßhalten und versucht, die dahinterstehenden Prinzipien im Hinblick auf richtiges Verhalten in der modernen Führung zu übersetzen. Diese Tugenden gelten seit der griechischen Philosophie als Grundhaltungen des Menschen. »Kardinaltugend« kommt vom lateinischen Wort »cardo«, was so viel wie Türangel, Drehpunkt, Wendepunkt und eigentlicher Gegenstand bedeutet. Diese vier Tugenden sind in der Tat wie Türangeln, die einen Eintritt in eine neue Welt ermöglichen und um die sich alles dreht. Im Lateinischen heißt Tugend »virtus«. Virtus ist eine Kraft, eine Fähigkeit oder Geschicklichkeit. Die Seele braucht die Kräfte der Tugend, damit es ihr möglich ist, das Leben zu meistern.

Das deutsche Wort »Tugend« kommt von »taugen«. Ohne Tugend taugt das Leben nichts, es verpufft. Aus den vier Kardinaltugenden kann man ganz leicht Komplementärtugenden ableiten, die zu einem tieferen Verständnis jeder einzelnen Kardinaltugend führen. Das Drama ist nur: Wir haben uns lange Zeit nicht mehr intensiv mit Charakterbildung, Werten und Tugenden beschäftigt. Daher kommen uns zwar die Worte (Vokabeln) noch vertraut vor, aber wir verstehen sie dennoch nicht mehr in einem umfassenden Sinn.

Worum geht es beispielsweise bei der Integrität? Es ist spannend, das zu erkunden. Manche Tugend war verstaubt beziehungsweise veraltet, vielleicht tot (ohne die entsprechende Haltung) und daher eher mit negativen Assoziationen verbunden. Wir können diese Werte nun ganz neu entdecken und füllen. Das deutsche Wort »Wert« hängt eng mit dem Wort »Würde« zusammen. Das englische Wort für Wert, »value«, kommt aus dem Lateinischen. Das Wort »valere« bedeutet »gesund sein«, »sich wohl befinden«, aber auch »etwas gelten« und »einen Wert haben«. Genau diese Dinge suchen wir: Haltungen, Werte, Charakter, der das Leben wertvoll macht und ihm nicht alle Kräfte raubt. Ein interessanter Denkanstoß ist dabei die Tatsache, dass in vielen Sprachen der Begriff »Werte« sowohl für finanzielle als auch für ideelle Werte gilt, es ist das gleiche Wort.

Im weiteren Verlauf des Buches werden wir einige Schlüsseltugenden für Führung herausgreifen und schildern, was sie für den Führungsalltag bedeuten. Wir hoffen, dass es Ihnen so ergeht wie uns: dass Sie von Tugenden wie Gerechtigkeit, Wahrhaftigkeit, Tapferkeit, Treue, Versöhnung, Klugheit, Weisheit und so weiter fasziniert sind.

Bei Führung geht es um **Kompetenz *und* Charakter**. Manche Führungskräfte arbeiten nur an ihrer Kompetenz. Sie entwickeln sich Monat für Monat und Jahr für Jahr weiter, aber ihr Charakter bleibt auf der Strecke. Das führt zu einer immer größeren Diskrepanz zwischen dem, was sie tun, und dem, wer und wie sie sind. Diese Diskrepanz wird von Mitarbeitern als Arroganz empfunden. Sie distanzieren sich von ihrem Vorgesetzten und gewöhnen sich ein Schutzverhalten an. Langfristig führt dies zu beschränkter Wirksamkeit und zu einem deutlich mühsameren Weg, Unternehmensziele zu erreichen.

Umgekehrt begegnen wir manchmal der Überzeugung (vor allem in weltanschaulich geprägten Organisationen): »Wir arbeiten an unserem Charakter, an unserer Haltung, unseren Werten, und der Rest folgt dann von selbst.« Aber auch das stimmt nicht. Jedes Mal, wenn die Haltung zwar vorbildlich ist, einer Führungskraft aber die entsprechenden Kompetenzen fehlen, bleiben die Ergebnisse genauso deutlich hinter den Möglichkeiten zurück. Die Folgen sind langfristig Erschöpfung und Burnout. Denn einer Führungskraft fehlen dann die Werkzeuge, um das, wofür sie das Herz und die richtige Haltung hat, effektiv und effizient umzusetzen.

Ich hoffe, Sie merken: Wirksame Führung hat alle vier Dimensionen im Blick:

- Ergebnisse (Sinn),
- den Menschen,
- Kompetenz, das Wissen und Können, wie etwas getan werden muss,
- Haltungen, Werte, die entsprechende charakterliche Grundhaltung.

## 7. Führung ohne Authentizität ist kraftlos – sich selbst treu sein

Derzeit überascht uns ein Trend weg vom Individualismus hin zu mehr Gemeinschaftserfahrung. Die Soziologie bezeichnet dieses Phänomen als Neotribalismus. Deutlich sichtbar wird dieser Trend auch durch soziale Medien wie beispielsweise Facebook, Twitter und StudiVZ. Sehnt der postmoderne Mensch sich wieder nach Geborgenheit, allerdings in bewusst selbst gewählten Teilbereichen unserer Gesellschaft?

Einige Manager haben diesen Trend erkannt und versuchten ihn sofort für die Werbung zu nutzen. Sie versprechen ihren Kunden: »Du gehörst zu uns.« Doch wehe, sie bekommen dann Kontakt zu den Mitarbeitern des Unternehmens, dann erleben sie etwas ganz anderes: Dienst nach Vorschrift, nichts Gemeinschaftbildendes. Für Wolfgang Jenewein und Felizitas Morhart, Professoren im Bereich Marketing und Führung, ist der Grund klar: Nur wenn das Unternehmen selbst eine Gemeinschaft verkörpert, die Mitarbeiter sich mit ihm identifizieren, werden sie dies auch nach außen tragen.

Jenewein und Morhart haben in einer aktuellen Studie herausgearbeitet: Eine Führungskraft kann ihre Mitarbeiter nur dann nachhaltig zu begeisterten Mitträgern des eigenen Unternehmens machen, wenn diese sie als Vorbild sehen und annehmen; wenn sie sie schätzen und sich mit ihren Zielen identifizieren. Der Schlüssel hierzu liegt in der Integrität und Authentizität der Führungskraft. Authentizität kommt aus dem Griechischen und bedeutet »echt«. Im Spätlateinischen steht das Wort »authenticus« für »verbürgt, zuverlässig«. Das Wort »Authentizität« beschreibt Echtheit im Sinne von »als Original befunden«. Auf Personen angewendet heißt das, das Handeln einer Person wird nicht durch externe Einflüsse bestimmt, sondern kommt von der Person selbst. Die Sozialpsychologen Michael Kernes und Brian Goldman unterscheiden folgende Kriterien, die erfüllt sein müssen, damit man authentisch ist:

- **Bewusstsein:** Ein authentischer Mensch kennt seine Stärken und Schwächen, seine Gefühle und die Motive für bestimmte Verhaltensweisen. Erst durch Selbstreflexion ist er in der Lage, sein Handeln bewusst zu erleben und zu beeinflussen.
- **Ehrlichkeit und Aufrichtigkeit:** Ein authentischer Mensch täuscht andere nicht. Er macht niemandem etwas vor.
- **Konsequenz:** Ein authentischer Mensch handelt seinen Werten entsprechend. Er wird seinen Prinzipien auch nicht untreu, falls er sich dadurch Nachteile einhandelt.

Karen Wright bezeichnet die Sehnsucht nach Authentizität als eines der tiefsten psychologischen Bedürfnisse. Sie weist nach: Menschen hungern heute mehr als je zuvor danach. Spielt mein Gegenüber nur eine Rolle? Oder meint er es ernst? Manchmal kann es vorkommen, dass Mitarbeiter ihre Führungskräfte bis aufs Blut provozieren, nur um dieser einen Frage nachzugehen: Wer ist mein Gesprächspartner wirklich? Was meint er? Was denkt er? Wie sieht sein wahres Gesicht aus? Je eher Mitarbeiter das Gefühl haben, ihren Chef zu kennen, desto größer ist die Basis für tragfähiges Vertrauen. Aus Sicht der Führungskraft geht es hier letztendlich um die Frage einer stimmigen, gesunden Identität. Das Wort »Identität« leitet sich vom Lateinischen ab: »Idem« bedeutet »(immer wieder) derselbe«, was auf Verlässlichkeit hinweist. Identität soll jedoch niemanden in seiner Entwicklung einschränken. Für eine Führungskraft ist wichtig, zu verstehen: Wer bin ich? Was macht mich aus? Welches sind meine Werte? Richtet mein Leben sich stimmig nach meinen Werten aus? Passt das Ganze zu meinen persönlichen Haltungen?

Mitarbeiter bringen darüber hinaus einer solchen Führungskraft große Wertschätzung entgegen, die aktiv Feedback sucht, die bereit ist, sich Kritik auszusetzen, die sich selbst reflektiert und dabei eben auch die Wahrnehmung anderer offen zulässt.

Der Philosoph und Theologe Romano Guardini versuchte im letzten Jahrhundert zu beschreiben, was wirksame Führung ausmacht. Er kam zu dem Schluss, dass Führung vor allem durch drei Dinge geschieht: Eine Führungskraft führt durch ihr Sein, ihr Tun und ihre Worte.

Eine Führungskraft führt zu 60 Prozent durch ihr Sein, ihre Echtheit, ihr Vorbild, das prägt. Zu 30 Prozent prägt sie durch entsprechende Kompetenzen. Natürlich braucht es auch die Fähigkeit, zu kommunizieren (10 Prozent). Eine vergleichbare Aussage finden Sie in vielen deutschen Sprichworten: »Wie der Herr, so's G'scherr!« Oder: »Der Fisch fängt immer vom Kopf zu stinken an.«

Menschen prägen vor allem dadurch, was, wer und wie sie sind. Wer sich als Führungskraft weiterentwickeln will, darf sich nicht allein um seine Kompetenzen kümmern. Die Priorität liegt genauso auf der persönlichen Entwicklung. Person und Persönlichkeit der Führungskraft leisten sehr wohl einen wesentlichen Beitrag zum Erfolg des Unternehmens, er ist aber im Vergleich in klassischen Finanzkennzahlen nur schwer zu beziffern. Dies gilt vor allem im Hinblick auf die Leistung von Mitarbeitern, mit denen man im persönlichen Kontakt steht.

**Die größte demotivierende Wirkung geht immer vom direkten Vorgesetzten aus.** Lässt ein Vorgesetzter Nähe zu? Nimmt man ihn als Person wahr? Der Managementprofessor und Psychologe Roderick Gilkey zeigt in einer aktuellen Studie: Die fähigsten Strategen zeichnen sich nicht nur durch strategisches Denken aus, sondern nutzen auch sozioemotionale Ressourcen in ihren Köpfen. Dies bedeutet: Technische Lösungen erfordern genauso viel emotionale wie rationale Intelligenz.

Kennen Sie Aussagen wie: »Lassen Sie uns doch bitte professionell agieren und alles Persönliche beiseiteschieben!«? Was auf einer gewissen Ebene vernünftig klingt, ist in der Praxis nicht zu bewerkstelligen: Im Hintergrund wird der Mensch immer als Ganzes agieren. Daraus folgt: Langfristig ist die Trennung von Persönlichkeit und Aufgabe nicht oder nur schwer möglich, vor allem, was Führungsaufgaben angeht.

Sich zu verstellen ist übrigens furchtbar anstrengend. Interessant sind hier Forschungsergebnisse zum Thema Burnout. Dieses immer häufiger anzutreffende Phänomen hat seine Ursache nicht allein in einem Übermaß an Arbeit und Stress. Vor allem die Verbindung von einem »Rollenspiel«, mit mangelnder Authentizität, führt deutlich schneller zu Burnout. Am besten beraten sind Sie als Führungskraft, wenn es Ihnen gelingt, echt zu sein, wenn Sie Rückmeldungen darüber zulassen, wie andere Ihr Verhalten wahrnehmen, und wenn Ihr Bemühen erkennbar ist, dass Sie auch an sich selbst arbeiten.

Es gibt für diese Strategie aber auch noch einem anderen Grund: Manchmal vergessen Führungskräfte vor lauter Arbeit, für sich selbst zu sorgen, sie selbst zu sein. In der Bibel findet sich hier ein wunderschönes Zitat von Jesus Christus: »Was nützt es einem Menschen, wenn er die ganze Welt gewinnt, dabei aber sich selbst verliert und Schaden nimmt?« (Lukas 9,25) Wo Sie als Führungskraft lernen, gut für sich selbst zu sorgen und zugleich an sich zu arbeiten und sich weiterentwickeln, legen Sie das beste Fundament, das für Ihre Aufgabe überhaupt möglich ist.

## »Wertvoll und wirksam führen« – unser Ansatz

Im Folgenden stellen wir Ihnen unseren Ansatz von Führung vor. Er versucht, die oben beschriebenen Elemente und Fundamente wertvoller und wirksamer Führung zusammenzubringen:

- **Identität:** Führung geht von einer Person aus, ist immer von deren Gesicht, Stil und Identität geprägt, selbst bei dem verzweifelten Versuch, dies zu vermeiden. Deswegen steht die Person im Mittelpunkt, wie Sie in der Abbildung auf Seite 55 sehen können.
- **Ergebnisse:** Eine Führungskraft möchte zu etwas Sinnvollem beitragen. Sie will Ergebnisse erzielen.
- **Menschen:** Ergebnisse werden immer durch Menschen herbeigeführt.
- **Kompetenz:** Um Ergebnisse zu erzielen, ist Kompetenz unerlässlich – sowohl Fach- und Managementkompetenz als auch Kompetenz im Umgang mit Menschen.
- **Charakter und Haltung:** Kompetenzen ohne die entsprechenden Grundhaltungen, Werte und Einstellungen, ohne Charakterbildung führen längst nicht zu den Ergebnissen, die möglich wären, wenn auch diese stimmen.

Daraus ergeben sich also fünf Felder:

- In der Mitte liegt die **Identität**.
- Die Kompetenz, Ergebnisse zu erzielen, haben wir als **»Fach- und Managementkompetenz«** rechts oben angesiedelt.
- Die Kompetenz, mit Menschen umzugehen, nennen wir in diesem Modell **»soziale Kompetenz«**. Sie ist rechts unten zu finden.
- Eine Grundhaltung, die hilft, Ergebnisse zu erzielen, bezeichnen wir als **»Selbstverantwortung«**. Sie steht oben links in der Spalte, die Charakter und Einstellung repräsentiert.
- Unten in der gleichen Spalte finden sich die Werte, die der sozialen Kompetenz zur Entfaltung verhelfen. Wir nennen sie **»soziale Verantwortung«**.

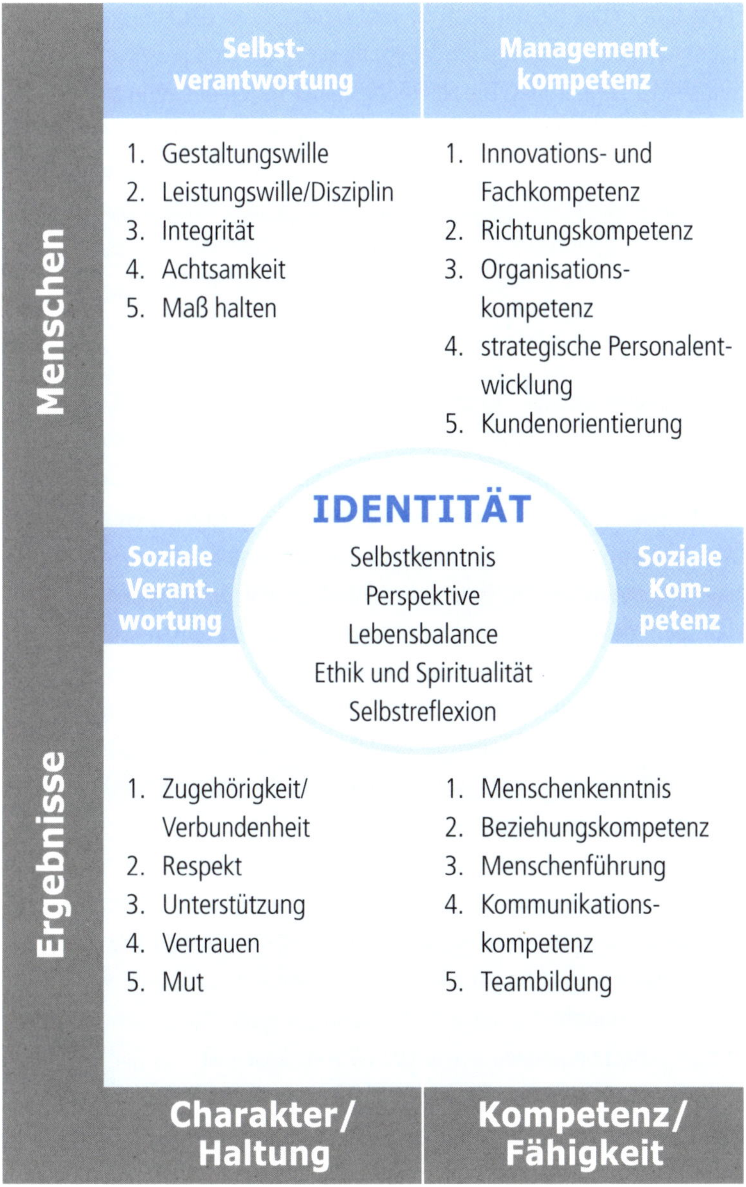


Abbildung 1.3 Valve integrated leadership (Wertvoll und wirksam führen)

Diese fünf Felder, die wir auch die fünf Dimensionen der Führung nennen, haben wir jetzt weiter gefüllt. Jedem dieser Felder sind jeweils fünf Handlungsfelder zugeordnet. Die Handlungsfelder helfen uns, jede einzelne Dimension handhabbar und alltagstauglich zu machen. Wir haben mehr als 100 Studien ausgewertet, um zu definieren, welche Schlüsselfaktoren gute Führung ausmachen und folglich geschult und trainiert werden müssen. In den folgenden Kapiteln gehen wir jede einzelne Dimension mit allen zugehörigen Handlungsfeldern durch. Sie erfahren, wie Sie diese weiterentwickeln und darin wachsen können.

## Das Zusammenspiel

Was nutzt es, sich über die einzelnen Dimensionen und die zugehörigen Handlungsfelder mehr Klarheit zu verschaffen? Ein Beispiel: Vielleicht stellen Sie im Laufe der Lektüre dieses Buches fest, dass es um Ihre Managementkompetenz gar nicht so schlecht bestellt ist. Wie wichtig soziale Kompetenz ist, ist Ihnen womöglich in der Zwischenzeit ebenfalls klar geworden. Sie haben einige Kommunikationsseminare besucht, Bücher gelesen und diese Dimension weiterentwickelt. Im Bereich Selbstverantwortung ist Ihnen bewusst, wie Sie an Ihrer eigenen Leistungsfähigkeit arbeiten können. Und eventuell gestehen Sie sich ganz ehrlich ein, dass der Bereich Haltungen im Umgang mit Menschen/soziale Verantwortung wahrscheinlich Ihr Schwachpunkt ist.

Unsere These lautet: Führung ist langfristig durch den schwächsten dieser Bereiche beschränkt. Sie können dies leicht in der Praxis überprüfen. Stellen Sie sich vor, Sie hätten einen Chef, der höchst kompetent und fachlich hervorragend wäre, menschlich jedoch sehr schwierig. Sie würden deshalb nie langfristig die volle Leistung bringen. Die Schwächen einer Führungskraft begrenzen ihre langfristige Wirksamkeit.

Als wir mit einem Vorstand vor einiger Zeit dieses Thema diskutierten, stimmte er heftig zu und meinte: Genau dies wäre der Grund, warum er sich von seinen Mitarbeitern fernhielte. Die anderen sollten nicht merken, dass er Schwächen hätte und wo diese lägen. Es wird Sie kaum überraschen: Bei weiteren Interviews in seiner Firma stellten wir fest, dass seine

Schwächen bereits allen beteiligten Mitarbeitern mehr als deutlich bewusst waren. Sie müssen gar nicht perfekt sein, um Ihre volle Wirksamkeit zu entfalten. Sobald Sie als Führungskraft einen Schwachpunkt erkennen und daran für Ihr Umfeld wahrnehmbar arbeiten, wird man Ihnen Vertrauen entgegenbringen, als wären Sie schon perfekt.

Wir hatten in den letzten Jahren immer wieder Diskussionen mit sehr kompetenten Projektleitern, die sich beschwerten, sie hätten in der Unternehmensstruktur gar keine Weisungsbefugnis. Das wäre der Grund, warum Führung dort überhaupt nicht funktionieren könnte. Ihre natürliche Führungsautorität im Projekt war gering.

Interessanterweise jedoch gab es Kollegen, die auch ohne Weisungsbefugnis eine außerordentlich starke Autorität und Wirksamkeit über einen langen Zeitraum an den Tag legten. Mit entsprechenden Tests konnten wir bei der ersten Gruppe nachweisen, dass es bei einer Fremdbewertung einen eklatanten, vom Betroffenen nicht erkannten Schwachpunkt gab. Die Selbsteinschätzung solcher Führungskräfte war fast immer deutlich positiver als die Fremdeinschätzung.

Bei der Bewertung der wirksamen, nicht klassisch weisungsbefugten Führungskräfte, war das »Führungsrad« jedoch sehr groß. Kollegen anderer Abteilungen kamen auf sie zu, fragten sie um Rat und setzten ihn reflektiert um. Ihre Meinung war geschätzt. Sie mussten nicht brüllen, kommandieren oder eine schriftliche Dienstanweisung verfassen, an die jeder sich ab sofort zu halten hatte. Man hörte auf sie.

Nochmals: Je stärker die fünf Dimensionen der Führung ausgeprägt sind, desto größer ist die natürliche Führungsautorität. Dies ist auch das Geheimnis, wie Führung in Matrixorganisationen funktioniert, wo der Einzelne selbst gar keine klassische Weisungsbefugnis besitzt.

Zurück zu der Aussage von oben: Langfristige natürliche Autorität resultiert nicht aus einer genialen Inszenierung, sie entsteht vielmehr, wo Führungskräfte vorrangig im Bereich ihrer Stärken tätig sind, diese ausbauen, aber auch ihre Schwächen erkennen und für andere spürbar daran arbeiten. Die Devise heißt deshalb: Stärken stärken und Schwächen schwächen.

Es geht nicht um Perfektion, sondern um Stimmigkeit und aufrichtiges, erfahrbares Bemühen. Merken Sie, welch befreiende Botschaft in dieser Feststellung steckt? Zugleich weist sie einen Weg hin zu mehr Führungswirksamkeit und Führungsautorität.

Im Folgenden werden wir Sie auf eine Reise durch diese fünf Dimensionen mitnehmen, damit Sie sich selbst überprüfen können: Wo liegen meine Stärken, wo meine Schwächen? Und was kann ich tun, um die Stärken zu stärken und die Schwächen zu schwächen? Nutzen Sie es!

# 2 Selbstverantwortung

*Die Verantwortung für sich selbst ist die*
*Wurzel jeder Verantwortung.*

MONG DSI,
CHINESISCHER PHILOSOPH, 1. JH. V. CHR.

Das erste Trainingsfeld, das wir hier erschließen, heißt »Selbstverantwortung«. In diesem Bereich geht es darum, eine Antwort auf die Frage zu geben: »Was mache ich aus meinen Gaben und Möglichkeiten?«. Selbstverständlich geht diese Frage jeden Menschen an, ob jung oder alt, ob Mann oder Frau, ob reich oder arm. Dieses Buch richtet sich aber an erster Stelle an Führungskräfte. Darum werden wir die Selbstverantwortung hauptsachlich aus der Perspektive einer Führungskraft betrachten.

Von Benedikt von Nursia (um 480-547 n. Chr.), dem Gründer des Benediktinerordens, stammt eine Aussage, die fast deckungsgleich mit einem Zitat von Peter F. Drucker ist, einem der einflussreichsten Managementautoren der aktuellen Zeit. Beide sagen: Führung fängt bei der Selbstführung an. Wer sich selbst nicht führen kann, kann niemand anderen sinnvoll führen.

Im letzten Jahrhundert haben Führungskräfte noch versucht, das Vertrauen ihrer »Untergebenen« aufgrund ihrer Position einzufordern. Heute geht das nicht mehr. Das ist auch gut so, denn es dämmt den Machtmissbrauch ein. Wenn wir allerdings als Führungskräfte kein Vertrauen mehr einfordern können, wie können wir es dann gewinnen? An dieser Stelle geht es zunächst um die Tatsache, dass Vertrauen Zuverlässigkeit und Kompetenz erfordert.

- **Zuverlässigkeit bedeutet:** Wenn mein Chef Ja sagt, Ja meint und Ja tut, habe ich einen echten Grund, ihm zu vertrauen.
- **Kompetenz bedeutet:** Wenn mein Chef seine Aufgabe professionell und kompetent ausführt, fällt es mir leicht, ihm zu vertrauen.

Seit über 22 Jahren begleiten wir Führungskräfte zwischen 18 und 75 Jahren bei ihren Lernprozessen. Stets gebrauchen wir zwei Bilder, um die Entwicklung einer Führungskraft darzustellen.

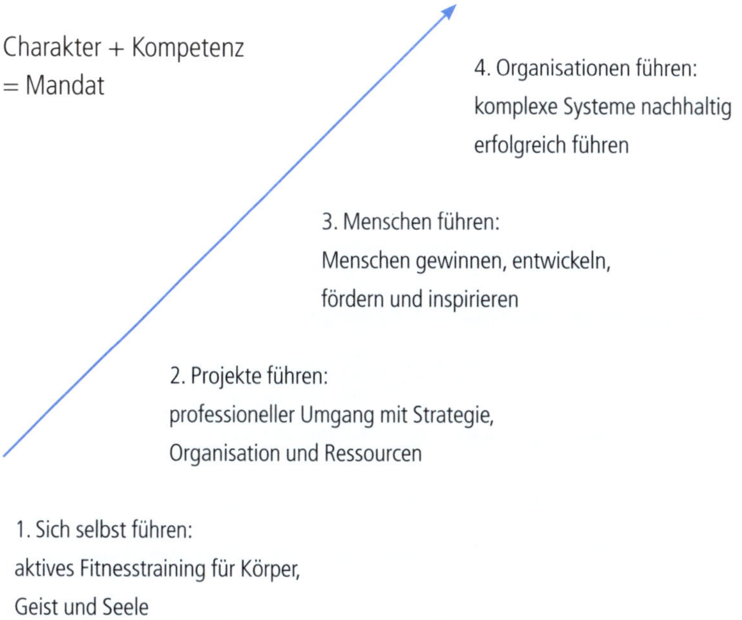


Abbildung 2.1 Schritt für Schritt hin zu mehr Führungskompetenz

Die Grundlage für nachhaltiges, erfolgreiches Führen ist zunächst einmal, wie schon erwähnt, sich selbst zu führen. Das Trainingsfeld Selbstverantwortung erstreckt sich auf fünf Grundtugenden. Diese fünf Grundtugenden sind notwendig, um eigenverantwortlich zu handeln:

1. Gestaltungswille
2. Integrität
3. Leistungswille, Leistungsbereitschaft und Fleiß
4. Achtsamkeit
5. das rechte Maß finden und halten

Hat eine Führungskraft erst die Disziplin, sich selbst zu führen, wird ihre Integrität wachsen. Damit kann sie die zweite Stufe erklimmen, auf der es darum geht, Projekte zu führen. Dazu gehört, ein Projektziel festzulegen, das Projekt zu organisieren und es umzusetzen.

Zusammen mit der auf Stufe 1 gewonnenen Integrität bilden diese Führungskompetenzen eine gute Grundlage, um Menschen zu führen und damit die dritte Stufe zu erreichen. Menschen sind viel komplexer und unberechenbarer als Projekte. Auf dieser Stufe findet dann der ultimative Führungstest statt, der Antwort auf die Frage gibt: Folgen Menschen Ihnen gerne, fassen sie Vertrauen zu Ihnen und lassen sie sich durch Sie inspirieren? Natürlich geschieht das nicht über Nacht.

Mein (Paul Donders') Vater war Augenarzt und Chirurg. Er hatte im Krankenhaus eine Führungsposition inne und leitete zudem eine eigene Praxis. Er war sehr erfolgreich, zusammen mit ihm bildeten seine Mitarbeiter ein starkes Team. Er wurde mehrmals gefragt, ob er nicht Krankenhausdirektor (also Stufe 4: Organisationen führen) werden wollte. Das aber lehnte er jedes Mal ab. Warum? Weil er seine Fähigkeiten und Beschränkungen ganz genau kannte. Als Krankenhausdirektor hätte er zwar einen deutlich höheren Status und ein wesentlich besseres Einkommen erhalten. Er hätte aber seine Berufung, Augenarzt und Chirurg zu sein, und damit die Erfüllung in seinem Leben verpasst.

Dies führt uns zum zweiten Bild, das die Entwicklung einer Führungskraft darstellt.

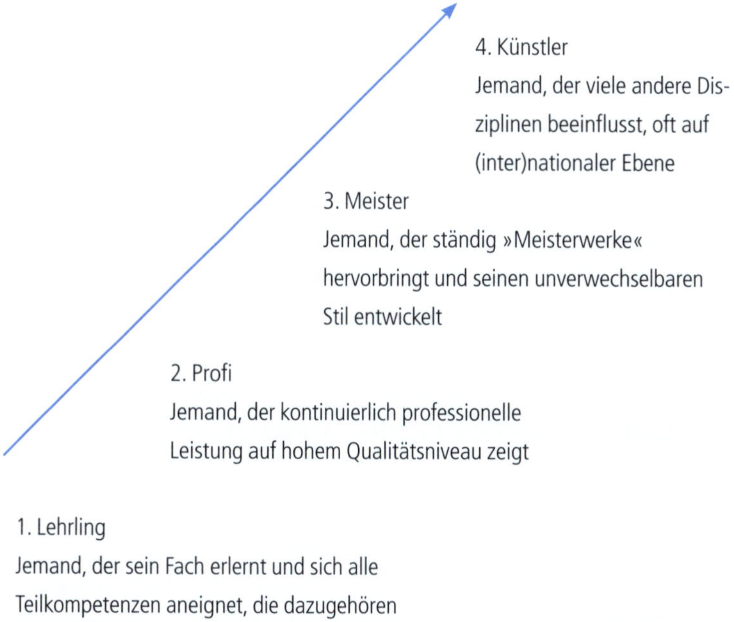


Abbildung 2.2 Vom Lehrling zum Künstler – die Entwicklung einer Führungskraft

In seinem Buch »Outliers. The Story of Success« (»Aufsteiger. Die Geschichte vom Erfolg«) schreibt Malcolm Gladwell: Menschen würden erwiesenermaßen nie automatisch zum Meister ihres Faches. Bei den meisten Menschen, die in ihrem Leben die Stufe 3 (Meister) erreicht haben (Rembrandt, Mozart, Bach, die Beatles, Bill Gates, Steve Jobs gebe es vier Hauptelemente ihres Wachstums:

---

1. **Begabung:** Sie waren begabt, entdeckten diese Begabung und konzentrierten sich darauf.
2. **Gnade:** Sie wurden zur rechten Zeit geboren, in der für sie wichtige Umgebungsfaktoren vorhanden waren und sie wichtige Menschen um sich hatten. Sie haben ihre Chancen entdeckt, wahrgenommen und genutzt.

3. **Mentoren:** All diese Meister, von denen einige sogar Künstler wurden, fanden Mentoren und baten sie aktiv, sie zu fördern und zu schulen.
4. **10 000 Stunden Übung:** In der Regel kostet es etwa 10 000 Stunden Training, um ein Fach so zu beherrschen, dass ein Meister kontinuierlich Meisterstücke hervorbringt.

Die wichtigste Voraussetzung für alle vier Hauptelemente des Wachstums ist die Selbstverantwortung. Gemeint ist damit eine bewusste, geschulte, aktive Haltung der Disziplin, um die eigene Begabung und die eigenen Möglichkeiten zu entdecken, zu entfalten und zum Wohl der Gesellschaft einzusetzen.

Warum erreichen im reichen Westen relativ wenige Menschen die Ebene eines Meisters oder zumindest eines Profis? Zum Teil, weil viele verwöhnt sind. Sie glauben, schon Profi in ihrem Fach zu sein, während sie gerade einmal Lehrling sind, der eine halbwegs zufriedenstellende Leistung erbringt. Nicht wenige beschäftigen sich lieber damit, mehr Geld für ihre mittelmäßige Leistung einzufordern, als sich darum zu kümmern, in ihren Begabungen zu wachsen und sich weiterzuentwickeln. Gerade hier sind wir alle herausgefordert, als Führungskraft ein Beispiel abzugeben und durch unser Vorbild unsere Mitarbeiter zu inspirieren, selbst Profi oder sogar Meister zu werden.

Der Anfang liegt aber stets bei uns, den Führungskräften! Deshalb laden wir Sie ein, die fünf Grundtugenden der Eigenverantwortung zu entdecken, sich darin zu üben und womöglich ein Meister darin zu werden.

## 2.1 Gestaltungswille

*Die gleiche Zeit, die es dauert, um über die Vergangenheit zu trauern, hat man zur Verfügung, um die Zukunft zu gestalten.*

INDISCHES SPRICHWORT

Gestaltungswille bezeichnet die grundlegende Haltung, Verantwortung für sein persönliches Denken, Handeln und Verhalten zu übernehmen. Dazu gehört auch das Bestreben, das kreative Potenzial einer jeden Situation zu nutzen. Alles, was Sie gerade um sich herum an materiellen Gegenständen sehen, wurde von Menschen ausgedacht, geschaffen, gestaltet. Wir besitzen die großartige Fähigkeit, etwas zu erschaffen, zu gestalten. Das betrifft bei Weitem nicht nur materielle Gegenstände, sondern auch Beziehungen und geistige Errungenschaften.

Dies ist eine wunderbare Fähigkeit. Aber nicht immer kommt sie zum Einsatz. Was hält uns davon ab, sie einzusetzen? Es gibt drei Rollen, in die wir immer wieder schlüpfen, um uns vor dieser Verantwortung und vielleicht auch vor der damit verbundenen Arbeit zu drücken:

- die Rolle des Opfers,
- die Rolle des Verfolgers,
- die Rolle des Retters.

Immer wenn wir eine der folgenden Rollen einnehmen, sind wir nicht mehr gestalterisch tätig, sondern handeln vermeidend und rein relativ:

### Das Opfer

Umgangssprachlich ist oft die Rede vom »armen Schwein«. Das ist ein regelrechtes Krankheitssyndrom. Woraus schöpft ein »armes Schwein« seine Lebensenergie? Aus dem Jammern, aus dem Klagen, aus Selbstmitleid und dem Mitleid von anderen. Vielleicht haben Sie in diesem Zusammenhang schon den Begriff »Pseudomotivatoren« gehört, einen Begriff, der hier sehr gut passt. Pseudomotivatoren bezeichnen Dinge, die sich kurzfristig gut anfühlen, ohne jedoch tatsächlich eine tragfähige Veränderung zu bewirken. Ein »armes Schwein« versucht seine Lebensenergie daraus zu schöpfen, sich als Opfer zu betrachten – als Opfer widriger Umstände oder als Opfer anderer Menschen. Kennen Sie Menschen, die eine solche Haltung an den Tag legen? Alle anderen sind schuld an der Misere, nur der Betroffene selbst nicht! Die Mitarbeiter sind schwach, die Kollegen unqualifiziert, der Chef unfähig, der Partner nörgelt ständig herum.

Zugegeben: Es gibt Dinge, die sich nicht ändern lassen. Aber wir Menschen haben immer eine Wahlfreiheit – zumindest die Wahlfreiheit, wie wir auf Widrigkeiten reagieren. Ein amerikanischer Autor, Charles R. Swindoll, wagt die Behauptung, nur 10 Prozent unseres Lebens seien nicht veränderbar. Die anderen 90 Prozent könnten wir direkt durch unser Verhalten und unsere Reaktion beeinflussen. Ein Opfer fühlt sich jedoch immer als ohnmächtiges Objekt des Handelns anderer.

## Der Retter

Retter lieben Opfer. Wo es ein Opfer gibt, da gibt es etwas zu retten. Ohne großes Nachdenken folgt der Not des anderen eine rettende Aktion. Retter zu sein wirkt sehr edel. Retter verhindern jedoch, dass der andere Verantwortung für sein eigenes Leben übernimmt. Es gibt diese Winnetous, Zorros, Batmans, Spidermans unserer Gesellschaft, die eine Not wahrnehmen und sofort in Aktion treten. Während ein Opfer seine Lebensenergie aus dem Selbstmitleid schöpft, kennzeichnet den Retter meist blanker Aktivismus. Was nach außen edel wirkt, kann genauso gut eine Flucht sein – eine Flucht vor dem Innehalten, dem Nachdenken und der Suche nach einer tragfähigen Lösung.

Die Neurobiologie liefert uns ein weiteres Deutungsmuster. Einige Wissenschaftler haben das Rezept entdeckt, das zur Ausschüttung von Glückshormonen in Ihrem Gehirn führt und dafür sorgt, dass Sie sich sofort besser fühlen. Nur zwei Zutaten sind nötig:

1. Sie müssen sich zügig bewegen, über den Gang, den Flur oder den Hof Ihrer Firma eilen.
2. Parallel dazu müssen Sie denken: »Ich bin wichtig, ich bin wichtig, ich bin furchtbar wichtig! Ohne mich läuft hier gar nichts!«

In diesem Fall schüttet Ihr Gehirn automatisch Glückshormone aus. Sie wirken im Gehirn an exakt der gleichen Stelle wie Drogen. Auf diese Weise können Sie sich ganz legal und natürlich selbst dopen. Das einzige Problem ist: Sie werden hier für blinden Aktivismus belohnt und nicht dafür, dass Sie etwas Sinnvolles und Dauerhaftes schaffen.

## Der Verfolger

Ein Verfolger gewinnt seine Lebensenergie aus dem vermeintlichen Versagen und Entgleisen anderer Menschen. Als Entschuldigung, warum er nicht gestalten und Verantwortung übernehmen kann, führt er die Fehler anderer an. Anders als das in Selbstmitleid versinkende Opfer setzt der Verfolger auf Angriff. Er klagt an, schimpft und polemisiert. Kennen Sie Leute, die mit Schuldzuweisungen nur so um sich werfen? Immer sind es die anderen, die am Scheitern eines Projektes schuld sind. Man gewinnt den Eindruck, wenn nur die anderen nicht wären, dann würde diesem Menschen alles im Leben gelingen.

## Stabil instabile Systeme

Ich (Johannes Hüger) kenne alle drei Rollen und übe sie regelmäßig, um solche Verhaltensmuster nicht zu vergessen. Schließlich muss ich wissen, was manche Führungskräfte antreibt, die ich coache. Aber bringt uns ein solches Verhalten weiter? Pseudomotivatoren fühlen sich kurzfristig gut an, ohne die Wurzel des Übels auszureißen. Unser Gehirn belohnt uns für scheinbare Lösungen mit Glücksgefühlen. Was würde den betreffenden Menschen wirklich weiterbringen? Wer der Sache auf den Grund gehen möchte, darf sich nicht von solchen Rollen und Pseudomotivatoren davon abhalten lassen.

Es gibt Organisationen, die eigentlich keinen Auftrag und keine Kunden brauchen. Sie genügen sich selbst, und die Mitarbeiter beschäftigen sich gegenseitig und halten sich damit ausreichend in Atem. Da gibt es irgendjemanden, der irgendeinen anderen quält, für schuldig hält und angreift. Noch ein anderer springt ein, tröstet und rettet. Es ist erschreckend: Solange ein solches Verhalten ein Unternehmen oder eine Organisation nicht in akute Geldnöte treibt, verschwenden Führungskräfte und Mitarbeiter unglaublich viel Zeit und Energie für solche Spielchen. Jeder gute amerikanische Film ist nach diesem Muster gestrickt. Dasselbe haben Sie auch im Alltag, sogar – je nach Wunsch – mit Ihnen selbst in einer aktiven Haupt- oder einer sicheren Nebenrolle. Die Herausforderung besteht darin, aus reaktivem Verhalten auszusteigen und immer mehr zum Gestalter zu werden. Etwas zu schaffen, etwas zu gestalten ist eine der tiefsten Sehnsüchte des Menschen. Das beginnt oft schon im Kleinen, in Gesprächen, Entscheidungen, Verhaltensweisen. Mich selbst (Johannes Hüger) hat ein Satz von Viktor Frankl sehr bewegt, einem jüdischen Arzt und Psychologen, der mehrere Konzentrationslager überlebte. Er sagte über seine Haltung gegenüber den Aufsehern im KZ: »Diese Menschen hätten mich quälen, foltern, ja auch töten können, aber sie hätten mich nie zwingen können, sie zu hassen.«

Merken Sie etwas von dieser wunderbaren Freiheit, die jeder Mensch hat, die wir aber so oft aus den Augen verlieren? Sie sind nicht nur Opfer, Sie verfügen über das Potenzial, Gestalter Ihres Lebens, Ihrer Firma, Ihrer Organisation zu sein! Führung hat viel mit dem Entdecken dieses Gestaltungspotenzials zu tun.

Wir formulieren dies jetzt einmal bewusst provokant: Was Ihnen widerfährt, ist größtenteils das Resultat einer Wahl, die Sie irgendwann in der Vergangenheit getroffen haben. Die Wahlfreiheit stellt eine der ganz großen Gaben des Menschen dar. Jeder von uns trifft ununterbrochen eine Wahl dazu, was er will und wie er die Dinge, die ihm widerfahren, interpretiert. Dies geschieht normalerweise im Bruchteil einer Sekunde und ist genauso schnell wieder vergessen. Wenn sich negative Folgen einstellen, ignorieren wir, dass wir es waren, deren Entscheidung letztlich dazu geführt hat. Meist leugnen wir nicht nur, eine Wahl getroffen zu haben, sondern wir streiten sogar ab, dass wir überhaupt eine Wahlmöglichkeit hatten. Natürlich haben Sie nicht die Wahl, darüber zu bestimmen, was in Ihrem Umfeld alles passiert. Aber Sie haben die Möglichkeit, zu wählen, wie Sie darauf reagieren und wie Sie diese Dinge interpretieren.

Viele Reaktionsmuster haben sich jedoch so eingeschliffen, dass sie unbewusst ablaufen. Entscheidend ist daher die Entdeckung, dass wir sehr wohl eine Wahlfreiheit haben. Dies kann zugegeben am Anfang etwas mühsam sein. Aber wenn Sie sich die positiven Folgen vor Augen halten, wird sich Ihre ganze Einstellung verändern. Die Neuroplastizität macht dies möglich. Die Haltung der Verantwortlichkeit befreit Sie selbst und andere von Schuldgefühlen und Schuldzuweisungen. Sie übernehmen zu 100 Prozent die Verantwortung für Ihr Leben. Genauso fehlerhaft wie der Glaube, nur die anderen seien schuld, ist die Schlussfolgerung, dass wir selbst an dem schuld sind, was uns widerfährt. Wer dieser Meinung ist, dessen Gedanken kreisen pausenlos um die vermeintliche eigene Schuld und um die Opferrolle, in der er sich befindet. Abermals ist die Wahrnehmung nicht darauf gerichtet, Verantwortung zu übernehmen. Der oder die Betroffene findet sich lieber mit Schuldgefühlen und mit der eigenen Machtlosigkeit ab, als zu überlegen, was ihm jetzt weiterhilft.

Verantwortungsübernahme und Gestaltungswille geben uns aber unsere Macht zurück. Sollten Sie tatsächlich einmal schuld an einer Sache sein, übernehmen Sie die Verantwortung dafür, das Bestmögliche aus der missglückten Situation zu machen.

Warum machen wir von diesem wunderbaren Geschenk des Gestaltungswillens keinen Gebrauch? Weil wir oft Angst davor haben oder uns vor der damit verbundenen Arbeit scheuen. Häufig haben wir sogar Angst vor der damit verbundenen Macht. Wir wissen nicht, ob wir die richtigen Entscheidungen treffen. Bleiben wir aber in unserer Passivität stecken, werden wir uns nie weiterentwickeln. Unsere Probleme – sei es die ständige Opferrolle, sei es der Aktionismus, sei es die Angewohnheit, die anderen zu beschuldigen – dienen uns als billige Ausreden, um uns zu entschuldigen und um unsere Fähigkeiten, Gaben und unseren Lebenszweck herabzuwürdigen.

## Gestalten

Wo Menschen aus ihrer passiven Haltung herauskommen, entdecken sie die Fähigkeit und Möglichkeit, zu gestalten. Im Internetlexikon Wikipedia findet sich eine schöne Definition. Dort wird das Gestalten als ein kreativer Schaffensprozess definiert, bei dem durch die Arbeit des Gestaltenden etwas Neues entsteht.

Gestalten im weitesten Sinne bezeichnet einen bewussten Eingriff in die eigene Welt und in die Umwelt mit dem Ziel, etwas in eine bestimmte Richtung (und hoffentlich zum Besseren) zu verändern. In diesem Sinne zählt neben der ästhetischen Gestaltung von unmittelbar Wahrnehmbarem (etwa Basteln, Handarbeiten, Handwerken, Kochen) auch die Gestaltung von mittelbar Spürbarem (etwa Lebensgestaltung, Persönlichkeitsgestaltung, Politik, Gestaltung von Strukturen und Prozessen, Teamkultur). Unsere Welt schreit nach Menschen, die gestalten.

## Wille

Der Wille wird definiert als ein Streben, das alle Handlungen bestimmt. Der Wille ist das Wirken von Lebenskraft. Der Begriff beschreibt die bewusste Entscheidung, etwas erreichen zu wollen. Der Wille ist das Bestreben, eine bestimmte Handlung auszuführen. Ein treffender Ausspruch stammt von dem irischen Schriftsteller George Bernard Shaw, der sagte: »Wir haben Freiheit. Freiheit bedeutet Verantwortlichkeit. Das ist der Grund, warum die meisten Menschen sich vor ihr fürchten.«

## Schöpferische Gestaltung kontra Passivität und bedingungslosen Gehorsam

Im ersten Buch Moses wird Gott zuallererst als Schöpfer dargestellt. Es folgt der Hinweis, dass Gott den Menschen nach seinem Ebenbild geschaffen habe. Fällt Ihnen dabei etwas auf? Somit findet sich bereits ganz am Anfang der Bibel ein Hinweis auf eine Eigenschaft, die für uns Menschen ganz zentral ist: Wir sind geschaffen, um kreativ, also schöpferisch tätig zu sein. Das ist zugleich eine Verantwortung, eine Herausforderung, eine Freude, eine Lust, aber mitunter auch eine Last.

Bebauen u. bewahren

Es gibt viel Gutes auf dieser Welt, aber auch noch viel Not. Vergleichbares gilt für Unternehmen und Organisationen. Da braucht es Menschen, die sich nicht mit den Gegebenheiten abfinden und hoffen, dass andere die vorhandenen Probleme lösen werden. Oft offenbart schon unsere Sprache, wie sehr wir uns weigern, Verantwortung zu übernehmen. Dazu gehört der Gebrauch des weit verbreiteten Wortes »müssen«. Wenn jemand beispielsweise sagt: »Es gibt viele Dinge, die man tun muss, ob es einem gefällt oder nicht«, zeigt dies: Der Sprecher oder die Sprecherin übernimmt nicht die persönliche Verantwortung für die erforderlichen Handlungen. Die betreffende Person verschleiert ihre eigene Haltung dazu. Will sie es denn tun oder will Sie es nicht tun?

In ihrem Buch »Eichmann in Jerusalem«, das den Kriegsverbrecherprozess gegen den Nazifunktionär Adolf Eichmann dokumentiert, zitiert Hannah Arendt Eichmann mit der Aussage, er und seine Offizierskollegen hätten einen eigenen Namen für die »Verantwortlichkeit leugnende Sprache« gehabt, die sie permanent gebrauchten. Sie nannten sie »Amtssprache«. Wenn sie zum Beispiel gefragt wurden, warum sie etwas Bestimmtes getan hatten, konnten sie sagen: »Das musste ich tun.« Wurde daraufhin nachgefragt, warum sie »mussten«, lautete die Antwort: »Befehl von oben«, »Firmenpolitik«, »So waren die Gesetze«. Man kann sich schon durch einen solchen Sprachgebrauch aus der eigenen Verantwortlichkeit stehlen – und zu welchen erschreckenden Ergebnissen das führt, hat uns die Nazidiktatur mehr als deutlich vor Augen geführt.

## Gestaltungswille in der Praxis

Wir hoffen, diese Zeilen laden Sie dazu ein, als Führungskraft immer mehr Ihren Gestaltungsspielraum wahrzunehmen. Wir hoffen, Ihnen wird klar, dass Angst und Misserfolge dazugehören. Misserfolge sind eine Herausforderung, sich nicht unterkriegen zu lassen. Große Führungspersönlichkeiten überstanden oft sehr hartnäckig ganze Serien von Misserfolgen, bis sie die Lösung hatten. Manchmal greifen wir jedoch noch zu einer List, um der Verantwortung, gestalterisch tätig zu werden, zu entgehen: Wir reden eine Situation schöner, als sie wirklich ist. Diese List aber sollten Sie gar nicht erst anwenden. Stattdessen lohnt es sich, ehrlich zu sein und die Situation zunächst anzunehmen. Annahme heißt nicht, sich willenlos damit abzufinden. Es bedeutet vielmehr, sich auf die vorhandene Situation einzulassen. Wir werden im Leben nur dann gestalten können, wenn wir die Dinge anerkennen, wie sie sind. Der Gegensatz dazu wäre Widerstand. Widerstand ist jedoch eine Verteidigungsstrategie und führt eher zum Verdrängen als zum Lösen von Problemen. Dinge, denen man widersteht, bleiben länger bestehen.

Eine Sache anzunehmen heißt: Ich erkenne Zitronen als Zitronen an und mache daraus Limonade. Wer eine Situation annimmt, versucht nicht, sich selbst oder anderen irgendetwas vorzutäuschen oder etwas zu verbergen. Wenn wir eine Situation annehmen, wie sie ist, vermindert das zugleich die Angst, die unser Handlungsspektrum sehr stark einschränkt.

Ebenso regt sich die Hoffnung, dass die Sehnsucht nach einer positiven Entwicklung irgendwann größer ist als die Angst vor etwas Neuem. Diese Hoffnung ermutigt dazu, die ungewollte Situation durch eigenes Tun allmählich zu verändern.

Wir brauchen Führungskräfte, die Ja zur Realität sagen. Wir brauchen Menschen, die Freude daran haben, sich Neues auszudenken, Neues zu entdecken, Neues auszuprobieren, Neues zu erschaffen. Wir brauchen Führungskräfte, die den Mut haben, ihre Mitarbeiter genau zu diesem Denken, Handeln und Verhalten zu ermuntern. Wir brauchen Menschen, die etwas nicht nur machen, weil man es halt so macht, sondern die mitdenken, hinterfragen, gestalten. Wir brauchen Menschen, die aus diesem Denken heraus Verantwortung übernehmen und reife Entscheidungen treffen.

Es ist ein riesiger Unterschied, ob Menschen problem- oder lösungsorientiert denken. Jede Krise bietet die Chance, neue Lösungen herbeizuführen, sich weiterzuentwickeln, Neues zu schaffen. Es ist gut, wenn es Menschen gibt, die diese Verantwortung übernehmen.

### Fragen zur Selbstreflexion

Die folgenden Fragen helfen Ihnen dabei, einzuschätzen, wie ausgeprägt Ihr Gestaltungswille ist.

1= trifft nicht zu/5 = trifft voll zu

| **Gestaltungswille** | **1** | **2** | **3** | **4** | **5** |
|---|---|---|---|---|---|
| Selbst in herausfordernden Situationen erkenne ich den Gestaltungsspielraum zwischen einem Reiz und meiner Reaktion darauf. | | | | | |
| Ich ermutige mich und andere, Neues zu denken, zu entdecken und zu schaffen. | | | | | |
| Wenn ich eine neue Sache sehe, erkenne ich nicht nur die Probleme, sondern sehe auch die Chancen. | | | | | |
| Wenn ich an Probleme denke, suche ich nach Lösungsmöglichkeiten. | | | | | |
| Ich bin mir bewusst, dass ich nicht nur Opfer bin, sondern mitgestalten kann. | | | | | |

**Ergebnis = Summe : 5 =**

## Übungen und Fragen zum Weiterdenken

1. Denken Sie an eine Situation, die Sie in der letzten Zeit emotional sehr beschäftigt hat. Was war der auslösende Reiz? Wie war Ihre Reaktion darauf? Wo war der Gestaltungsraum zwischen Reiz und Reaktion? Was für Handlungsoptionen erkannten Sie?
2. Versuchen Sie doch einmal eine Woche auf die Formulierung »Ich muss …« oder »Ich soll …« zu verzichten und stattdessen »Ich will …« zu sagen. Wie fühlt sich das an? Was lernen Sie daraus?
3. Wenn Sie an das Modell vom Opfer – Retter – Verfolger denken, welche Denkhaltungen prägen diesbezüglich Ihr Umfeld? Was und wie könnten Sie dazu beitragen, dass diese weitestgehend fremdbestimmten Menschen ihre gestalterischen Optionen entdecken?
4. Was wären Dinge oder Projekte, an denen Sie gerne gestaltend mitwirken würden? Was würden Sie gerne schaffen oder gestalten? Wie sähe das Ergebnis aus?

## 2.2 Integrität

*Wenn ich Leute einstelle, suche ich drei Dinge: persönliche Integrität, Intelligenz und Energie. Aber wenn jemand keine Integrität hat, werden seine Intelligenz und seine Energie ihn umbringen.*

WARREN BUFFETT, US-INVESTOR

Persönliche Integrität ist die Übereinstimmung von Werten, Worten und Verhalten. Zugleich bedeutet Integrität, das Beste anzustreben, was im Augenblick möglich ist.

Integrität stellt einen der Begriffe dar, die uns irgendwie vertraut vorkommen, bei denen es uns zugleich aber sehr schwerfällt, zu erklären, was sich genau dahinter verbirgt. Integrität ist wie die Wurzel eines Baumes. Obwohl sie unter der Oberfläche verborgen ist, ist sie für das Wachstum, die Stabilität, die Stärke, die Ernährung und die Entwicklung des ganzen Baumes unentbehrlich.

Das Wort »Integrität« hat viele Facetten. Es macht aber auch deutlich, dass es durchaus Spannungen gibt zwischen dem Auftreten in der Öffentlichkeit und der wahren Haltung, die sich in der eigenen Lebensweise und im eigenen Verhalten widerspiegelt. Bestimmt kennen auch Sie Menschen, die öffentlich lautstark für eine Sache eintreten, aber jenseits der Bühne nach dem Motto leben: »Was interessiert mich mein dummes Geschwätz von gestern?« Bei einer Führungskraft reagieren die Mitarbeiter darauf immer mit Verschlossenheit, Rückzug und Distanz. Stimmen Haltung und Verhaltensweise nicht überein, trägt dies langfristig zur Unwirksamkeit des eigenen Führungsverhaltens bei. Solch eine Unstimmigkeit führt immer zu Täuschung, Manipulation und Betrug. Sie reduziert die Leistungsbereitschaft und zerstört Beziehungen und langfristig auch Unternehmen.

Persönliche Integrität bezeichnet die Übereinstimmung von Werten, Worten und Verhalten. Integer zu leben bedeutet zunächst einmal, in

Übereinstimmung mit den eigenen Prinzipien zu leben und sie nicht zu verraten. Persönliche Integrität könnte demnach also auch als Treue zu sich selbst beschrieben werden.

Aber Integrität bezeichnet noch deutlich mehr. Vor Gericht geht es etwa bei einer Zeugenaussage vordergründig um deren Wahrheitsgehalt. Ob eine Aussage aber als ehrlich eingestuft wird, hängt maßgeblich von der Glaubwürdigkeit der ganzen Person ab, die sie vorbringt. Die meisten Manager beschreiben sich übrigens als ehrlich. Studien zufolge ist aber der Großteil von deren Mitarbeitern gegenteiliger Auffassung. Das nehmen sie als Legitimation, vorrangig für sich selbst zu sorgen – genau wie ihr Chef es tut. Das Wort »Integrität« kommt aus dem Lateinischen. »Integer« bedeutet anständig, heil, ganz, rein, unberührt, unversehrt und untadelig.

Arnd Pollmann beschreibt in seinem Buch über Integrität vier zentrale Bedeutungsrichtungen des Integritätsbegriffs: eine ethische, eine moralische, eine eher psychologische und eine sozialphilosophische.

Da ist zum einen die »Selbsttreue«, die die Übereinstimmung von Leben und Selbstbild bezeichnet. »Rechtschaffenheit«, das heißt moralische Integrität, ist für Pollmann ein Bestandteil der Selbsttreue. Der dritte Aspekt hat die gleiche Wortwurzel. Das Wort »integer« ist mit »integrieren« verwandt. Bei diesem Aspekt sind die verschiedenen Lebensbereiche in ein Ganzes integriert. Aus der Vielfalt der unterschiedlichen Lebensbereiche lässt sich doch so etwas wie eine kohärente Einheit herstellen. »Ganzheit« interpretiert Pollmann als seelisch-körperliche Stimmung. Sie kann sich allein dann einstellen, wenn Integrität in ethischer, moralischer und psychologischer Hinsicht vorhanden ist. Letztlich kommt Pollmann jedoch zu dem Schluss, dass die genannten vier Bedeutungsrichtungen trotz ihrer Unterschiedlichkeit Aspekte ein und derselben Sache sind. Er versteht personale Integrität als Chance, die sich jedem Menschen bietet. Wer nach Integrität strebt, baut Vertrauen – übrigens auch Selbstvertrauen (!) – auf und schafft die Basis für ein gesundes Miteinander.

Man könnte also sagen: Integrität ist Ganzheit, die uns zu stimmigem, wahrhaftigem Handeln veranlasst. Integrität schafft eine Basis für eine gute Zusammenarbeit. Je mehr Integrität wir besitzen, desto mehr Vertrauen wird uns entgegengebracht und desto friedlicher und einvernehmlicher ist die Grundstimmung. Integrität stärkt und macht es leicht, mit anderen Menschen in eine partnerschaftliche Beziehung zu treten. Jegliche Weiterentwicklung und Reifung eines Menschen bedeutet immer auch eine Weiterentwicklung in Sachen Integrität. Wohlgemerkt, es geht nicht darum, irgendwelche Ethik-Richtlinien einzuhalten – und dies womöglich nur aus Angst, als Abweichler erwischt zu werden.

Auf einen Aspekt von Integrität möchten wir noch besonders eingehen. Oft wurde Integrität als Vollkommenheit, Fehlerlosigkeit missverstanden. Dieses Ideal widerspricht jedoch dem Wesen von Integrität. Der Versuch, vollkommen zu sein, führt meist dazu, dass Unheiles und Unvollkommenes abgespalten wird.

Ein wahrhaft integrer Mensch sagt Ja zu seinen Schwachstellen, sagt Ja zu seinem Versagen, übernimmt die Verantwortung dafür und setzt sich ohne Verkrampfung und Verstellung dafür ein, seine Fehler nach Möglichkeit nicht noch einmal zu wiederholen. Integrität bedeutet also ebenfalls, wahrhaftig und aufrecht auch mit schwierigeren Aspekten umzugehen und diese als Teil der eigenen Person anzunehmen. »Integriert« werden damit ebenso die nicht so schönen Seiten.

Können Sie jetzt erahnen, was es bewirkt, die eigenen Stärken und Schwächen anzunehmen, Ja dazu zu sagen, zu sich selbst zu stehen und sich wahrhaftig dazu zu bekennen? Das integrierte Ganze führt zu einer großen Stimmigkeit, die die Basis einer jeden Vertrauenswürdigkeit bildet.

Einen weiteren Gesichtspunkt von Integrität hat der Managementdenker Jim Collins in seiner Arbeit »Der Weg zu den Besten« beschrieben. Er untersuchte Unternehmen, denen es zuerst nicht gut ging, die ums Überleben kämpften, denen aber eine Veränderung gelang, die sich positiv entwickelten und dieses Niveau über 15 Jahre hielten. Er wollte herausfinden, welche Faktoren den Ausschlag für eine solch positive Kehrtwende und für das Andauern dieses Erfolgs gaben. Sämtliche erfolgreichen Firmen hatten das, was er einen »Level-fünf-Chef« oder »Take-off-Chef« nannte. Was zeichnete diese Führungskräfte besonders aus?

*»Wir waren überrascht, ja beinahe schockiert, als wir entdeckten, welche Führungsqualitäten ein solches Unternehmen verlangt. Verglichen mit profilierten Managern mit starker Persönlichkeit, die Schlagzeilen machen und berühmt werden, scheinen die Take-off-Manager eher vom Mars zu kommen. Sie sind still, leistungswillig bis zur Selbstaufgabe, zurückhaltend, ja fast schüchtern. Eine paradoxe Mischung aus Bescheidenheit, was ihre Person angeht, und professioneller Willenskraft in allen Bereichen ihres Geschäftslebens. Sie erinnern eher an Lincoln und Socrates als an Julius Cäsar.«*

Bescheidenheit scheint ein ganz wesentlicher Baustein von Integrität zu sein. Bescheidenen Menschen geht es mehr um das, was dient und weiterhilft, als darum, Recht zu haben und im Vordergrund zu stehen. Es geht ihnen mehr darum, gute Ideen umzusetzen, als sie selbst zu haben. Covey sagt treffend: »Bescheidenheit bedeutet nicht, schwach und schweigsam zu sein oder sich im Hintergrund zu halten. Bescheidenheit bedeutet, Prinzipien anzuerkennen, sie über sich selbst zu stellen und fest für sie einzustehen – auch bei Gegenwind.«

Was bedeutet dies für die Führungspraxis? Zuallererst stellt sich die Frage: Wie sieht es bei Ihnen persönlich mit Ehrlichkeit und Aufrichtigkeit aus? Würden andere Ihr Verhalten als glaubwürdig beschreiben? Eine integre Führungskraft zeigt eine große Übereinstimmung in dem, was sie denkt, was sie sagt, was sie tut und welche Haltung sie offenbart. Sie orientiert sich an hohen ethischen Maßstäben. Sie hat keine Angst vor Transparenz und hält Abstand zu Klüngelei, Vorteilnahme und Bestechlichkeit. Integrität bedeutet nicht, nett zu sein. Integrität bedeutet eher, sich mutig zu dem zu bekennen, was nach bestem Wissen und Gewissen als die dienlichste Lösung erscheint. Die eigene Integrität zu stärken ist die Herausforderung für jede Führungskraft, die ihre Wirksamkeit verbessern möchte.

## Fragen zur Selbstreflexion

1= trifft nicht zu/5 = trifft voll zu

| **Gestaltungswille** | **1** | **2** | **3** | **4** | **5** |
|---|---|---|---|---|---|
| Für mich sind Ehrlichkeit und Aufrichtigkeit ein hohes Ideal. | | | | | |
| Selbst wenn ich negative Folgen befürchte, gebe ich auf konkrete Fragen eine ehrliche Antwort. | | | | | |
| Mein Tun und mein Reden stimmen überein. | | | | | |
| Ich stehe zu Fehlern und Fehlentscheidungen und entschuldige mich gegebenenfalls dafür. | | | | | |
| Ich nehme die unterschiedlichen Aspekte meines Lebens und meiner Person an, Positives wie Unvollkommenes. Alles ist ein Teil von mir. | | | | | |
| Ich verstehe, was mit Integrität und Stimmigkeit gemeint ist, und strebe danach. | | | | | |

**Ergebnis = Summe : 6 =**

## Übungen

1. Erstellen Sie eine Liste Ihrer wichtigsten Lebensbereiche. Überlegen Sie sich, wie hoch das Maß Ihrer Integrität in jedem dieser Bereiche ist (zum Beispiel Geld, Steuern, Zeit, Sexualität, Gefühle, Umgang mit dem Partner).
2. In den Bereichen, in denen Sie sich keine 100-prozentige Integrität zuschreiben, fragen Sie sich, ob Sie mit diesem Zustand zufrieden sind.
3. In welchem Bereich möchten Sie an Ihrer Integrität arbeiten? Welche konkreten Schritte oder Übungen könnten Sie dazu unternehmen?

## 2.3 Leistungswille

*Ohne Fleiß keine dauerhafte Qualität!*

ROMANO GUARDINI

Eine mögliche Definition lautet: »Leistungswille ist der Wille, aktiv beizutragen zur Qualität des eigenen Lebens, der eigenen Beziehungen, der eigenen Arbeit und der eigenen Gesundheit. Dazu gehört die Fähigkeit, diesen Willen täglich in vielen kleinen, aber klaren Schritten in die richtige Richtung umzusetzen.«

Fleiß ist viel mehr eine Sache unseres Denkens als unserer Beine. Es gibt viele Führungskräfte, die stolz darauf sind, dass sie sich 60 bis 70 Stunden in der Woche abstrampeln und dabei einfach nur zu faul sind, um vernünftig zu planen und das zu tun, was sie eigentlich tun sollten.

Erinnern Sie sich an die im letzten Abschnitt zitierte Studie »Der Weg zu den Besten« von Jim Collins? Collins fand Unternehmen, die über viele Jahre erfolgreich waren. Bei allen entdeckte er Prinzipien, die allen gemein waren und offensichtlich wesentlich zu ihrem dauerhaften Erfolg beitrugen. Alle Prinzipien weisen einen direkten Bezug zum Thema Disziplin auf. Hier einige davon:

1. Die Hauptgeschäftsführer zeichneten sich aus durch:
   - Bescheidenheit
   - professionelle Disziplin
2. Die gesamte Führungsmannschaft war ausgewählt worden nach ihrer:
   - Kompetenz
   - Loyalität
   - Disziplin
3. Die strategischen Planungen und Entscheidungen waren durch diszipliniertes Denken geprägt.
4. Die Führungsmannschaft schaffte es, eine Gesamtkultur von Disziplin aufzubauen und dauerhaft zu pflegen.

Ein Vorbild an Fleiß und Disziplin ist auch J. R. Tolkien. Er arbeitete 25 Jahre an seinem Meisterwerk »Der Herr der Ringe«. Ein Teil seiner Leistung lag darin, dass er während all dieser Jahre als Professor in Oxford sein Geld verdienen musste. Er gab zudem viele Stunden Privatunterricht, um seine Familie zu versorgen und seinen Kindern ein Studium zu ermöglichen. Es gab durchaus Jahre, in denen er kaum Fortschritte machte, weil er einfach nicht genügend Zeit hatte. Trotz alledem hielt er durch, schrieb nebenbei noch einige andere Bücher und stellte zum Schluss die Trilogie als Gesamtwerk fertig. Sein Heldenepos bildet eines der bedeutendsten Literaturwerke des 20. Jahrhunderts. Tolkien konnte die Früchte seiner Arbeit – auch die finanziellen Früchte – erst nach seinem 60. Lebensjahr genießen. Welch eine Disziplin! Welch eine Ausdauer!

Es liegt in Ihrer Hand, sich aufzumachen:

- Ihre drei Top-Fähigkeiten zu entdecken (Abschnitt 6.1).
- 5 000 Lernstunden für diese Fähigkeiten einzusetzen, um zumindest ein Profi in Ihrem Fach zu werden (Abschnitt 2.0).
- ein ständig Lernender in Ihrem Fach zu sein (Abschnitt 3.4).

Fleiß besteht aus mehreren Teilkompetenzen:

1. persönliche Zielplanung
2. Selbstmotivation und Antrieb
3. Konzentration auf das Wesentliche
4. Umsetzungsstärke
5. Disziplin
6. Leistungsbereitschaft
7. Ausdauer und Durchhaltevermögen

Die destruktive Grundhaltung, die Fleiß zunichte macht oder gar nicht erst entstehen lässt, heißt Faulheit. Das hört sich noch relativ harmlos an, aber für Juden und Christen war und ist Faulheit eine Todsünde. In seinem Buch »Von der Aktualität der Todsünde« beschreibt der Psychologe und Chefredakteur der Zeitschrift »PSYCHOLOGIE HEUTE«, Heiko Ernst, wie Faulheit sowohl Lebensfreude als auch Lebensqualität, Beziehungen, Organisationen, ja sogar ganze Gesellschaften zerstört. Faulheit ist ihm zufolge eine direkte Folge von Verwöhnung.

Faulheit ist ein Vertragsbruch. Ein fauler Mensch sagt Ja, aber tut es einfach nicht. Faulheit bedeutet, die Verantwortung bewusst auf andere abzuschieben. Faule Mitarbeiter regen nicht nur Sie auf, sondern auch alle anderen Mitarbeiter und nicht zuletzt Ihre Kunden.

Der erste Schritt, Faulheit in Ihrem Unternehmen oder Ihrer Organisation zu entlarven, besteht darin, in Ihrem eigenen Leben Spuren von Faulheit zu entdecken. Machen Sie doch einmal den Faulheitstest:

## Fragen zur Selbstreflexion

1= trifft nicht zu/5 = trifft voll zu

| | 1 | 2 | 3 | 4 | 5 |
|---|---|---|---|---|---|
| **1. Drückeberger** | | | | | |
| ▶ Ich tue lieber nicht zu viel. | | | | | |
| ▶ Ich ziehe es vor, unauffällig zu bleiben. | | | | | |
| **2. Dienst nach Vorschrift** | | | | | |
| ▶ Ich mache nur das absolut Notwendige. | | | | | |
| ▶ Bitte keine Extra-Aufgaben für mich! | | | | | |
| **3. So-tun-als-ob-System** | | | | | |
| ▶ Ich bin immer in Bewegung. | | | | | |
| ▶ Ich wirble viel Staub auf, bringe aber kein Ergebnis. | | | | | |
| **4. Resignation** | | | | | |
| ▶ Ich bin der Meinung, es ändert sich doch nichts. | | | | | |
| ▶ Ich finde Trost darin, mal abzuhängen. | | | | | |

| | 1 | 2 | 3 | 4 | 5 |
|---|---|---|---|---|---|
| **5. Passiv-aggressive Form von Undankbarkeit** | | | | | |
| ▶ Ich bin der Meinung, eigentlich Besseres verdient zu haben. | | | | | |
| ▶ Wenn ich eine Aufgabe bekomme, frage ich öfter: Warum ich? | | | | | |
| **6. Langeweile** | | | | | |
| ▶ Ich leide unter Antriebslosigkeit. | | | | | |
| ▶ Ich warte auf ein Stimulans von außen. | | | | | |
| **7. Gleichgültigkeit** | | | | | |
| ▶ Ich denke: Ist mir doch egal, ihr könnt mich mal! | | | | | |
| ▶ Ich denke: Was geht das mich an? | | | | | |
| **8. Fehlender Ehrgeiz** | | | | | |
| ▶ Ich leide unter dem Jonas-Komplex, das heißt, ich habe keine Lust auf meine Berufung. | | | | | |
| ▶ Ich bleibe hinter meinen Möglichkeiten zurück. | | | | | |
| **9. Denkfaulheit** | | | | | |
| ▶ Ich schränke mich geistig freiwillig ein. | | | | | |
| ▶ Ich bin ein Verfechter des extremen Mittelmaßes. | | | | | |
| **10. Spirituelle Trägheit** | | | | | |
| ▶ Es ist mir zu anstrengend, mich mit Gott und Glauben zu beschäftigen. | | | | | |
| ▶ Ich denke: Ich bin und bleibe ein armes Würstchen! | | | | | |

**Ergebnis = Summe : 20 =**

Wählen sie jetzt die drei Formen von Faulheit, die bei Ihnen am häufigsten anzutreffen sind, und füllen Sie die folgende Tabelle aus:

| Meine drei häufigsten Ausreden | Negative Folgen für mich selbst | Negative Folgen für andere | Übungen, um meinen Fleiß zu trainieren |
|---|---|---|---|
| 1. | ▶<br>▶<br>▶ | ▶<br>▶<br>▶ | ▶<br>▶<br>▶ |
| 2. | ▶<br>▶<br>▶ | ▶<br>▶<br>▶ | ▶<br>▶<br>▶ |
| 3. | ▶<br>▶<br>▶ | ▶<br>▶<br>▶ | ▶<br>▶<br>▶ |

Eine weiterer Workshop, der hilft, die Tugend Fleiß zu trainieren, ist folgender: Wählen Sie zwei Ihrer stärksten Fähigkeiten aus, und fangen Sie an, dazu passende Vorhaben gezielt umzusetzen.

| **Meine beiden stärksten Fähigkeiten** | **Möglichkeiten, diese 3-5 Mal pro Woche zu üben** | **Menschen, die mir Feedback geben können** | **Bücher, die ich zum Thema lesen kann** |
|---|---|---|---|
| 1. | ▶<br>▶<br>▶ | ▶<br>▶<br>▶ | ▶<br>▶<br>▶ |
| 2. | ▶<br>▶<br>▶ | ▶<br>▶<br>▶ | ▶<br>▶<br>▶ |

## 2.4 Achtsamkeit

*Die wichtigste Stunde ist immer die Gegenwart, der bedeutendste Mensch ist immer der, der dir gerade gegenübersteht, das notwendigste Werk ist stets die Liebe.*

MEISTER ECKART,
DOMINIKANERMÖNCH, THEOLOGE UND PHILOSOPH (1260-1328)

Achtsamkeit ist das klare, unabgelenkte Beobachten und Wahrnehmen dessen, was im Augenblick der jeweils gegenwärtigen Erfahrung wirklich vor sich geht.

Nun sind wir bei einer dritten Grundhaltung angelangt, die wesentlich zu einer tragfähigen Selbstverantwortung beiträgt und eigentlich sogar das wichtigste Fundament dafür bildet. Achtsamkeit ist etwas Einfaches, Kleines, Selbstverständliches und Natürliches. Zugleich ist sie grundlegend und entscheidend für die menschliche Existenz und Lebensqualität.

Achtsamkeit ist ein altes deutsches Wort. Die Haltung der Achtsamkeit ist im europäischen Raum nicht neu. Aber sie spielte in der Vergangenheit eher eine bescheidene Rolle. Für Benedikt von Nursia, den Gründer des Benediktinerordens, stellte sie jedoch eine Schlüsseltugend dar. Er ermahnte seine Männer, achtsam mit dem Werkzeug und allen Dingen umzugehen. Die Wurzel des Wortes, achten, bedeutet: etwas bemerken, anerkennen, bewundern, ehren, in Ehren halten, wertschätzen. Unser Wort »achtsam« kommt von der indogermanischen Wurzel »ok«, was auch noch nachdenken oder überlegen bedeutet. Achtsam ist also der, der sich dessen, was er tut, ganz bewusst ist, der überlegt, was da eigentlich geschieht, sagt der Benediktinermönch Anselm Grün.

Das Gegenteil von Achtsamkeit ist, das eine zu tun, innerlich aber ganz woanders zu sein. Achtsamkeit war lange ein Thema vor allem östlicher Religionen wie zum Beispiel des Buddhismus. Überwiegend durch verschiedene Meditationsformen fand es Eingang in die westliche Welt. Aber auch christliche Mönche brachten dieses Thema bei uns auf. Inzwischen haben sich die Geistes- und Naturwissenschaften des Westens in ihrer objektivierenden Außensicht ebenfalls des Begriffs der Achtsamkeit angenommen. Achtsamkeit ist eine Ressource, die eine große Wirkung auf Gesundheit, Stressbewältigung, effektives Handeln und menschliche Beziehungen hat. Sie ermöglicht ein glücklicheres und erfüllteres Leben. Was ein Mensch tut, bekommt durch Achtsamkeit eine tiefere Bedeutung.

Eigentlich ist Achtsamkeit eine natürliche Begabung des Menschen. Zugleich stellt sie ein machtvolles Instrument auf dem Weg zu Einsicht, Gelassenheit und Konzentration dar.

### Komponenten von Achtsamkeit

Ein Aspekt der Achtsamkeit ist, die Aufmerksamkeit immer auf den gegenwärtigen Moment zu richten. Dinge werden wahrgenommen. Man ist beteiligt und beobachtet teilhabend. Das Handeln erfolgt sehr bewusst. Ein weiterer Gesichtspunkt besteht in einer bestimmten Haltung dieser Wahrnehmung gegenüber. Das, was ist, wird wahrgenommen, angenommen und akzeptiert. Es wird nicht sofort interpretiert und auch nicht bewertet. Man betrachtet Dinge mit einem gewissen Interesse und einer Neugier, als ob man sie zum ersten Mal sehen würde. Die Dinge werden zugelassen und erlaubt und nicht etwa vermieden oder verdrängt.

Wichtig scheint uns auch der Wille, achtsam zu sein. Achtsamkeit erstreckt sich sowohl auf die Sinne (Augen, Gehör, Geruchssinn, Tastsinn etc.), mit denen Dinge und Details der äußeren Welt wahrgenommen werden. Genauso gehört es aber zur Achtsamkeit, die eigene Innenwelt und die der anderen Menschen wahrzunehmen. Achtsamkeit ist immer auch mit Wirkungen verbunden.

Achtsamkeit besteht im Kern aus vier Bausteinen – so beschreiben es die Autoren Halko Weiss, Michael Harrer und Thomas Dietz in ihrem »Achtsamkeits-Buch«:

1. Die Aufmerksamkeit wird bewusst gelenkt.
2. Sie ist jeweils auf den gegenwärtigen Moment gerichtet.
3. Achtsamkeit bedeutet, das Erlebte zu akzeptieren, ohne zu urteilen, zu kritisieren oder sich etwas anderes herbeizuwünschen.
4. Der innere Beobachter wird durch teilnehmendes Beobachten kultiviert. Das ermöglicht es, aus Identifikationen herauszutreten (Disidentifikation).

Jeder Mensch besitzt grundsätzlich die Fähigkeit, seine Aufmerksamkeit bewusst und absichtsvoll zu lenken. Worauf wir sie richten, bestimmt ganz wesentlich, wie wir die Welt wahrnehmen. Wer achtsam ist, nutzt seine natürliche Fähigkeit, ein gesünderes, ausgeglicheneres und erfüllteres Leben zu führen. Die positive Wirkung ist wissenschaftlich belegt. Achtsamkeit fördert die körperliche und psychische Gesundheit. Sie stärkt die Konzentration, ist ein wichtiges Mittel bei der Bewältigung von Stress, hilft die eigene Präsenz zu erhöhen und verbessert die menschliche Zusammenarbeit. Für Führungskräfte gehört Achtsamkeit somit zu einer der grundlegenden Haltungen. Einige Experten im Bereich Zeitmanagement betrachten sie zudem als Schlüssel zu hoher Zeitqualität, was sich jedoch erst auf den zweiten Blick erschließt: Den Moment achtsam und ohne Ablenkung wahrzunehmen bedeutet, ihn bestmöglich zu nutzen.

Was bedeutet Achtsamkeit im Führungsalltag? Sie beschert uns Momente, in denen wir innehalten, um die Menschen und Geschehnisse um uns herum aufmerksam wahrzunehmen. Ich weiß, dass dies für viele von uns wie Hohn klingt – ist doch unser Alltag von viel Geschäftigkeit und Stress geprägt. Dennoch: Die Folge größerer Achtsamkeit ist ein viel sensiblerer und sorgsamer Umgang mit Menschen.

Achtsamkeit wirkt sich aber auch auf unseren Umgang mit Dingen aus. Wie gehen wir mit Geld, Zeit, Material und Ressourcen um? Der Mönchsvater Benedikt von Nursia, dessen Klöster eigenständige unternehmerische Wirtschaftsbetriebe zur Finanzierung unterhalten, ermahnte den Cellerar, den wirtschaftlich zuständigen Geschäftsführer eines Klosters, er soll alles Gerät des Klosters wie heiliges Altargerät behandeln. Das zeugt von einem ausgeprägten Bewusstsein für den Wert aller Dinge.

Es besteht ein klarer Zusammenhang zwischen Achtsamkeit und dem wertschätzenden Umgang mit Dingen. Wer den Wert einer Sache schätzt, geht sorgsam mit ihr um. Achtsamkeit bewirkt zudem, dass uns viel bewusster wird, wofür und wie wir unsere Zeit und Kraft einsetzen.

Achtsamkeit führt zu einer höheren Präsenz. Vielleicht kennen Sie diese Witz: Eine Frau wird gefragt, ob ihr Mann schon zu Hause sei. Sie antwortet: »Der Körper ja, der Rest kommt in zwei bis drei Stunden nach.« Auf die Dauer ist eine rein körperliche Anwesenheit zu wenig. Eine Assistentin klagte mir erst kürzlich ihr Leid. Sie sagte: »Selbst wenn mein Chef da ist, ist er nie ganz da. Er ist immer da, wo er noch nicht ist.«

Für uns gehört zu Achtsamkeit auch Besonnenheit. Besonnenheit ist besonders wichtig, wenn es um Entscheidungen geht. Nicht zuletzt bedeutet Achtsamkeit zum Beispiel, den Gesichtsausdruck der Mitarbeiter wach und aufmerksam wahrzunehmen, um gegebenenfalls darauf zu reagieren. Achtsamkeit im Alltag bedeutet außerdem, sich des Tempos bewusst zu werden, mit dem wir unterwegs sind. Nichts spricht gegen ein hohes Tempo, aber nehme ich dieses auch wahr? Merke ich, ab wann dieses hohe Tempo ungesund wird? Funktionieren die eigenen Bremsen noch?

Darüber hinaus gibt es klare Hinweise aus der Forschung, dass durch Achtsamkeit das Gehirn in besonderer Weise langfristig umgebaut wird. Teilnehmer einer Studie, die ihre Achtsamkeit jahrzehntelang trainiert hatten, zeigten im Vergleich zur Kontrollgruppe keinen altersbedingten Abbau. Somit kam es seltener zu typischen altersbedingten Krankheiten. Um Achtsamkeit zu trainieren, gibt es drei Wege:

1. Sie können sich dafür – regelmäßig und bewusst – beispielsweise sechs Mal pro Woche 20 Minuten Zeit nehmen.
2. Sie können sich aber auch für ein informelles Training entscheiden. Das heißt, Sie führen die Tätigkeiten des Alltags einmal bewusst achtsam aus.
3. Sie können sich jedoch auch an einen bestimmten Ort zurückziehen, etwa in ein Kloster, einen Meditationsraum, an einen ruhigen Platz in der Natur.

## Fragen zur Selbstreflexion

1= trifft nicht zu/5 = trifft voll zu

| | 1 | 2 | 3 | 4 | 5 |
|---|---|---|---|---|---|
| In der Betriebsamkeit des Alltags nehme ich Menschen und Dinge aufmerksam wahr. | | | | | |
| Diese Achtsamkeit hilft mir, sensibel und sorgsam mit ihnen umzugehen. | | | | | |
| Ich achte darauf, wie und wofür ich meine Zeit und Kraft einsetze. | | | | | |
| Trotz vieler Herausforderungen gelingt es mir immer wieder, mich auf Wichtiges zu konzentrieren. | | | | | |

**Ergebnis = Summe : 4 =**

## Übungen

1. Nehmen Sie sich bewusst am Abend einmal Zeit, um den Tag wie einen Karnevalsumzug an sich vorbeiziehen zu lassen. Was ist alles passiert? Welche Gespräche klingen in Ihnen nach? Achten Sie darauf, nicht etwa in eine aktive Rolle zu verfallen und sich wieder um die Dinge kümmern zu wollen, sondern bleiben Sie in der Rolle des Beobachters.
2. Zeichnen Sie einmal eine Mindmap über all Ihre Lebensbereiche, über die Menschen, mit denen Sie zu tun haben, über die Aufgaben, die sich Ihnen stellen. Betrachten Sie diese Mindmap dann in Ruhe: Welche Bereiche bedürfen Ihrer besonderen Aufmerksamkeit? Welche wichtigen Details kommen Ihnen dazu in den Sinn?
3. Wo wollen Sie jeden Tag bewusst Ihre Achtsamkeit trainieren? Überlegen Sie, welche Rituale und Möglichkeiten sich Ihnen bieten, um einen achtsamen Umgang zu pflegen. (Genießen Sie einmal beispielsweise nur Ihr Essen, ohne parallel dazu fernzusehen oder zu lesen.)

## 2.5 Maßhalten

*Alle Dinge sind ein Gift und nichts ist ohne Gift;*
*nur die Dosis bewirkt, dass ein Ding kein Gift ist.*

PARACELSUS

Maßhalten bezeichnet die Haltung und Fähigkeit, den Mittelweg zwischen Unter- und Überforderung zu finden, Mut zur Konzentration zu haben und gesunde Grenzen zu erkennen und zu setzen.

Jeder Mensch besitzt sein spezifisches Potenzial an Kräften und Fähigkeiten. Das eigene gesunde Maß zu erkennen und sich danach zu richten hat eine große Auswirkung auf die langfristige Gesundheit. An der Tugend des Maßhaltens wird deutlich, was für alle Tugenden und Haltungen wichtig ist: Tugend ist kein Schalter, den man einfach umlegt, sondern eher eine Art Schieberegler, bei dem es gilt, die richtige Position zwischen einem »Zuwenig« und einem »Zuviel« einzustellen. Erst wenn wir das für uns stimmige Maß erkannt haben, können wir gesunde Grenzen setzen. Wer sein Maß nicht einhält, wird krank. Ein maßloser Mensch überfordert sich selbst, lebt auf Kredit und verfehlt langfristig sein Leben.

Der Philosoph Josef Pieper meint in seinem Buch »Über die Tugenden«, die Kardinaltugend des Maßhaltens könnte man im Deutschen am besten mit »Maß und Zucht« übersetzen. Wobei hier mit Zucht ziehen und erziehen gemeint sei. Die Tugend, Maß zu halten, wird aber heute oft darauf reduziert, sich beim Essen und Trinken zu zügeln.

Im Hinblick auf Dinge, die man sich sonst in seinem Leben zumutet, hat man jedoch manchmal das Gefühl: je mehr, desto besser. Je mehr, desto mehr Beachtung wird einem zuteil. Manche Führungskräfte nehmen sich ein unglaubliches Arbeitspensum vor. Je mehr sie sich zumuten, desto wichtiger sind sie. Das ist Futter für ihr Ego. Aber auch hier gilt der gleiche Grundsatz. Maßlosigkeit mag vielleicht im ersten Augenblick beeindruckend sein. Aber je mehr oder länger Sie arbeiten und je wichtiger die Arbeit für Sie ist, desto mehr schafft diese Maßlosigkeit auch Zerstörung. Umgekehrt hört man die Aussage »Alles mit Maß« leider oft ausgerechnet von Menschen, die sich tendenziell eher zu wenig zumuten.

Das Wort »Maß« hat heute für uns leider einen etwas negativen Beigeschmack. Dabei beschreibt diese Tugend etwas Wunderschönes, eine zentrale, dem Leben dienende Haltung. Wie kann ich viel Sinnvolles bewegen, ohne mich dabei zu übernehmen und auszubrennen?

Thomas von Aquin meinte, der Sinn des Maßhaltens wäre die innere Ordnung des Menschen, aus der allein »Ruhe des Gemütes« erflösse. Maß und Zucht bedeutet also, in sich selbst Ordnung zu schaffen. Hat ein Mensch sein eigenes, für ihn stimmiges Maß erkannt, bündelt er seine Kräfte und richtet sie auf das Ziel. Die Notwendigkeit, maßzuhalten, verlangt, auf alles zu verzichten, was das gesunde Maß überschreitet. Das gilt nicht nur beim Essen, sondern auch bei der Arbeitsmenge, bei der Zielsetzung und bei der Einschätzung der eigenen Kräfte. Gerade die Arbeitsmenge ist ein lehrreiches Beispiel. Wer lange Zeit mehr leistet, als ihm persönlich guttut, wird krank. Er wird empfindlich und gereizt reagieren. Meist nimmt er auch die Realität nicht mehr nüchtern wahr. Es kommt zu einer Art »Rausch«, der verhindert, nüchtern die Chance von Konzentration zu erkennen.

Spannend ist natürlich, der Frage auf den Grund zu gehen, was zur Übertreibung motiviert. Suche ich Anerkennung? Habe ich Angst, finanziell zu kurz zu kommen? Fliehe ich vor unangenehmen persönlichen Auseinandersetzungen, indem ich mich bis über beide Ohren in die Arbeit stürze? Wer maßlos ist und keine Grenzen setzen kann, wird nie ein starkes Ich entwickeln, sagt Anselm Grün. Doch erfordert es Kraft und Mut, »Stopp« zu sagen. Maßhalten ist ein spannendes Thema, gerade für Führungskräfte. Eine Führungskraft muss nämlich nicht nur das eigene Maß kennen, sondern auch ein Gespür dafür haben, was sie ihren Mitarbeitern zumuten darf. Menschen im eigenen Umfeld sollen nicht überfordert, aber auch nicht unterfordert sein. Unterforderung führt zu Langeweile, Passivität und Demotivation. Es gibt durchaus auch Menschen, die hinter ihrem

Maß zurückbleiben, aus Angst, sie könnten zu viel arbeiten. Es gehört dazu, einmal über die Grenze hinauszugehen, um das richtige Maß zu finden. Auf diese Weise entdeckt man, wo die Grenze überschritten wurde. Die Grenzen können subjektiv sehr unterschiedlich sein.

Über Wortverwandtschaften erschließen sich noch andere Zusammenhänge. So gibt es einen Zusammenhang zwischen den lateinischen Worten »temperantia« (Mäßigung) und »tempus« (Zeit), was auf ein gutes Zeitmaß hinweist. Geht es um gesunde Grenzen, hilft der Gedanke an die Grenzgötter bei den alten Römern, die Termines hießen. Wo ist eine gute zeitliche Grenze, bis zu der ich mit der Arbeit fertig sein möchte? Diese Grenze ist der Termin, den es einzuhalten gilt. Das deutsche Wort »Maß« kommt von Messen. Wir sollen achtsam und individuell die Menge abmessen, die für das jeweilige Gefäß stimmig ist.

Eine ganz besondere Herausforderung unserer Zeit besteht darin, dass es heute immer mehr Arbeit gibt, als wir bewältigen können. Deshalb müssen wir aus den Dingen, die in ihrer Gesamtheit nicht zu schaffen sind, diejenigen auswählen, auf die es besonders ankommt. Das erfordert Mut, weil wir auch Dinge weglassen müssen. Studien über Zeitmanagement zeigen: Menschen, die zu viel auf einmal erledigen, schaffen deutlich weniger als Menschen, die sich auf die zentralen Dinge konzentrieren. Bei unserer eigenen Arbeit mit Führungskräften stellen wir regelmäßig fest: 98 Prozent der Führungskräfte haben große Probleme, Prioritäten zu setzen. Wussten Sie, dass es auch Posterioritäten, also Nachrangigkeiten, gibt, Dinge, die man zurückstellen kann? Umgekehrt kommt das Wort »Priorität« vom lateinischen Wort »prior« (vor). Was Priorität hat, muss vor den anderen Dingen passieren. Das hat auch mit Konzentration zu tun.

Der Begriff »Maßhalten« zielt auch darauf ab, gesunde Grenzen zu setzen. Wann ist genug getan? Wofür bin ich zuständig und wofür bin ich nicht zuständig? Leider gibt es Menschen, die kein Gespür für ihre eigenen Grenzen und die anderer haben. Wird eine Grenze überschritten, kostet dies unverhältnismäßig viel Zeit. Zugleich bedeutet es einen Verlust an Lebensqualität. Das Sitzungsende, offiziell für 17 Uhr angesetzt, wird permanent missachtet. Mitarbeiter werden ohne triftigen Grund noch um 23 Uhr angerufen. Es gilt als Muss, immer verfügbar, immer online zu sein. Vergessen Sie trotz der Negativbeispiele nicht: Eigentlich handelt es sich bei der Tugend des Maßhaltens um eine positive. Es geht um eine ganz feine Abstimmung: Wie viel ist gut für mich? Was fordert mich heraus, ohne mich zu unter- oder zu überfordern? Wie kann ich diese Tugend auf meine Firma, meine Organisation und die Menschen um mich herum übertragen?

Wir halten es für eine der wichtigsten Aufgaben einer Führungskraft, die Mitarbeiter einer Organisation auch vor einem »Zuviel« zu schützen. Hier sind Führungskräfte gefragt, die dafür einstehen, dass Menschen sich nicht mit einer Arbeit zugrunde richten, die sie doch eigentlich gerne tun.

## Fragen zur Selbstreflexion

1= trifft nicht zu/5 = trifft voll zu

| | 1 | 2 | 3 | 4 | 5 |
|---|---|---|---|---|---|
| Ich bin gut darin, für mich selbst das rechte Maß zu finden. | | | | | |
| Mein Unternehmen, meine Organisation hat das richtige Maß zwischen einem Zuwenig und Zuviel gefunden. | | | | | |
| Ich achte auf meine Gesundheit und auf die anderer. | | | | | |
| Zusammen mit meinen Mitarbeitern setze ich Prioritäten, um aus der Fülle der Aufgaben diejenigen auszuwählen, die uns besonders wichtig erscheinen. | | | | | |
| Wenn ich für mich selbst arbeite, gelingt es mir gut, mich auf Aufgaben zu konzentrieren und bei der Sache zu bleiben. | | | | | |

**Ergebnis = Summe : 4 =**

## Übung

1. Welche Bereiche fallen Ihnen ein, in denen Sie auf das Maß, die Konzentration und die Grenzen besonders achtgeben müssen?
2. Wenn Sie einen dieser Bereiche herausgreifen: Haben Sie eine Vorstellung davon, welches Bedürfnis hinter einem unmäßigen Verhalten steht?
3. Welches ist ein konkretes Feld, in dem Sie ab sofort das Maßhalten üben wollen?

# 3 Soziale Verantwortung

*Manager bauen ein Team,*
*Führungskräfte bauen eine Gemeinschaft.*

PAUL CH. DONDERS

Wer im 21. Jahrhundert nachhaltig erfolgreich sein will, muss eine Organisation bauen, in der die dort tätigen Profis ihre einzigartigen Fähigkeiten entwickeln und einsetzen können. Profis wollen ihren eigenen Platz im Team finden und respektiert werden. Sie möchten das begeisternde Gefühl haben, ihren realen Beitrag zu einem größeren sinnstiftenden Ziel zu erbringen. Erst dann entsteht eine Gemeinschaft.

Es ist heute schon schwierig, gut ausgebildete Fachkräfte zu gewinnen und zu halten. Morgen wird dies eine ständige Herausforderung sein. Einen guten Mitarbeiter zu verlieren kostet heute ein bis drei Jahresgehälter. Also lohnt es sich allein schon finanziell, eine Organisation aufzubauen, in der möglichst viele Beteiligte ihre soziale Verantwortung gerne übernehmen. Dies erfordert an erster Stelle Führungskräfte, die diese soziale Verantwortung wahrnehmen und damit als Vorbilder fungieren. Aber was meinen wir eigentlich mit sozialer Verantwortung?

Der Bereich soziale Verantwortung ist in fünf Tugenden aufgeteilt. Der Bereich soziale Kompetenz ist wiederum in fünf Fähigkeiten aufgeteilt:

**Soziale Verantwortung**

1. Verbundenheit
2. Respekt
3. Unterstützung/Dienstbarkeit
4. Vertrauen
5. Mut

**Soziale Kompetenz**

1. Menschenkenntnis
2. Beziehungskompetenz
3. Menschenführung
4. Kommunikationskompetenz
5. Teambildung

Im Bereich der sozialen Verantwortung trainieren wir Tugenden, die zum ethisch konstanten Teil unserer Grundhaltung werden. Eine Grundhaltung ist bereit, eine positive Antwort zu liefern. Bei der Selbstverantwortung haben wir Antworten auf unsere eigenen Entwicklungsfragen gegeben. Bei der sozialen Verantwortung richten wir unser Augenmerk auf andere Menschen. Welche Haltungen legen wir ihnen gegenüber an den Tag?

Was davon dient dem Leben? Wie kann ich anderen Menschen dienen und sie erfolgreich machen? Genauer gesagt geht es um folgende Teilfragen:

1. Welche Haltung habe ich anderen Menschen gegenüber? Sehe ich mich als Teil einer Gruppe oder bleibe ich eher abseits? – Verbundenheit
2. Nehme ich andere Menschen wahr, ist mein Umgang mit ihnen von Wertschätzung geprägt? – Achtung und Respekt
3. Unterstütze ich die Menschen in meinem Umfeld, helfe ich ihnen? – Unterstützung und Dienstbarkeit
4. Traue ich anderen etwas zu? Kann ich vertrauen? – Vertrauen
5. Vertrete ich anderen gegenüber meinen Standpunkt? Oder habe ich Angst, es mir durch eine abweichende Meinung mit ihnen zu verscherzen? – Mut
6. Beschäftige ich mich mit anderen? Damit, wer sie als Mensch, als Mitarbeiter, als Kollegen sind? – Zugewandtheit
7. Beschäftige ich mich mit den Fähigkeiten, Werten und Entwicklungszielen meines Gegenübers? – Interesse am anderen
8. Bin ich für die Fragen und Ängste anderer offen? – Einfühlungsvermögen
9. Bin ich bereit, mich auf die Einzigartigkeit meines Gegenübers einzulassen und mir zu überlegen, wie der- oder diejenige am sinnvollsten zu unserer gemeinsamen Aufgabe beitragen kann?

Wenn wir Grundtugenden suchen, die den Bereich sozialer Verantwortung größtenteils beschreiben, sind es wahrscheinlich Demut und Wertschätzung.

**Demut** ist der Wille und Mut, den anderen zu unterstützen, damit er sich entfalten kann. Demut ist nicht die Fähigkeit, unter den Teppich zu kriechen. In der Zeitschrift Harvard Business Review wurde im Januar 2007 eine Studie veröffentlicht. Darin wurden die sieben wichtigsten Führungskompetenzen beschrieben, die im 21. Jahrhundert für international tätige Führungskräfte notwendig sind: Auf Platz Nummer 1 stand: Demut!

Eigentlich selbstverständlich, denn der Erfolg einer Führungskraft hängt zum großen Teil vom Erfolg ihrer Mitarbeiter ab. Die Mitarbeiter zu fördern, zu befähigen und ihre Stärken zu entwickeln kostet ganz einfach viel Zeit und Inspiration. Und das Kostbarste, was eine Führungskraft besitzt (zumindest wenn es nach dem eigenen Empfinden geht), ist Zeit. Sein kostbarstes Gut anderen schenken – das tun nur Menschen gerne, die eine gehörige Portion Demut haben, das heißt: den Willen und den Mut, den anderen zu dienen.

Bei **Wertschätzung** geht es um etwas anderes. Als Führungskraft kann ich meine Mitarbeiter nur inspirieren, wenn ich selbst wirklich inspiriert von meinen Mitarbeitern bin, das heißt, wenn ich ein echtes, tiefes Interesse an ihnen habe.

Warum fällt es uns dann doch so schwer, im täglichen Leben Demut und Wertschätzung zu üben? Sicherlich hat dies etwas mit einer destruktiven Grundhaltung zu tun, nämlich der negativen Umkehrung von Demut – Arroganz und Hochmut. Allerdings ist diese Untugend häufig sehr schwer zu entlarven. Sie versteckt sich meisterlich in vermeintlich harmlosen Schwächen wie Ungeduld. Wie Faulheit stellt auch Hochmut häufig eine Folge von Verwöhnung dar.

Gibt es bei Ihnen bestimmte Ausprägungen von Hochmut? Das können Sie entdecken, indem Sie den folgenden Test machen. Bitten Sie außerdem einen guten Bekannten, seine Einschätzung in Bezug auf Ihre Person ebenfalls einzutragen. Dann können Sie beide Ergebnisse vergleichen und danach den Entwicklungsworkshop gemeinsam ausfüllen.

## Fragen zur Selbstreflexion

1 = trifft nicht zu/5 =trifft voll zu

| Pathologischer Hochmut | 1 | 2 | 3 | 4 | 5 |
|---|---|---|---|---|---|
| **1. Narzisstischer Workaholic** | | | | | |
| ▶ Ich will Ansehen erwerben. | | | | | |
| ▶ Ich will meinen Status verbessern. | | | | | |
| ▶ Ich will mich durch ständige Leistung unersetzlich machen. | | | | | |
| **2. Narzisstischer Profilneurotiker** | | | | | |
| ▶ Ich will mich von den anderen abheben. | | | | | |
| ▶ Ich will eine Sonderrolle spielen. | | | | | |
| ▶ Ich meine, besondere Ansprüche haben zu dürfen. | | | | | |
| **3. Narzisstischer Heruntermacher** | | | | | |
| ▶ Ich neige dazu, die Leistung anderer zu entwerten. | | | | | |
| ▶ Ich spotte über andere und rede verächtlich über sie. | | | | | |
| ▶ Ich neige zu übler Nachrede und Sarkasmus. | | | | | |
| **4. Narzisstischer Besserwisser** | | | | | |
| ▶ Meine Kritik ist oft überzogen. | | | | | |
| ▶ Ich mache andere mitunter lächerlich. | | | | | |
| ▶ Ich stelle meine eigene Überlegenheit gern subtil oder offen zur Schau. | | | | | |
| **5. Narzisstischer Selbstbemitleider** | | | | | |
| ▶ Ich genieße die Aufmerksamkeit desjenigen, den ich durch meine Opferrolle zwinge, mich zu bemitleiden. | | | | | |
| ▶ Ich versumpfe in meinem Elend und bin sauer, dass niemand sich um mich kümmert. | | | | | |
| ▶ Ich bin der Ansicht, eigentlich mehr verdient zu haben, und gebe Gott und den anderen die Schuld an meiner Situation. | | | | | |

1 = trifft nicht zu/5 =trifft voll zu

| Allgemeine Formen des Hochmutes | 1 | 2 | 3 | 4 | 5 |
|---|---|---|---|---|---|
| **6. Überheblichkeit** | | | | | |
| ▶ Ich erhebe mich mit Freude über andere. | | | | | |
| ▶ Ich halte mich grundsätzlich für besser als andere. | | | | | |
| **7. Arroganz** | | | | | |
| ▶ Ich bin mitunter kaltherzig und frage mich: »Was habe ich mit euch zu tun?« | | | | | |
| ▶ Ich bin der Meinung: »Ich bin erstklassig, ihr seid eher drittklassig.« | | | | | |
| **8. Überlegenheitsgefühl** | | | | | |
| ▶ Ich halte mich für wichtiger als andere. | | | | | |
| ▶ Ich halte mich für intelligenter und daher für wertvoller als andere. | | | | | |
| **9. Ungeduld** | | | | | |
| ▶ Ich dränge mich gerne vor und hasse es, warten zu müssen. | | | | | |
| ▶ Ihr erwarte von anderen, nach meiner Pfeife zu tanzen. | | | | | |
| **10. Unbelehrbarkeit** | | | | | |
| ▶ Ich bin nicht bereit, von anderen etwas zu lernen. | | | | | |
| ▶ Ich sehe keinerlei Notwendigkeit, mich zu ändern. | | | | | |

**Ergebnis = Summe : 25 =**

Nun können Sie die drei Formen von Hochmut, die bei Ihnen am ehesten zutreffen, gesondert betrachten. Dazu dient der folgende Workshop:

| Meine drei häufigsten Formen von Hochmut | Negative Folgen für mich selbst | Negative Folgen für andere | Übungen, um Formen von Demut zu üben |
|---|---|---|---|
| 1. | ▶<br>▶<br>▶ | ▶<br>▶<br>▶ | ▶<br>▶<br>▶ |
| 2. | ▶<br>▶<br>▶ | ▶<br>▶<br>▶ | ▶<br>▶<br>▶ |
| 3. | ▶<br>▶<br>▶ | ▶<br>▶<br>▶ | ▶<br>▶<br>▶ |

Nach dieser kurzen Beschäftigung mit Ihrer Schattenseite wenden wir uns in den folgenden Abschnitten den fünf Tugenden zu, die soziale Verantwortung ausmachen. Gerade für Führungskräfte sind diese Tugenden essenziell.

## 3.1 Verbundenheit

*Jedermann weiß, was es bedeutet, wenn ein Ding von einem anderen abhängt. Wenn aber dieses andere, zweite Ding im selben Maß vom ersten abhängt, so nennt man diese Beziehungsform interdependent.*

PAUL WATZLAWICK

*Kann der Flügelschlag eines Schmetterlings in Brasilien einen Tornado auslösen?*

EDWARD N. LORENZ

Verbundenheit bezeichnet eine Haltung, mit der eine Person sich selbst als Teil eines größeren Ganzen weiß, sich einer Gruppe zugehörig fühlt und auf Augenhöhe mit ihren Mitgliedern interagiert und daraus bewusst ihr Tun und Handeln ableitet.

Menschliche Leistung ist immer das Werk von mehr als einem Menschen. Sie resultiert aus dem Zusammenspiel unterschiedlichster Teile.

Kann denn der Flügelschlag eines Schmetterlings tatsächlich einen Tornado auslösen? Hinter dieser provokanten Frage steht der Schmetterlingseffekt. Er bezeichnet die Tatsache, dass in komplexen, nicht linear dynamischen Systemen schon kleine Abweichungen in den Anfangsbedingungen eine große Ursache haben können. Hinter diesen Gedanken steckt der Meteorologe Edward N. Lorenz.

Was für den Flügelschlag eines Schmetterlings gilt, gilt erst recht für das menschliche Handeln. Jeden Tag verlässt man sich auf viele Menschen, die rund um den Globus verteilt sind. Obwohl man die Beteiligten persönlich nicht kennt, funktioniert ein gigantischer Austausch von Gütern, Waren und Dienstleistungen. Dieses Zusammenspiel ist möglich, weil wir alle miteinander in Beziehung stehen. Diese Art von Beziehung nennt man Interdependenz.

Diese globale Haltung der Verbundenheit findet ihre Entsprechung im Miteinander von Teams. Zusammenarbeit funktioniert da, wo Menschen um diese Verbundenheit wissen, sie respektieren, berücksichtigen und die damit zusammenhängende Verantwortung wahr- und ernst nehmen. Der Psychologe Friedemann Schulz von Thun bezeichnet Verbundenheit als eines der vier seelischen Grundbedürfnisse des Menschen. Daneben gibt es das Grundbedürfnis, den eigenen Wert zu empfinden, das Grundbedürfnis, frei zu sein, und das Grundbedürfnis, geliebt zu werden.

Von Anfang an sind wir und unser Gehirn auf Verbundenheit programmiert, unser gesamtes Überleben hängt ja davon ab. Irgendwann wird zwar die sichtbare Nabelschnur durchtrennt. Ein eigenständiges Leben beginnt, aber die Ursehnsucht des Menschen bleibt, in Zugehörigkeit und Verbundenheit gemeinsam einen Weg zu gehen.

Jeder Mensch trägt eine Sehnsucht in sich, dazuzugehören. Es ist für uns sehr wichtig, Teil einer Gemeinschaft zu sein. Viel Frust kommt daher, ausgegrenzt zu werden. Die meisten Menschen tun unbewusst alles, um dazuzugehören. Der Mensch ist ein Herdentier. Wir sind einfach nicht als Einzelwesen- und Einzelkämpfer geschaffen, sondern dazu, unser Leben miteinander zu bewältigen. Verbundenheit macht es dem Einzelnen sogar leichter, Leistung zu erbringen. Sie reißt mit, hilft, ergänzt, integriert und bildet das Kernstück eines weithin sorgenfreien Lebens.

Wir müssen nicht mit anderen Menschen übereinstimmen, um Verbundenheit zu leben. Es geht darum, sich und die anderen wahrzunehmen, ernst zu nehmen, um die gegenseitigen Abhängigkeiten zu wissen, sie zu nutzen und gemeinsam mehr zu bewirken, als für den Einzelnen möglich wäre. Es gibt viele Begriffe, die das ausdrücken: Brüderlichkeit, Kollegialität, Gemeinschaftsgefühl, Zusammengehörigkeit.

Für eine Führungskraft bedeutet dies: Sie braucht ein Bewusstsein für die Realität dieses Miteinanders. Dazu gehört die Bereitschaft, Probleme nicht auf Biegen und Brechen allein lösen zu wollen. Leistung ist immer eine Teamleistung! Haben wir Führungskräfte das Bewusstsein, dass Führung nur im Miteinander gelingt? Dass das Motto »Einer für alle« kontraproduktiv ist? Eine gewisse Offenheit für Menschen ist unbedingt erforderlich. Einen weiteren wichtigern Aspekt stellt Loyalität dar: Loyalität dem Einzelnen gegenüber, zu einer Gruppe zu stehen und so zu handeln, dass alle Beteiligten durch diesen Prozess gewinnen. Gewinnstreben ist idealerweise eine Einstellung, bei der Kopf und Herz nach Vorteilen für alle Beteiligten suchen. Das hat zur Folge, dass sich alle Parteien mit einer Entscheidung wohlfühlen und innerlich dem vereinbarten Vorgehen verpflichten.

Verbundenheit sieht das Leben als Feld für Kooperation und nicht als Wettstreit mit anderen. Wir wissen von mehreren Geschäftsführern, dass sie sehr gut mit einer Entscheidung fahren, die ihnen am Anfang nicht leichfiel: Keine Geschäfte auf Kosten von Prozessbeteiligten! Alle sollen in irgendeiner Form gewinnen (Win-win-Situation oder »No Deal«). Dieses Denken kennzeichnet den Weg des sozialen Führungsverhaltens. Es gehört viel Mut und Rücksicht dazu, gegenseitige Vorteile zu schaffen, besonders wenn wir mit Leuten umgehen, die von egoistischem Denken geprägt sind.

Eine Führungskraft mit einer Haltung der Verbundenheit begegnet anderen auf Augenhöhe und nicht arrogant und von oben herab. Wie zeigt sich dies? Zum Beispiel daran, dass eine Führungskraft andere überhaupt wahrnimmt, ihre Bedürfnisse ernst nimmt. Dass sie Wert darauf legt, andere (rechtzeitig) zu informieren. Wenn sie eine Entscheidung treffen muss, bezieht sie die Beteiligten angemessen mit ein und bittet die Betroffenen um ihre Meinung. John F. Kennedy wandte dieses Prinzip sehr konsequent an. Bei seinen Entscheidungen bezog er die Betroffenen mit ein und hörte sich ihre Meinungen an. Das heißt noch lange nicht, dass es sich hier um einen demokratischen Prozess handeln muss und nur die Mehrheitsmeinung zählt.

Die Haltung der Verbundenheit ist ein Schlüssel zu den Herzen und Köpfen der Menschen. Sie erleichtert Zusammenarbeit. Sie bewirkt, dass die Energie der Beteiligten in Leistung und Qualität fließt anstatt in Abgrenzung, Ausgrenzung und übertriebenen Wettbewerb.

Eine Führungskraft, die sich auf einer Ebene mit den anderen sieht, bringt auch die Bereitschaft mit, sich korrigieren zu lassen. Sie sucht aktiv das Feedback der anderen. Könnte dies nicht auch eine moderne Ausdrucksform des alten Begriffs »Demut« sein?

## Fragen zur Selbstreflexion

1 = trifft nicht zu/5 =trifft voll zu

| | 1 | 2 | 3 | 4 | 5 |
|---|---|---|---|---|---|
| Ich bin mir bewusst, dass Erfolg immer das Ergebnis aus den Beiträgen vieler ist. | | | | | |
| Ich verstehe mich als Teil eines großen Ganzen. | | | | | |
| Ich gehe offen auf Menschen zu und versuche diese zu integrieren. | | | | | |
| Ich mache Betroffene zu Beteiligten, indem ich Menschen rechtzeitig informiere und sie in Entscheidungsprozesse mit einbeziehe. | | | | | |

**Ergebnis = Summe : 4 =**

## Fragen zum Weiterdenken

1. Welches Denken prägt mich in Verhandlungen? Strebe ich nach einer Win-win-Situation? Oder ist mir nur mein eigener Gewinn wichtig und ich nehme Verluste der anderen beteiligten Partei in Kauf?
2. Wie kann ich Erfahrungen der Verbundenheit, das Gemeinsame, das Miteinander in meinem Arbeitsumfeld, meinem Team fördern?
3. Wie nehmen Ihrer Meinung nach die Menschen in Ihrem Umfeld die Verbundenheit mit Ihnen wahr? Welche Hindernisse treten dabei eventuell auf? Wie könnten Sie diese ausräumen?

## 3.2 Respekt

*Wer will, dass sein Sohn Respekt vor ihm und seinen Anweisungen hat, muss selbst große Achtung vor seinem Sohn haben.*

JOHN LOCKE,
BRITISCHER PHILOSOPH UND POLITIKER (1632-1704)

Respekt halte ich persönlich (Paul Donders) für eine der Königstugenden, weil sie mich selbst und mein Gegenüber zutiefst als Mensch würdigt. Folgende Definition ist der Versuch, diese Tugend zu beschreiben:

Respekt ist eine innere Überzeugung und Haltung, die von dem Bewusstsein ausgeht, dass jeder Mensch ein einzigartiges Geschöpf ist und eine einzigartige Geschichte, ein einzigartiges Potenzial und eine einzigartige Berufung hat. Deshalb ist es recht, die Würde jedes Menschen zu erkennen und wo nötig zu fördern und zu schützen. Respekt äußert sich, indem ich jeden Menschen ehre und ihm dadurch Selbstrespekt einflöße.

Als Führungskraft bin ich dafür verantwortlich, dass meine Mitarbeiter inspiriert sind und unsere Kunden inspirieren. In diesem Prozess des Inspirierens eröffnet Respekt die Möglichkeit, tiefgreifend miteinander zu kommunizieren. Ein Mitarbeiter, der sich respektiert weiß, kann sich selbst respektieren. Es fällt ihm zudem wesentlich leichter, seine Kollegen und die Kunden zu respektieren. Solche Mitarbeiter verkörpern die Säulen Ihrer Organisation. Nehmen Sie sich kurz Zeit, um einige Ihrer Mitarbeiter im Hinblick auf das Thema Respekt zu beschreiben:

| Mitarbeiter | Wie sehr respektiert er/sie sich selbst? | Wie sehr bezeugt er/sie anderen Respekt? | Was kann ich tun, um ihm/ihr meinen Respekt zu zeigen? |
|---|---|---|---|
| 1. | | | |
| 2. | | | |
| 3. | | | |
| 4. | | | |
| 5. | | | |

Mir (Paul Donders) ist bei meiner Führungserfahrung aufgefallen: Ob jemand sich selbst auf eine gesunde Weise respektiert und ob er mit anderen respektvoll umgeht, stimmt häufig genau überein. In seinem Buch »Visionäre Führung« beschreibt Burt Nanus, wie sich ein gesundes Führungsverhalten entwickelt. Er rät Führungskräften, ihre Kinder gut zu erziehen, denn gesundes Führungsverhalten wachse da, wo angeborene Talente und gute Erziehung miteinander kombiniert würden. Interessant sind Burt Nanus' Erziehungstipps. Hier einige, die er in seinem Buch nennt:

1. Unterstützen Sie Ihre Kinder in Würde und Respekt.
2. Bieten Sie ihnen Gelegenheit, verschiedene Fähigkeiten zu entfalten.
3. Fordern Sie sie heraus, Verantwortung für ihr Handeln zu übernehmen.

4. Bringen Sie Ihren Respekt und Ihre Bewunderung für ihre wachsenden Fähigkeiten zum Ausdruck.
5. Motivieren Sie sie in ihrer Phantasie und Kreativität , denn sie sind die Quelle ihrer Visionen, wenn sie später eine Führungsposition innehaben.
6. Trainieren Sie die Kommunikationsfähigkeit ihrer Kinder, sowohl mündlich als auch schriftlich.
7. Helfen Sie Ihrem Kind, seine eigenen Talente zu entdecken und zur Entfaltung zu bringen. Kinder, die sich trauen, sie selbst zu sein, verschwenden weniger Zeit und Kraft darauf, anderen nachzueifern.

All diese Punkte haben etwas mit Respekt zu tun: Respekt empfangen, damit ihr Selbstrespekt wächst und sie anderen mit Respekt begegnen. Wie lässt sich die Tugend Respekt aber erlernen und ausweiten? Den Grundstein legen Sie, wenn Sie sich in der ganz normalen (aber häufig vernachlässigten) Höflichkeit üben. Machen Sie zu Beginn einen Selbsttest und beantworten Sie die folgenden Fragen zum Thema Höflichkeit. Sie können gerne zuvor einige Kopien anfertigen und drei Bekannte bitten, Ihre Höflichkeit zu beurteilen. Das ist wichtig, da wir in diesem Bereich manchmal blinde Flecken haben.

## Wie höflich sind Sie?

1 = trifft nicht zu/5 =trifft voll zu

| Freundlichkeit | 1 | 2 | 3 | 4 | 5 |
|---|---|---|---|---|---|
| ▶ Gegenüber meinen Freunden bin ich eigentlich immer freundlich. | | | | | |
| ▶ Gegenüber unbekannten Menschen bin ich grundsätzlich freundlich. | | | | | |
| ▶ Personen, die mich ärgern, begegne ich offen und anständig. | | | | | |
| ▶ Menschen in meiner Umgebung können an mir sehen: »Ich darf hier sein!« | | | | | |

| | 1 | 2 | 3 | 4 | 5 |
|---|---|---|---|---|---|
| **Grüßen** | | | | | |
| ▶ Bei einer privaten Gesellschaft begrüße ich immer zuerst die Frau und dann den Mann. | | | | | |
| ▶ Ich gebe meinem Gegenüber einen kräftigen Händedruck und schaue ihm dabei freundlich in die Augen. | | | | | |
| ▶ Ich begrüße »weniger wichtige« Menschen genauso respektvoll wie »wichtige«. | | | | | |
| ▶ In Gesellschaft gebe ich jedem die Hand, wo es angemessen ist. | | | | | |
| **Aufmerksamkeit** | | | | | |
| ▶ Für mich gibt es keine unwichtigen Menschen. | | | | | |
| ▶ Ich nehme die Bedürfnisse anderer wahr, reagiere freundlich und sorge für Abhilfe. | | | | | |
| ▶ Ich merke mir die Namen anderer sofort. | | | | | |
| ▶ Ich spreche andere immer wieder konkret mit Namen an. | | | | | |
| **Pünktlichkeit** | | | | | |
| ▶ Ich plane meine Reisezeit so, dass ich mindestens fünf Minuten vor der vereinbarten Zeit da bin, auch wenn es lange Staus gibt. | | | | | |
| ▶ Ich lasse niemanden warten, egal ob eine Begegnung »wichtig« ist oder nicht. | | | | | |
| ▶ Falls ich nicht pünktlich da sein kann, rufe ich vorher an, um mitzuteilen, wann ich voraussichtlich ankomme. | | | | | |
| ▶ Ich komme entspannt, vorbereitet und rechtzeitig zu Treffen. | | | | | |
| **Blumen und Geschenke** | | | | | |
| ▶ Ich bin imstande, den passenden Strauß für jede Gelegenheit auszusuchen. | | | | | |
| ▶ Ich überreiche einen Blumenstrauß im richtigen Moment. | | | | | |
| ▶ Ich suche ein Geschenk sorgfältig aus, sodass es zum Empfänger passt und angemessen verpackt ist. | | | | | |
| ▶ Ich schreibe mit dem Füller freundliche, ermutigende und persönliche Karten. | | | | | |

**Ergebnis = Summe : 20 =**

Eine weitere Möglichkeit, das Thema Respekt für sich zu erschließen, besteht darin, eine »Dame« oder ein »Herr« zu werden. Jeder Mensch wird als Mädchen oder Junge geboren, und im Laufe der Zeit wächst er zur Frau oder zum Mann heran. Allerdings ist man dann noch lange keine Dame oder kein Herr. Um Sie auf den Geschmack zu bringen, beschreibe ich kurz, was eine Dame und einen Herrn ausmacht.

## Eine Dame sein

Einmal sah ich Mutter Teresa im Fernsehen aus einem Flugzeug steigen. Wie eine Dame schritt sie die Treppe hinunter. Unten wartete schon eine Horde Journalisten auf sie, in der Hoffnung, etwas Interessantes von ihr zu hören. Sie blieb ruhig stehen und sprach mit ihnen. Ihre Haltung strahlte Freundlichkeit aus, aber ich sah auch die Autorität, die von ihr ausging. Jene freundliche Autorität einer Dame, die weiß, wer sie ist, die mit Leidenschaft einen klaren Auftrag erfüllt und die vor niemandem zurückweicht. Wo sind die Frauen in unserer Gesellschaft, die wirklich zu Damen geworden sind? Wo sind die weiblichen Führungskräfte, die in authentischer Autorität aufstehen und die Richtung angeben?

Bei dieser Beschreibung denke ich (Paul Donders) an Ladys aus der Geschichte, ebenso wie an echte Damen, die ich in verschiedensten Kulturen kennenlernen durfte. Hier meine Beobachtungen, was diese Frauen gemein hatten. Natürlich sind alle einzigartig und niemals in allem gleich.

## Eine Dame ist …

- sie selbst und genießt es, sie selbst sein zu dürfen.
- frei, das Leben zu genießen, bei Erfolg oder Misserfolg: Sie kann ohne Angeberei reich sein. Sie kann mit erhobenem Haupt arm sein.
- eine Frau, die ihre Lebenserfahrung ins rechte Licht rückt, Erfolg genießt, Fehler eingesteht und Verantwortung übernimmt. Eine Frau, die ihrem Leben Richtung gibt und Suchenden Orientierung bietet.

- eine Frau, die Brücken schlägt zwischen Mann und Frau, Arm und Reich, Schwach und Stark, zwischen verschiedenen Kulturen und zwischen Jung und Alt.
- eine Frau, die das Abenteuer liebt, aber gerne mit am Ruder sitzt. Sie lebt leidenschaftlich, weil sie eine einzigartige Berufung hat. Eine Frau, die klar und elegant kommuniziert, in Wort und Tat, in Kleidung und Handschrift. Sie äußert sich deutlich und überzeugend, aber niemals grell, als müsste sie sich selbst noch überzeugen. Eine Dame ist bereits überzeugt und hat ihre eigene Meinung.

Die Kleidung einer Dame unterstreicht ihre Fraulichkeit, ohne sie zur Schau zu stellen. Sie besitzt ihren eigenen Stil und einen gut geschulten ästhetischen Blick, mit dem sie diesen kreativ umsetzt. Die wenigen Accessoires (Schmuck, Handtasche, Aktentasche, Hut, Brille), die sie einsetzt, sind geschmackvoll und von guter Qualität.

Wie können Sie als Führungskraft in Ihrer Berufung als Frau und Dame wachsen? Auf Seite 111 erhalten Sie ein paar Ideen zur Anregung. In der Spalte rechts daneben finden Männer vergleichbare Anregungen, um in ihrer Berufung als Herr und Gentleman zu wachsen.

### Ein Herr sein

An den verschiedenen Beispielen echter Gentlemen, die ich (Paul Donders) bisher kennengelernt habe, wurde mir deutlich, dass es dabei auch um einen Reifungsprozess geht. Ein (körperlich, geistig und seelisch) gesunder Mann zu werden ist die eine Sache. Aber ein Herr zu werden stellt eine echte Herausforderung dar. Lassen Sie mich skizzieren, was einen Mann zu einem Gentleman macht.

### Ein Herr ...

- hat ein gesundes Selbstbewusstsein: Er steht zu seinen Schwächen, arbeitet daran und unterstellt sie der Gnade Gottes. Seine starken Seiten trainiert er, um sie in den Dienst an anderen zu stellen.

- ist im positiven Sinne unabhängig.
- kann die Einsamkeit genießen, kann eins sein, bei sich sein. Kontemplation als Teil seinen Lebensstils verleiht ihm Authentizität und Autorität.
- hat ein großes Herz, ist großzügig und freigiebig.
- ist kein Kontrollfreak, sondern weckt Vertrauen. Aber er lässt sich nicht für dumm verkaufen, sondern hat ein feines Gespür dafür, ob jemand verlässlich ist oder nicht.
- ist immer Beschützer der Schwachen. Er hat es aber nicht nötig, mit seiner Beschützerrolle anzugeben.
- hat einen Blick fürs Ästhetische. Er erkennt, was wahre Kunst ist. Bei Bekleidung, Wohnungseinrichtung und Gebrauchsgegenständen legt er Wert auf Stil und Qualität, ohne davon abhängig zu sein. Dieses Feingefühl muss geschult werden.
- hat seinen eigenen Modestil entwickelt, der unabhängig von Trends ist. Er ist elegant in Wort und Tat, in Kleidung, in der Einrichtung seinen Hauses und Büros und in seiner Handschrift.
- hat auch einen leichten Tick, weil er ein paar Eigenartigkeiten gedeihen lässt. Diese verleihen ihm eine freundliche Ausstrahlung und machen ihn zu einem echten Gentleman statt zu einem engstirnigen Verfechter von Benimmregeln.
- ist selten in Eile! Hektik ist der Feind der Würde.

Um das Thema abzuschließen: Es geht eigentlich um das Thema Würde. Respekt wird jemandem entgegengebracht, der sich seiner Würde bewusst ist und der die Würde anderer Menschen nicht verletzt, sondern anerkennt und achtet. Respekt gegenüber Kunden, Mitarbeitern und Vorgesetzten ist für eine Führungskraft unerlässlich. Respekt hat nichts mit Angst vor Strafe zu tun. Wer andere respektiert, dem wird selbst Respekt entgegengebracht. Eine Führungskraft, die ihre Mitarbeiter respektiert und umgekehrt deren Respekt genießt, muss nicht laut werden, drohen oder rabiate Maßnahmen ergreifen, um sich durchzusetzen. Respekt ist der Schlüssel zu einem gesunden Umgangston in einem Unternehmen oder einer Organisation.

### Wie werde ich eine Dame/eine Lady?

1. **Entdecken Sie Ihr Frausein in allen Facetten und nehmen Sie es an:**
   - intellektuell,
   - emotional,
   - geistig,
   - körperlich.

2. **Suchen Sie sich eine Dame als Mentorin.**

3. **Schließen Sie Freundschaften mit »Damen in spe«.**

4. **Vertiefen Sie sich in die Lebensgeschichten echter Ladys.**

### Wie werde ich ein Herr/ein Gentleman?

1. **Entdecken Sie Ihr Mannsein in allen Facetten und nehmen Sie es an:**
   - intellektuell,
   - emotional,
   - geistig,
   - körperlich.

2. **Suchen Sie sich einen Herren als Mentor.**

3. **Schließen Sie Freundschaften mit »Herren in spe«.**

4. **Vertiefen Sie sich in die Lebensgeschichten echter Gentlemen.**

## 3.3 Die Haltung des Unterstützens, der Hilfsbereitschaft und des Gebens

*Wir neigen dazu, Erfolg eher nach der Höhe unserer Gehälter oder nach der Größe unserer Autos zu bestimmen als nach dem Grad unserer Hilfsbereitschaft und dem Maß unserer Menschlichkeit.*

MARTIN LUTHER KING

Unterstützung, Dienstbarkeit und Hilfsbereitschaft – all das sind tiefe und schöne Geisteshaltungen, die wirksame Führung überhaupt erst möglich machen. Dabei wirkt dieser Punkt geradezu paradox. Oberflächlich betrachtet scheint es, als verlören wir etwas, wenn wir für andere da sind, ihnen dienen und ihnen etwas geben. Doch tatsächlich bewirkt Geben eine Vermehrung. Es macht gegenseitiges Empfangen möglich. Es liefert allen Beteiligten eine Vorstellung von Fülle. Es stärkt das Miteinander und steigert die Kraft jedes Einzelnen. Helfen, Unterstützen und Geben sind beglückend und bereichern unser Leben, verleihen ihm Sinn und einen Wert.

Die Haltung des Unterstützens und Dienens entwickelt eine gewisse Eigendynamik: Der Wille zu guten Taten breitet sich von Mensch zu Mensch aus. Die US-Forscher James Fowler und Nicholas Christakis fanden in einem Experiment heraus, dass gute Taten genauso leicht übertragen werden wie schlechte. Verhält sich eine Person anderen gegenüber hilfsbereit und großzügig, löst das eine Art Dominoeffekt aus: Die Empfänger übernehmen das freundliche Verhalten und geben es wiederum an andere Menschen weiter. Die Forscher sind sich einig: Aufrichtig gemeintes, selbstloses, kooperatives Verhalten ist ansteckend, ähnlich wie Glück. Zwar stellte sich in dieser Untersuchung auch unkooperatives Verhalten als ansteckend heraus. Es gab jedoch keine Hinweise dafür, dass es sich stärker oder dauerhafter ausbreiten würde als kooperatives Verhalten.

Das eigene Leben unter das Motto Hilfsbereitschaft zu stellen ist das Beste, was ein Mensch tun kann. Hilfsbereitschaft ist etwas, wonach es uns von Natur aus drängt. Indem wir anderen helfen, helfen wir immer auch uns selbst. Hilfe bedeutet jedoch, dass ich den Nöten des anderen mindestens die gleiche Priorität einräume wie meinen eigenen Bedürfnissen.

Mit Hilfsbereitschaft ist aber weder ein ungesundes Aufopfern gemeint noch die Helferrolle, die auf eine Form von Co-Abhängigkeit hindeutet (vergleiche Abschnitt 2.1).

Hilfsbereitschaft lässt uns nicht nur anderen etwas Gutes tun. Sie bewirkt darüber hinaus auch Verbundenheit. Wer Hilfe leistet, wendet sich anderen zu und bekommt Zuwendung zurück. Jedes Mal, wenn ein Mensch auf einen anderen zugeht, um ihm zu helfen, spinnt sich ein neuer Beziehungsfaden. Wenn Sie Hilfe gewähren, erfahren Sie ganz automatisch etwas von dem Nutzen, den Sie selbst stiften. Echte Hilfsbereitschaft macht zudem zugänglicher für Hilfe, die Sie womöglich irgendwann selbst benötigen.

Hilfsbereitschaft, die angenommen und erwidert wird, schenkt auch das Gefühl, etwas tun, einen wichtigen Beitrag leisten zu können. Das ist ein weiteres wichtiges Bedürfnis des Menschen. Jeder Beitrag, den wir zum Wohle eines anderen leisten können, stärkt das eigene Selbstwertgefühl. Gerade diese Folge des Schenkens, Gebens und Beitragens erfüllt Menschen oft viel mehr, als etwas zu besitzen.

Natürlich gibt es auch ungesunde Formen des Gebens, etwa wenn man Geben nur als Geschäft begreift. Nicht dass dies grundsätzlich etwas Falsches wäre. Aber ein Geben mit diesem Motiv ist etwas anderes, es ist ein Handel. Wer dagegen bis zur Erschöpfung gibt, opfert sich auf eine ungesunde Art und Weise auf.

Wie meinte ein Manager nach einem langen Trainingstag beim Abschied? »Ich will noch kurz auf der Heimfahrt Blumen für meine Frau besorgen. Sonst kann ich es mir abschminken, irgendetwas von ihr zu bekommen.« So etwas ist eher ein Geschäft, ein Handel, aber nicht das, was mit Hilfsbereitschaft und Geben im ursprünglichen Sinne gemeint ist.

Eine solche Handlung täuscht zwar ein Geben vor, stattdessen steht jedoch heimlich das Nehmen im Vordergrund. Das Problem ist die Heimlichkeit. Diese Falschheit, das nur scheinbare Geben, verschleiert einen

Zustand zukünftigen Nehmenwollens. Damit handelt es sich um Manipulation. Manipulation aber ist eine Form von Gewalt – jemand wird zu etwas gezwungen, was er gar nicht will. Beziehungen, bei denen solch manipulatives Geben und Helfen gang und gäbe ist, kippen irgendwann um.

Gegenwärtig herrscht eine bestürzende Unsicherheit darüber, was ungesundes Aufopfern und was gesundes Geben und Unterstützen sind. Schenkende Hilfsbereitschaft wirkt belebend und erfrischend. Dagegen vollzieht sich das scheinbare Geben mit einer heimlichen Motivation, die mit Selbstentwertung und vermeintlicher Unwürdigkeit zu tun hat. Wer aus dieser Motivation heraus gibt oder hilft, sucht damit nur sein eigenes Selbstbild zu verbessern. Er benutzt die andere Person, der er sein »Opfer« bringt. Hinter der Aufopferungsbereitschaft stecken häufig Konkurrenzdenken und Co-Abhängigkeit. Manchmal ist Aufopferung auch ein Versuch, die eigenen Schuldgefühle abzuarbeiten. Dann stellt sie eine Verteidigung gegen die hartnäckige Überzeugung dar, ein Versager zu sein.

Geben, Helfen und Unterstützen finden idealerweise ohne Hintergedanken statt. Was braucht der andere gerade? Was hilft ihm bei der Bewältigung seiner Arbeit? Ein solchermaßen motiviertes Handeln zeugt von Freiheit und Reife. Wer auf diese ausgereifte Weise gibt, hilft und unterstützt, nimmt das Risiko in Kauf, ausgenutzt zu werden. Dennoch hat Unterstützung nichts mit Dummheit zu tun. Die grundlegende Frage für Führungskräfte lautet: Was kann ich tun, damit mein Mitarbeiter das optimal erledigen kann, wozu er eingestellt ist? Dazu gehört, ihn wahrzunehmen, seine Sorgen und Nöte ernst zu nehmen, ihm zuzuhören. Unterstützung kann aber auch unangenehm sein. Etwa wenn Sie als Führungskraft einen Mitarbeiter mit einem Verhalten konfrontieren müssen, mit dem er nur sich selbst oder anderen schadet.

Jemand, der hilfsbereit ist, agiert nicht berechnend. Trotzdem trägt ihn sein Wissen, dass sich sein Verhalten langfristig bezahlt macht.

Unterstützung bedeutet auch, sich zur Entwicklung, zum Wachstum der eigenen Leute zu bekennen: »Ich will, dass sie sich weiterentwickeln.« In der Bibel sagt Jesus zu seinen Jüngern: »Ich bin aber bei euch als einer, der da ist, um zu dienen.« (Lukas 22,27) Haben Sie sich schon einmal die

Frage gestellt, warum er eigentlich so handelt? Eine dienende und unterstützende Grundhaltung lässt die gegenseitige Hilfsbereitschaft wachsen. Dadurch entsteht ein System, das vielfachen Segen bringt. Ihre Aufgabe als Führungskraft ist, auch in dieser Haltung ein Vorbild zu sein.

## Fragen zur Selbstreflexion

1= trifft nicht zu/5 = trifft voll zu

| | 1 | 2 | 3 | 4 | 5 |
|---|---|---|---|---|---|
| Ich verstehe Führung als eine Dienstleistung an Menschen. | | | | | |
| Mein Bestreben als Führungskraft ist darauf ausgerichtet, meine Mitarbeiter erfolgreich zu machen. | | | | | |
| Ich forsche immer wieder aktiv nach, wo und wie ich dazu beitragen kann, meinen Mitarbeitern ihre Arbeit zu erleichtern. | | | | | |
| Ich selbst bin fähig, meine eigene Hilfsbedürftigkeit zuzugeben und meine Mitarbeiter um Hilfe zu bitten. | | | | | |
| Ich bin bereit, den Anliegen meiner Mitarbeiter die gleiche Priorität einzuräumen wie meinen eigenen. | | | | | |

**Ergebnis = Summe : 5 =**

## Übung

Machen Sie eine Liste der zehn wichtigsten Menschen in Ihrem Umfeld, mit denen Sie zusammenarbeiten. Berücksichtigen Sie dabei Kollegen auf Ihrer eigenen Führungsebene, Mitarbeiter, die Sie führen, und Vorgesetzte, die in der Hierarchieebene über Ihnen stehen.

1. Welches sind Bereiche, in denen diese Menschen Ihre Hilfe brauchen könnten? Gibt es kleine Dinge, mit denen Sie ihnen helfen könnten?
2. Schenken Sie diesen Menschen das Kostbarste, was Sie haben – nämlich Zeit. Nehmen Sie sich immer wieder Momente, in denen Sie zuhören, was sie bewegt. Wo könnten sie Hilfe und Unterstützung gebrauchen? Nehmen Sie ihnen nicht die Arbeit ab, das wäre Verwöhnung. Aber denken Sie darüber nach, wie Sie ihnen die Arbeit erleichtern können.

## 3.4 Vertrauen

*Vertrauen vertreibt Angst, weil es hilft, die Komplexität der Zukunft zu reduzieren und das Ungreifbare einsichtig zu machen.*

GERTRUD HÖHLER

Vertrauen ist die Fähigkeit, aufgrund eines gesunden Selbstvertrauens auch den anderen etwas zuzutrauen. Dabei bleibt Vertrauen ein Wagnis, ohne das man allerdings mit Misstrauen und Verdächtigungen leben müsste. Vertrauen bildet wie Respekt eine der Grundvoraussetzungen, um die Verständigung zwischen Menschen zu ermöglichen. Denken Sie einmal an einen Mathematik-Lehrer, der versucht, seinen Schülern etwas beizubringen. Wenn die Schüler ihm als Lehrer nicht vertrauen (und dies kann alle möglichen Gründe haben), werden sich die Filter im Hirn der Schüler schließen. Das hat eine Studie der Firma Hoechst (Future 2000) ergeben. Der Lehrer kann dann erklären, was er will, die Schüler verstehen einfach 90 Prozent davon falsch und begreifen die Zusammenhänge nicht.

Wenn wir als Führungskräfte das Vertrauen unserer Mitarbeiter gewonnen haben, können wir optimal mit ihnen kommunizieren. Kommunikation funktioniert nur, wenn Sie als Führungskraft Vertrauen gewinnen und Vertrauen schenken! Vertrauen ist etwas, das sich vermehrt, wenn man es verschenkt. Das tiefste Vertrauen ist das Vertrauen in eine andere Person. Es bedeutet, fest daran zu glauben, dass sie es gut meint. Bei Vertrauen kann es aber auch einfach darum gehen, dem anderen eine konkrete Aufgabe zuzutrauen. Dann bezieht sich Vertrauen auf die Leistungsfähigkeit des anderen. Wo beginnt Vertrauen? Laut dem Freud-Schüler und Kinderpsychologen Erik H. Erikson wächst Selbstvertrauen aufgrund von Urvertrauen. Urvertrauen wird aufgebaut, wo Eltern im Elternhaus eine Atmosphäre des Vertrauens und Zutrauens schaffen und wo Kinder nicht durch Angst getrieben werden. Dieses Urvertrauen geht in Selbstvertrauen über. Kinder und Jugendliche lernen, wie einzigartig sie sind. Sie erhalten die Chance, ihre Talente zu entwickeln. Dies gilt genauso für Mitarbeiter. Ein Mitarbeiter sollte die Chance bekommen, seine eigenen Projekte selbstständig und eigenverantwortlich innerhalb seines Teams umzusetzen, und die Rückmeldung erhalten, dass er einen einzigartigen Beitrag zu einem großen Ganzen liefert. Dann wird sein Selbstvertrauen wachsen. Hier haben wir als Führungskräfte die Chance, Menschen so zu dienen, dass sie mündig und begeisternd werden. Das wirkt sich positiv auf ihre Arbeit und ihr Privatleben aus.

Im folgenden Schaubild sehen Sie einen Führungsstil des Vertrauens im direkten Vergleich zu einem Führungsstil des Misstrauens:

| **Führen durch Vertrauen** | **Führen durch Misstrauen** |
|---|---|
| Urvertrauen der Führungskraft | Fehlendes Urvertrauen der Führungskraft |
| Gesundes Selbstvertrauen der Führungskraft | Wenig Selbstvertrauen der Führungskraft |
| Die Führungskraft traut sich, sich selbst zu zeigen. | Die Führungskraft zeigt sich selbst nicht. |
| Mitarbeiter kennen und verstehen die Führungskraft und vertrauen ihr. | Mitarbeiter kennen und verstehen die Führungskraft nicht und vertrauen ihr nicht. |
| Die Führungskraft bringt ihren Mitarbeitern Vertrauen und Zutrauen in ihre Leistungsfähigkeit und Integrität entgegen. | Die Führungskraft führt mit Dominanz, Manipulation, Strafe oder Belohnung. Die Mitarbeiter tun nur das, was ihnen kurzfristig Vorteile bringt. |
| Mündige Mitarbeiter gehen vertrauensvoll mit ihrer Freiheit um und gewinnen immer mehr Selbstvertrauen. | Unmündige Mitarbeiter »funktionieren« nur durch Kontrollsysteme, Belohnung und Strafe. Sie bleiben nur, solange sie etwas davon haben. |

Auf diese Weise intrinsisch motivierte Mitarbeiter

- wachsen in ihrer Professionalität,
- werden nachhaltig produktiv,
- leisten ihren Beitrag zu einer Kultur von Vertrauen und Disziplin,
- kommunizieren in alle Richtungen erfolgreich.

Getriebene, kontrollierte Mitarbeiter

- erreichen nie ihr Potenzial,
- sind nur kurzfristig produktiv,
- pflegen eine Kultur des Misstrauens und der Ausreden,
- kommunizieren in alle Richtungen missverständlich.

Abbildung 3.1 Führen durch Vertrauen – im Vergleich zu Führen durch Misstrauen

Unternehmen, die in Krisenzeiten Vertrauen aufbauen wollen, müssen für Transparenz sorgen, ihre Versprechen halten und sich auf ihre Mitarbeiter verlassen. Heutzutage gibt es zu viele Unwahrheiten, zu viele versteckte Absichten und Positionskämpfe. Das Vertrauen in das, was Menschen sagen, hat einen historischen Tiefpunkt erreicht.

Wird ein Versprechen gebrochen, schwindet das Vertrauen ganz schnell. Unternehmen, die zu viel versprechen und zu wenig halten, lösen Enttäuschung und schließlich Misstrauen aus. Denken Sie daran, dass auch Ihr Unternehmen über Google zu finden ist. Kunden, Mitarbeiter, Bewerber und Interessenten finden in Sekundenschnelle alle möglichen Informationen. Wenn ein Unternehmen immer wieder Versprechen gebrochen hat, lässt sich das heute nicht verschleiern. Deswegen sollten Sie vorsichtig mit Versprechen sein. Sie sollten anderen nur zusagen, was Sie auch wirklich halten wollen und können.

Wie können Sie als Führungskraft diese Tugend des Vertrauens ausbauen und damit eine Grundlage für eine gesunde Kultur des Vertrauens in Ihrer Organisation schaffen? Hier einige Tipps:

1. Nehmen Sie sich Zeit, um Ihre eigene Lebensgeschichte, Ihr Potenzial, Ihre Werte und Lebensperspektive zu entdecken. In Kapitel 6 finden Sie dazu wertvolle Anregungen. Wer über eine gute Selbstkenntnis verfügt, kann darauf eine gesunde Form von Selbstvertrauen aufbauen.
2. Machen Sie diese Entdeckungsreise selbst, aber legen Sie von Zeit zu Zeit eine Reflexionspause ein, um Ihre Entdeckungen und Fortschritte mit einem kompetenten Mentor zu besprechen.
3. Üben Sie an drei direkten Mitarbeitern Ihre Fähigkeit, zu vertrauen. Überlegen Sie, wie Sie ihnen mehr zutrauen können und wie Sie ihre Entwicklung optimal fördern können.
4. Pflegen Sie auch in Ihrem Team eine Kultur des Vertrauens.

| Drei Mitarbeiter, denen Sie mehr zutrauen wollen | Welche Aufgaben können Sie ihnen übertragen? | Wie können Sie sie darin fördern, diese Aufgaben optimal zu lösen? | Wann und wie werden Sie ihnen die volle Verantwortung für diese Aufgaben übertragen? |
|---|---|---|---|
| 1. | | | |
| 2. | | | |
| 3. | | | |

## 3.5 Mut

*Mut ist nicht die Abwesenheit von Angst, sondern die Erkenntnis, dass es etwas gibt, das wichtiger ist als die Angst.*

AMBROSE REDMOON,
US-SCHRIFTSTELLER DER HIPPIE-ZEIT (1933-1996)

*Mut ist, wenn man Todesangst hat, sich aber trotzdem in den Sattel schwingt.*

JOHN WAYNE

Mut ist die Haltung und Entscheidung, trotz eines bestehenden Risikos zu dem zu stehen, was man für richtig erachtet und sich dafür einzusetzen, selbst wenn es womöglich Nachteile mit sich bringt. Mut ist die Hingabe an seine Mitarbeiter, ihr Wohlergehen und Wachstum zu fördern, sie herauszufordern, selbst mutig zu sein, und sie in einer sich ständig verändernden Umgebung zu schützen. Mut ist der realistische Optimismus einer Führungskraft, die sich selbst und ihren Mitarbeitern zutraut, die Zukunft zu erobern. – So weit meine (Paul Donders') Definitionen von Mut.

Mutige Führungskräfte glauben an den Erfolg der gemeinsamen Arbeit. Wenn Sie als Führungskraft nicht den Mut haben, daran zu glauben, glauben ihre Mitarbeiter mit ziemlicher Sicherheit auch nicht daran. Darum ist Mut eine grundlegend wichtige Tugend für Führungskräfte. Mut hat damit zu tun, wie wir mit dem Thema Angst umgehen. In diesem Kapitel beschäftigen wir uns mit den verschiedenen Ängsten, die uns bei Führungskräften regelmäßig begegnen. Es ist wichtig, zu erkennen, woher sie kommen, welche Auswirkungen sie haben und wie wir den Weg aus der Angst herausfinden. Sinnvoller als eine Bekämpfung ist es, unsere Ängste zu entlarven, sie zunächst als Gegebenheit zu akzeptieren und dann den umgekehrten Weg zu gehen, der aus dieser spezifischen Angst herausführt. Viktor Frankl, ein jüdischer Psychologe und Psychiater aus Wien, der als Einziger seiner Familie das KZ überlebte und am eigenen Leibe erfuhr, was Angst ist, beschreibt diesen Weg in seinen Buch »Ärztliche Seelsorge« als »paradoxale Intervention«.

Das Thema Angst beherrscht fast alle Organisationen und Gesellschaften. Winfried Panse, Kaufmann und Soziologe, untersucht seit Jahren die Folgen der Angst in der deutschen Gesellschaft. In seinem Buch »Angst – Macht – Erfolg« erklärt er, dass Angst die Bundesrepublik Deutschland im Jahr 1999 ungefähr 50 Milliarden Euro kostete. Im Jahr 2004 beliefen sich die Schätzungen auf ungefähr 100 Milliarden Euro. Wie viel kostet die Angst Ihre Firma oder Organisation? Wahrscheinlich lässt sich das nicht beziffern. Sie können aber sicher davon ausgehen, dass es sich lohnt, die Angst zu reduzieren. Sie führt zu Unmündigkeit, zu Unproduktivität und zu Unattraktivität: Aus der Angst erwachsen Menschen, die

- ihre Verantwortung abschieben oder übertreiben,
- in einen Kreislauf der Destruktivität kommen,
- nur getrieben sind, aber nicht intrinsisch motiviert,
- langfristig immer weniger produzieren,
- mit ihrer destruktiven Mentalität immer mehr Menschen anstecken,
- selbst dabei immer »unattraktiver« und »verkrampfter« werden,
- langfristig eine Gesamtorganisation zerstören.

Erinnern Sie sich an die drei Rollen, die wir Menschen allzu gerne einnehmen? Die des Opfers, die des Täters und die des Retters?

### Diese Rollen

- werden von Angst genährt,
- wecken Angst bei anderen,
- zeugen von der Unfähigkeit, mit Verantwortung umzugehen,
- führen zu unproduktivem Verhalten, weil im Endeffekt niemand im System auf erwachsene Weise Verantwortung übernimmt, und
- sind die Ursache der Unattraktivität.

Dieser letzte Punkt bedarf der Erläuterung. Der **Täter** wird immer egoistischer. Er schafft immer mehr Distanz zwischen sich und anderen Menschen, wodurch er im Innern immer härter und kälter wird. Trotz möglicher Erfolge macht sich das allmählich nach nach außen hin bemerkbar. Der Täter wirkt wenig anziehend auf andere. Das **Opfer** suhlt sich in seinem Selbstmitleid, verwahrlost mehr und mehr und verliert jede Ausstrahlung. Der **Helfer** ist so sehr damit beschäftigt, alles für alle zu tun, dass er immer müder wird, ausbrennt, sich hängen lässt und dadurch ebenfalls unattraktiv wird. In unserer westlichen Zivilisation verfallen immer mehr Menschen in eine dieser Rollen. Dadurch besteht die Gefahr, dass ganze Völker nach und nach gelähmt und handlungsunfähig werden. Bevor wir dazu kommen, wie wir als Führungskräfte diese Rollenmuster ablegen können, behandeln wir zunächst fünf verschiedene Formen der Angst, die vielen Führungskräften eigen sind.

| **Form der Angst** | **Folgen der Angst** | **Tipps, den umgekehrten Weg zu gehen** |
|---|---|---|
| 1. Die Angst, nicht angenommen zu sein, nicht akzeptiert zu werden | ▶ das Tragen vieler Masken, um überall anerkannt zu sein<br>▶ der fortwährende Vergleich mit anderen<br>▶ die selbst gewählte Isolation von der Umgebung<br>▶ Enttäuschung und Frust<br>▶ Ersatzbefriedigungen<br>▶ Abhängigkeit und Sucht<br>➡ **Opferrolle** | ▶ Entdecken Sie Ihre Einzigartigkeit Ihre Gaben und Persönlichkeit.<br>▶ Legen Sie bewusst Ihre Maske ab.<br>▶ Hören Sie auf, sich mit anderen zu vergleichen.<br>▶ Investieren Sie uneigennützig in den Erfolg anderer.<br>▶ Begegnen Sie Ihren Mitarbeitern mit begründeter Wertschätzung.<br>▶ Gönnen Sie anderen ihren Erfolg.<br>▶ Tun Sie das, was Sie gut können. |

| | | |
|---|---|---|
| 2. Die Angst, niemals gut genug zu sein | ▶ das Stellen zu hoher Erwartungen an sich selbst, um jemandem etwas zu beweisen<br>▶ die ständige Enttäuschung weil diese Erwartungen nicht erfüllt werden<br>▶ kurzfristig hohe Produktivität<br>▶ dauerhafter Frust, der damit einhergeht<br>▶ Ersatzbefriedigung<br>▶ Abhängigkeitsverhalten und Sucht<br>➡ **Opferrolle** | ▶ Entdecken Sie Ihre Berufung.<br>▶ Haben Sie Mut, sich darauf zu konzentrieren.<br>▶ Setzen Sie sich realistische, erreichbare und messbare Ziele. Bestimmen Sie dadurch auch, was genug ist.<br>▶ Lernen Sie, dass in vielen Bereichen die Note 3 gut genug ist.<br>▶ Nehmen Sie sich einen Tag im Monat frei, um das zu tun, was Ihnen am meisten Freude macht.<br>Entdecken Sie das Thema Gnade für sich. |
| 3. Die Angst, verlassen zu werden oder Beziehungen zu verlieren | ▶ häufige Erfahrungen des Verlassenwerdens<br>▶ der Versuch, ein perfekter Leiter zu sein, damit alle den Betreffenden mögen und nicht verlassen<br>▶ die Unfähigkeit, Nein zu sagen, und der Versuch, es allen recht zu machen<br>▶ die Vermeidung von Konflikten, die dadurch nicht gelöst werden<br>➡ **Helferrolle** | ▶ Treten Sie in eine offene und ehrliche Beziehung zu sich selbst ein.<br>▶ Entdecken Sie Ihre eigene Berufung und gehen Sie mutig Ihren eigenen Weg.<br>▶ Trauen Sie sich, einsam zu sein – zumindest für einen Tag im Monat.<br>Setzen Sie im Alltag klare Ziele und Prioritäten und lernen Sie, Nein zu sagen. |

| | | |
|---|---|---|
| 4. Die Angst, die Kontrolle zu verlieren oder Aufgaben loszulassen | ▶ die Schaffung von Systemen, um Menschen und Resultate zu kontrollieren und damit steuern zu können<br>▶ der Wille, über allem zu stehen, um den Überblick zu bewahren<br>▶ die Abneigung dagegen, sich zu binden oder zu offenbaren<br>▶ Isolation durch einen individualistischen Lebens- und Arbeitsstil<br>▶ eine einseitige Wahrnehmung durch fehlendes Feedback<br>▶ Hochmut und Arroganz<br>➡ **Täterrolle** | ▶ Konzentrieren Sie sich auf Ihre Aufgabe, Ihren Mitarbeitern zum Erfolg zu verhelfen.<br>▶ Investieren Sie Zeit in Ihre Mitarbeiter, indem Sie regelmäßig Gespräche mit ihnen führen, bei denen Sie aktiv zuhören.<br>▶ Lassen Sie bewusst los und lernen Sie, wesentlich mehr an Ihre Mitarbeiter zu delegieren.<br>▶ Bitten Sie regelmäßig (vier Mal pro Jahr) Personen, vor denen Sie keine Angst haben, um ein Feedback zu Ihrem Führungsverhalten.<br>Lernen Sie, durch eine tägliche Stille von zehn Minuten, die Dinge loszulassen. |
| 5. Die Angst, Respekt zu verlieren | ▶ fehlende Selbstachtung aufgrund entgegengebrachter Respektlosigkeit oder Verwöhnung<br>▶ der Versuch, dies durch Statussymbole auszugleichen<br>▶ die Abneigung, die eigene Unsicherheit zu zeigen<br>▶ der Aufbau von Mauern<br>▶ Isolation<br>▶ eine einseitige Wahrnehmung durch fehlendes Feedback<br>▶ aggressives Einfordern von Respekt<br>➡ **Täterrolle** | ▶ Nennen Sie zehn Dinge, die Sie an sich selbst schätzen.<br>▶ Respektieren und achten Sie Ihre Mitarbeiter, Kollegen und Kunden.<br>▶ Achten Sie Andersdenkende, Andersgläubige und Angehörige anderer Ethnien.<br>▶ Schenken Sie Ihren Mitarbeitern in Ihren Mitarbeitergesprächen ungeteilte Aufmerksamkeit und bereiten Sie diese Gespräche vor.<br>▶ Üben Sie Höflichkeit (Abschnitt 3.4). |

Als erste Zwischenbilanz: Wählen Sie die drei Ängste aus, in denen Sie sich am meisten wiederfinden:

| Erkannte Angst | Folgen dieser Angst in meinem Verhalten | Folgen meiner Angst im Verhalten meiner Mitarbeiter | Welcher Tipp erscheint mir am nützlichsten, um »Mut« zu erlernen? |
|---|---|---|---|
| 1. | | | |
| 2. | | | |
| 3. | | | |

Bis jetzt haben wir uns auf die Angst konzentriert, ihre Folgen erkundet und Tipps kennengelernt, um den umgekehrten Weg zu gehen. Zum Abschluss wollen wir die Tugend Mut anschauen. Sie kann eine vollkommen andere Kultur zutage fördern. Das gilt für Ihr persönliches Leben genauso wie für Ihr Wirken in Ihrer Organisation.

Mut besteht aus Hingabe an das Tragfähige, den anderen. Mut ist aber auch realistischer Optimismus. Wenn aus diesen Zutaten Mut und Ihre treibende Kraft entsteht, wird

- aus einem Opfer ein Partner,
- aus einem Retter ein Coach und
- aus einem Täter ein Gestalter.

Die Folgen sind Mündigkeit, Produktivität und Attraktivität. Sehen wir uns in diesem positiven Szenario die Rollen einmal genauer an:

### 1. Der Partner ...

- kennt und akzeptiert sich selbst.
- lebt seine eigene Berufung gerne aus und kann von daher ein echtes Gegenüber darstellen.
- knüpft gerne Beziehungen, weil er den anderen wertschätzt und Anerkennung sowohl geben als auch empfangen kann.
- als Führungskraft baut innerhalb einer Firma oder Organisation leicht eine gesunde Gemeinschaft auf und lädt Kunden ein, Teil dieser Gemeinschaft zu werden.

### 2. Der Coach ...

- regt seine Mitarbeiter und Kollegen an, ihre eigene Berufung zu entdecken und ihre Selbstverantwortung wahrzunehmen.
- hilft den anderen in ihrem Fach Profi oder sogar Meister zu werden, ohne sie an sich zu binden. Er freut sich an der Freiheit der anderen.

### 3. Der Gestalter ...

- prägt die Prozesse innerhalb seines Unternehmens oder seiner Organisation stets innovativ und erfrischend. Er setzt seine Talente dafür ein, andere zu fördern. Er nimmt sich die Freiheit, ganz er selbst zu sein, übernimmt aber auch die Verantwortung für das, was er schafft. Deshalb sind seine Mitarbeiter motiviert, es ihm gleichzutun.

Diese drei Führungsrollen weisen auf eine erwachsene, produktive und attraktive Person hin. Führungskräfte, die Mut als Tugend entwickelt haben, bringen erwachsene, produktive und begeisterte Mitarbeiter hervor.

# 4 Soziale Kompetenz

*Die wichtigste Einzelzutat im Rezept für Erfolg ist das Wissen, wie man mit Menschen zurechtkommt.*

THEODORE ROOSEVELT,
US-AMERIKANISCHER PRÄSIDENT (1858-1919)

Sozialkompetenz zeigt sich in der Fähigkeit, sich mit anderen Menschen verantwortungsbewusst auseinanderzusetzen und sich gruppen- sowie beziehungsorientiert zu verhalten. So lautet eine gelungene Definition von Walter Simon. Soziale Kompetenz drückt sich vor allem in der Fähigkeit zur Kooperation aus, gemeint ist somit sowohl Kontakt- als auch Teamfähigkeit. Dazu gehört auch die Fähigkeit, sich in andere Menschen hineinzuversetzen.

1920 erschien dieser Begriff zum ersten Mal bei dem Psychologen Edward Thorndike. Er schrieb, dass eine erfolgreiche Gestaltung zwischenmenschlicher Beziehungen in vielen Bereichen unerlässlich sei, besonders wenn es um Führungsqualitäten gehe. Der Psychologe Daniel Goleman schreibt: »Selbst der beste Mechaniker einer Fabrik kann als Vorarbeiter versagen, wenn es ihm an sozialer Intelligenz mangelt.«

Unterstützung erhält diese Beobachtung aus der modernen Gehirnforschung. Der Hirnforscher Gerald Hüther stellt fest, dass das Gehirn ein »Sozialorgan« ist. Wir Menschen sind nicht auf Egoismus und Konkurrenz angelegt, sondern auf Kooperation. Das Gehirn belohnt Gemeinschaft durch die Ausschüttung von Glückshormonen. Joachim Bauer, ein weiterer Hirnforscher, sagt dazu: »Die beste Droge für den Menschen ist der Mensch.«

Aber nur weil Menschen gemeinsam in einem Raum sitzen, heißt das noch lange nicht, dass ihr Miteinander gelingt. Goleman unterscheidet soziales Bewusstsein und soziale Fertigkeiten. Mit sozialem Bewusstsein beschreibt er das Gespür für andere Menschen, ein Verständnis ihrer Gefühle und Gedanken und ein intuitives Erfassen sozial schwieriger Situationen. Hierzu gehören etwa folgende Faktoren:

- primäre Empathie: die Fähigkeit, sich in andere einzufühlen und nonverbale emotionale Signale zu erkennen,
- Zugewandtheit: aufmerksames Zuhören und auch innerliche Zuwendung dem anderen gegenüber,

- empathische Genauigkeit: eine zutreffende Vorstellung von den Gedanken, Gefühlen und Absichten des Gegenübers,
- soziale Kognition: das Wissen, wie die soziale Welt funktioniert.

Dem stellt Goleman die sozialen Fertigkeiten gegenüber. Zwar ist es wunderbar, wahrzunehmen und zu wissen, was unser Gegenüber fühlt. Wichtig ist jedoch auch die Fähigkeit, in der Gemeinschaft damit umgehen zu können. Zu diesen sozialen Fertigkeiten zählt Goleman:

- Selbstdarstellung: die Fähigkeit, die eigene Person wirksam zu vertreten und darzustellen,
- Einflussnahme: die Fähigkeit, das Ergebnis sozialer Interaktion zu steuern,
- Fürsorglichkeit: die Fähigkeit, auf die Bedürfnisse anderer zu achten und sich dementsprechend zu verhalten,
- Synchronie: die Fähigkeit, konstruktiv zu interagieren.

Häufig wird soziale Kompetenz auch mit dem englischen Ausdruck »Soft Skills« benannt. Soziale Kompetenz bezeichnet die Fähigkeit, sensibel auf das einzelne Gegenüber oder auf alle Mitglieder einer Gruppe einzugehen und diese Menschen positiv zu beeinflussen. In Bezug auf Führung haben wir die soziale Kompetenz in fünf Bereiche unterteilt:

1. Menschenkenntnis
2. Beziehungskompetenz
3. Menschenführung
4. Kommunikationskompetenz
5. Teambildung

Je mehr man sich dieser Welt zuwendet, desto mehr reift die Erkenntnis, wie wichtig dieser Bereich für Führungskräfte ist.

## 4.1 Menschenkenntnis

*Studiere die Menschen, nicht um sie zu überlisten und auszubeuten, sondern um das Gute in ihnen aufzuwecken und sie in Bewegung zu setzen.*

GOTTFRIED KELLER

Menschenkenntnis bezeichnet die Fertigkeit, menschliches Denken und Verhalten zu erkennen, zu verstehen und einzuordnen, um sich im Miteinander optimal auf sein(e) Gegenüber einstellen zu können.

Menschen haben immer schon gemerkt: Der andere ist wie ich und irgendwie doch anders. Was braucht man, um eine gute Menschenkenntnis zu entwickeln? Wichtig sind Offenheit, Lebenserfahrung, Intuition, Lernbereitschaft und Intelligenz. Wer wach und aufmerksam mit Menschen umgeht, kann diese Fertigkeit erwerben und ausweiten. Menschenkenntnis ist also nicht angeboren. Sie ist aber unerlässlich, um Menschen und ihr Verhalten besser zu verstehen und ihnen ein motivierendes Umfeld zu schaffen.

Menschenkenntnis kann allerdings auch zum eigenen Vorteil genutzt und ausgenutzt werden – zum Beispiel, indem man Menschen überredet, manipuliert oder verführt.

Menschenkenntnis ist eine Disziplin, in der wir wahrscheinlich nie aufhören werden zu lernen. Fast jeder besitzt die Begabung, sich in andere hineinzuversetzen, sie zu verstehen und auch subtile Signale richtig zu interpretieren.

### Grundlagen der Menschenkenntnis

Die Fähigkeit, einem Menschen ins Herz und hinter die Stirn zu sehen, seine wahren Gedanken, Gefühle und Absichten zu erkennen, galt bis vor 100 Jahren eher als etwas, was Varieté-Zauberern, Meisterdenkern und

Meisterdetektiven vorbehalten war. Das hat sich geändert. Die Wissenschaft hat sich dieses wichtigen Feldes angenommen. Das hat viele Gründe.

Wäre es nicht wünschenswert, einen Attentäter schon vor dem Besteigen eines Flugzeugs identifizieren zu können? Israelische Sicherheitsspezialisten erledigen diesen Job. Sie beobachten Passagiere beim Einchecken, filtern Verdächtige heraus und klären deren Gedankenwelt in einem Gespräch mit enormer Treffsicherheit, schrieb Heiko Ernst, der Chefredakteur der Zeitschrift »PSYCHOLOGIE HEUTE«, im August 2010. Wäre das nicht auch eine coole Eigenschaft für Führungskräfte – zu wissen, was die eigenen Mitarbeiter im Schilde führen?

Fest steht jedoch: Kein Mensch kann dem anderen wirklich in den Kopf schauen. So etwas gelingt nicht einmal der neuen »Leitwissenschaft« Hirnforschung. »Untersucht wird hier viel mehr die menschliche Fähigkeit, vernünftige Vermutungen darüber anzustellen, was ein anderer Mensch gerade denken und fühlen könnte«, so Heiko Ernst in »PSYCHOLOGIE HEUTE«. Tatsache ist jedoch: Der Psychologe William Ickes hat Hunderte von raffinierten Experimenten angestellt und ist zu dem Ergebnis gekommen: Im alltäglichen Gedankenlesen erreichen wir höchstens ein »Befriedigend«. Wirkliches Verstehen erfordert also nicht nur Beobachtung, sondern auch Beziehung.

## Psychologisches Verständnis

Noch nie war das psychologische Verständnis für den Menschen so gut wie heute. Wir alle hätten gerne die Fähigkeit, die Gedanken unserer Mitmenschen zu lesen. Was bewegt meinen Chef wirklich? Was geht im Kopf meiner Tochter vor? Findet unser Freund das neue Auto tatsächlich so toll, wie er wortreich bekräftigt?

Wenn es darum geht, uns in andere Menschen hineinzuversetzen, stützen wir uns auf unsere Beobachtungsgabe, auf unsere Erinnerungen und logischen Fähigkeiten. Natürlich ziehen wir auch Gefühle und Intuition zurate.

Wo wir mit Menschen zusammen sind, sind wir daran interessiert, herauszufinden, was sie wirklich bewegt. Mit unserer Kenntnis können wir unsere eigene Position überdenken und die nächsten Schritte planen. Je besser unsere Menschenkenntnis ist, desto besser gelingt es uns, gute Verhandlungen zu führen, mit anderen zu kooperieren und die Basis für enge Beziehungen zu legen.

Falsche Schlüsse und Interpretationen führen dagegen zu Missverständnissen und Konflikten. Die einschlägige Forschung zeigt zudem: Fehlerhaftes Verstehen und Gedankenlesen sind oft die Initialzündung für Gewalt. Psychologen erforschen einen Aspekt dieses Bereiches seit einigen Jahrzehnten unter der wissenschaftlichen Rubrik »empathic accuracy« (»Treffsicherheit bei der Einfühlung«). Allerdings erreicht fast niemand einen höheren Wert als 60 Prozent, so der Psychologe William Ickes, der seit vielen Jahren als Experte für diesen Bereich gilt. Trotzdem lautet die gute Nachricht: Die persönliche Menschenkenntnis kann man ausbauen. Alle können diese soziale Fähigkeit verbessern.

## Worauf sollte man besonders achten?

Interessanterweise vermelden die Forscher: Die Körpersprache verrät häufig die wesentlichen Emotionen eines Menschen. Forscher konnten zeigen, dass wir die Bewegungen und Haltungen eines Körpers selbst dann noch richtig interpretieren, wenn sie nur noch als Lichtpunkte auf einer Leinwand zu sehen sind. Wir identifizieren Traurigkeit, Wut, Freude, Ekel, Furcht oder Liebe. Auch die Mimik liefert uns reichlich Hinweise darauf, was andere gerade bewegt. Obwohl jeder Mensch 3 000 Mal pro Tag seinen Gesichtsausdruck verändert, sind es Mikroausdrücke, die unsere wahren Gefühle punktgenau signalisieren.

Es besteht jedoch die Gefahr, dass uns gerade diese Kleinigkeiten oft entgehen. Immerhin haben wir gelernt, uns vor allem auf die Augen des Gegenübers zu konzentrieren. Die Muskeln um das Auge bieten eine weitaus reichere Informationsquelle als viele andere Teile des Gesichtes. Unsere Augen können am wenigsten lügen. Sie zeigen am deutlichsten, ob wir traurig, entsetzt, unkonzentriert, eifersüchtig oder gelangweilt sind.

Schon im Kleinkindalter entwickelt der Mensch eine »theory of mind« – so heißt es in der Fachsprache –, jene berühmte Fähigkeit, sich in die

Gedanken anderer hineinzudenken und sie als abweichend von den eigenen Gedanken, Gefühlen und Wahrnehmungen zu erkennen.

Aber wir können diese Fähigkeit durch Missbrauch, Vernachlässigung oder extreme Isolation verkümmern lassen. Dazu eine kleine Nebenbemerkung: William Ickes hat aufgrund seiner Forschung eine der hartnäckigsten Legenden der populären Psychologie demontiert, Frauen seien hier wesentlich intuitiver als Männer. Dafür gebe es überhaupt keine Beweise. Er führt an, dass frisch verheiratete Männer und Frauen in der Regel beide sehr gut darin seien, sich in den Partner einzufühlen und ihn zu verstehen. Aber nach dem ersten Jahr einer Partnerschaft lasse diese Fähigkeit meist extrem nach. Der Grund dafür: Menschen würden selbstsicher und glaubten, einander in- und auswendig zu kennen. Deswegen fingen sie an, weniger zuzuhören und hinzuschauen. Könnte es sein, dass im Geschäftsalltag ähnliche Dinge vonstatten gehen?

### Emotionen

Daniel Goleman erregte vor einigen Jahren mit seinem Buch über emotionale Intelligenz gewaltig Aufsehen. 80 Prozent des beruflichen Erfolgs hingen von der emotionalen Intelligenz ab und nicht etwa von dem bis dahin so hochgelobten Intelligenzquotienten, behauptete er.

Welche zentrale Bedeutung Gefühle spielen, bestätigt sich immer mehr. Unsere Emotionen erzeugen eine enorme Kraft, die uns antreibt. Emotionale Intelligenz hilft dabei, Gefühle bei sich und bei anderen zu erkennen.

### Bedürfnisse

Gefühle sind immer ein Hinweis auf die tieferliegenden Bedürfnisse – oft auch als Gefühlswurzeln bezeichnet. Es gibt viele sehr gute Modelle, die dies beschreiben. Das bekannteste Beispiel ist die Maslow'sche Bedürfnispyramide.

Ein anderer Ansatz erklärt die zentralen Bedürfnisse aus der Entwicklung des Menschen. Jeder Mensch hat etwa neun Monate im Bauch einer Frau verbracht. In Verbundenheit mit seiner Mutter startet ein Mensch in sein Leben, deswegen auch seine »Programmierung« auf Verbundenheit. Auch die Weiterentwicklung ist ein zentrales Bedürfnis des Menschen. Bei der Geburt wird ein jeder Mensch abgenabelt und entwickelt sich eigenständig. So entsteht das Bedürfnis nach Eigenständigkeit, Freiheit und Autonomie. Erkennen Sie diese grundlegenden Bedürfnisse. Aber verwechseln Sie sie nicht mit den Strategien, die der Mensch anwendet, um sie sich zu erfüllen!

### Unsere Geschichte

Natürlich hat unsere Vergangenheit unser Leben stark geprägt: die Welt, in der wir aufgewachsen sind, und die Erfahrungen, die wir gemacht haben. Wir haben Verhaltensstrategien entwickelt und verfeinert, die uns versprachen, unsere Bedürfnisse optimal zu stillen. Dieses Verhalten übt eine stark regulierende Kraft aus, ist jedoch nichts, was uns dazu verdammt, auf alle Ewigkeit genau so zu bleiben. Wir können als Menschen neue Strategien einüben. Zugleich bleibt unsere Geschichte immer ein wesentlicher Teil unseres Menschenlebens.

### Wissen, Erfahrungen und Fähigkeiten

Gerade in der Führungspraxis ist es wichtig, das Wissen, die Erfahrung und die Fähigkeit der Menschen in der eigenen Umgebung realistisch einschätzen zu können. Welche Gaben und Begabungen bringt jemand mit? Wie lassen sie sich fördern und entwickeln? Wie gut passen sie zu der Stelle, auf die sich die betreffende Person bewirbt? Ist sie der Aufgabe gewachsen? Wenn nein, was braucht sie? Welche Veränderung kann man realistischerweise erwarten?

### Werte und Haltungen

Gerade weil uns heute die enorme Bedeutung von Werten und Haltungen bewusst wird, müssen wir diese auch bei anderen ergründen. Welche Werte prägen mein Gegenüber? Mit welchen Haltungen geht der oder die Betreffende an Aufgaben und Situationen heran?

### Lebensphasen

Im Laufe eines Lebens verschieben sich jeweils die Prioritäten eines Menschen deutlich. Romano Guardini gab in seinem Buch »Die Lebensalter« schon vor 50 Jahren einen wunderbaren Überblick über die jeweils aktuellen Aufgaben einer Lebensphase. Demnach durchläuft ein Mensch in seinem Leben unterschiedlichste Phasen, die irgendwann – was oft als Krise erlebt wird – zu Ende gehen. Sie werden dann durch eine neue Phase abgelöst.

Die erste Phase haben wir oben schon erwähnt: die Phase der Schwangerschaft. Jäh wird sie durch eine massive Veränderung unterbrochen. Nie mehr verändern sich so viele Dinge auf einmal so schnell wie durch die »Krise« der Geburt.

Was danach folgt, ist die Phase der Kindheit. Ein Kind darf in einem geschützten Raum Eigenständigkeit und Eigenverantwortlichkeit lernen und entwickeln. Die nächste Übergangsphase beziehungsweise »Krise« ist die Pubertät. Der junge Mensch ist kein Kind mehr, aber auch noch kein Erwachsener.

Darauf folgt die Phase des jungen Erwachsenen. Guardini beschreibt sehr treffend diese unterschiedlichen Lebensphasen und die Aufgaben, die damit einhergehen – bis ins hohe Alter.

Wer mit Menschen gut umgehen will, dem hilft es, die Lebensphasen und Krisen zu verstehen und zu wissen, was sich abspielt, wenn man den Partner fürs Leben kennenlernt, heiratet, eine Familie gründet. Auch Verständnis für die Herausforderung, nahestehende Menschen zu pflegen oder zu verlieren, ist angebracht.

Eine weise Führungskraft zeichnet sich durch Sensibilität für diese Dinge aus, selbst dann, wenn sie sie selbst noch nicht erlebt hat. Fehlendes Verständnis für solche Herausforderungen bringt Mitarbeiter häufig dazu, sich zu distanzieren und innerlich zu kündigen. Menschenkenntnis hilft, einem Menschen gerecht zu werden. Sie bildet die Basis für jedes Miteinander.

## Fragen zur Selbstreflexion

1= trifft nicht zu/5 = trifft voll zu

| **Wie gut schätze ich meine grundlegende Menschenkenntnis ein?** | **1** | **2** | **3** | **4** | **5** |
|---|---|---|---|---|---|
| Verstehe ich die Gefühle und Bedürfnisse der Menschen um mich herum? | | | | | |
| Verstehe ich die Bedeutung der aktuellen Lebensphasen, in denen die Menschen in meinem Umfeld stecken? | | | | | |
| Gelingt es mir, das Wissen, die Erfahrungen und die Fähigkeiten des anderen realistisch einzuschätzen? | | | | | |

**Ergebnis = Summe : 3 =**

## Übungen

1. Fragen Sie andere so oft wie möglich nach ihrem Befinden. Die Fähigkeit, sein Gegenüber realistisch einzuschätzen, lässt sich deutlich verbessern, wenn wir immer einmal nachfragen, ob wir mit unseren Vermutungen richtig liegen. Versuchen Sie zuzuhören und Ihre Vermutungen mit der Realität abzugleichen.
2. Suchen Sie Kontakt und lernen Sie aus jeder Begegnung. Wer häufig und intensiv mit jemandem spricht und zusammenarbeitet, ist nach spätestens einem Monat deutlich besser in der Lage, dessen Gedanken und Gefühle korrekt zu erkennen. Wer sind die Menschen in Ihrer Umgebung? Was bewegt und beschäftigt Sie Ihrer Meinung nach im Augenblick vor allem?
3. Drücken Sie selbst möglichst deutlich aus, was gerade in Ihnen vorgeht, denn die emotionale Lesefähigkeit verbessert sich vor allem im Wechselspiel mit dem eigenen Gegenüber.

## 4.2 Beziehungskompetenz

*Wer sich keine Zeit für Beziehungen nimmt,*
*dem nimmt die Zeit die Beziehungen.*

RUSSISCHES SPRICHWORT

Beziehungskompetenz bezeichnet die Fähigkeit und die Fertigkeiten, die nötig sind, um soziale Bindungen aufzubauen, zu unterhalten und zu vertiefen. Eine gute Menschenkenntnis ist eine wunderbare Grundlage für den nächsten wesentlichen Baustein: Beziehungskompetenz. Jedoch gibt es Menschen, die Ihnen theoretisch alles über andere Menschen erzählen können. Nur fehlt es Ihnen an der Fähigkeit, dieses Wissen in zwischenmenschlichen Beziehungen anzuwenden, Beziehungen im Alltag zu knüpfen und zu pflegen.

Unser Leben besteht aus vielerlei Beziehungen: Es gibt private Beziehungen zum Ehepartner, zu unseren Kindern, Verwandten und Eltern. Es gibt berufliche Beziehungen zu Kunden, Lieferanten, Kollegen, Mitarbeitern und Vorgesetzten. Beziehungskompetenz bezeichnet unsere Fähigkeit, diese vielfältigen Beziehungen konstruktiv zu gestalten und mit Spannungen und Konflikten förderlich umzugehen.

Aus neurobiologischer Sicht sind wir Menschen auf Beziehungen angelegte Wesen. Das Ergebnis entsprechender Studien verblüffte selbst die Fachwelt: »Das natürliche Ziel der Motivationssysteme eines Menschen sind soziale Gemeinschaften und gelingende Beziehungen mit anderen Individuen. Dies betrifft nicht nur persönliche Beziehungen – Zärtlichkeit und Liebe eingeschlossen –, sondern alle Formen sozialen Zusammenwirkens.« Joachim Bauer, einer der führenden Denker in diesem Feld, formuliert es sehr simpel: »Der Kern aller Motivation ist es, zwischenmenschliche Anerkennung, Wertschätzung, Zuwendung oder Zuneigung zu finden und zu geben. So einfach das klingt, dass wir auf Beziehung angelegt sind, so herausfordernd kann dies sein, wenn es um die Praxis geht.« Eine Führungskraft, die das weiß, kann viel bewusster auf Menschen zugehen. Sie kann ein Umfeld schaffen, in dem es Menschen leichtfällt, Beziehungen zu erleben und gemeinsam mit anderen etwas zu bewirken.

Wir alle wissen um das Leid, das aus Beziehungen hervorgehen kann. Viele Menschen verzichten nach leidvollen Erfahrungen darauf, sich noch einmal neu aufeinander einzulassen. Welches sind die wesentlichen Voraussetzungen für eine gesunde Beziehung oder erfolgreiche Zusammenarbeit? Joachim Bauer beschreibt dies sinngemäß so:

Die Basis einer Beziehung ist das **Sehen und Gesehenwerden.** Menschen wollen, dass man sie als Person wahrnimmt. Allein der Umstand, von einem Menschen wahrgenommen zu werden, erzeugt einen Motivationsschub. Nichtbeachtung dagegen wirkt wie ein Beziehungs- und Motivationskiller. Sie führt zudem zu aggressivem Verhalten. Es sind ganz simple Dinge, mit denen eine Führungskraft viel bewirken kann.

Es ist ein riesiger Unterschied, ob Sie morgens Mitarbeiter freundlich grüßen, die Ihnen auf dem Flur begegnen, oder ob Sie einfach nur in Gedanken versunken zum nächsten Meeting gehen, ohne Notiz von ihnen zu nehmen. Wenn Sie also morgens in die Firma kommen, nehmen Sie Ihre Kollegen und Kolleginnen bewusst wahr und grüßen Sie sie. Bei Ihren engsten Mitarbeitern empfiehlt sich sogar ein kurzer Handschlag, ein Blick in die Augen, Begrüßung mit Namen – »Guten Morgen, Herr Mustermann« – und eine Floskel, die von den Menschen in dieser Situation als Aufmerksamkeit gewertet wird: »Und – haben Sie gut geschlafen?«

Das Gleiche gilt für scheinbare Kleinigkeiten wie ein »Bitte« oder ein »Danke«, wo es sich anbietet. Zu gelingenden Beziehungen trägt natürlich auch die Bereitschaft bei sich zu öffnen. Geben Sie auf angemessene Weise etwas von sich selbst preis, seien Sie offen und stehen Sie zu sich selbst.

Kleiner Tipp: Nehmen Sie sich einfach eine Stunde in der Woche, etwa direkt nach dem Mittagessen, wenn Sie ohnehin nicht ganz so produktiv sind. Drehen Sie eine kleine Runde durch die Firma. Für uns war es immer wieder aufschlussreich, zu sehen, was ein solcher kleiner Rundgang bewirkt. Zwar fiel er dem Chef oft schwer, weil er meinte, unter der Arbeitslast zu ersticken. Aber von den Mitarbeitern wurde dies stets als Wertschätzung, Interesse und Anteilnahme gedeutet.

Die zweite Zutat zu gelungenen Beziehungen ist **die gemeinsame Aufmerksamkeit gegenüber einer bestimmten Sache.** Das bedeutet, die Aufmerksamkeit auf etwas zu richten, was dem Gegenüber wichtig ist. Dies stellt die einfachste Form der Anteilnahme dar. Sie birgt ein erhebliches Potenzial, Verbindung herzustellen. Dazu gibt es im Alltag viele Gelegenheiten. Wenn Ihr Begleiter von einer Sache begeistert ist, etwa von einem coolen Geländewagen, der neben Ihnen an der Ampel steht, dann ist er enttäuscht, wenn Sie auf seine verzückte Äußerung hin noch nicht einmal aufblicken. In einer Firma kann eine solche Sache ein gemeinsames Projekt sein, das von zweien initiiert und getragen wird.

Als drittes Beziehungselement bezeichnet Joachim Bauer **emotionale Resonanz.** Das ist die Fähigkeit, die Stimmung eines anderen aufzunehmen und in sich widerhallen zu lassen und andere mit der eigenen Stimmung anzustecken. Es handelt sich in jeder Beziehung um ein verbindendes, motivierendes Element. Das Gegenteil wären Gleichgültigkeit und Teilnahmslosigkeit. Würde eine Pflanzenliebhaberin traurig davon berichten, dass ihre Lieblingspflanze eingegangen ist, wäre sicherlich nicht dienlich, sie mit der Bemerkung abzufertigen: »Dann kaufen Sie sich eben eine neue!«

Gibt es Dinge, die Sie bewegen und begeistern? Führungskräfte haben oft Angst vor einem Redeschwall, durch den Sie viel Zeit verlieren. Wenn Sie sich aber umgekehrt selbst einmal begeistert über ein Thema auslassen, zum Beispiel über die Marktchancen einer neuen Produktreihe, merken Sie gar nicht, wie die Zeit verrinnt, erwarten jedoch emotionale Resonanz Ihrer Gegenüber. Erkennen Sie, was da vorgeht? Manche verwechseln die emotionale Resonanz mit blinder Zustimmung. Aber das stimmt nicht. Es geht nur darum, wahrzunehmen, wie es dem Gesprächspartner geht, und ihn spüren zu lassen, dass man seine Gefühle bemerkt hat.

Das vierte Element der Beziehungskompetenz ist **gemeinsames Handeln.** Ein sonst sehr feinfühliger, viel beschäftigter Geschäftsführer berichtete mir, in seiner privaten Partnerschaft spürte er eine zunehmende Verstimmung. Er verstünde die Welt nicht mehr. Seine Frau brächte Woche um Woche Dinge vor, die dringend im Haus repariert und erneuert werden müssten. Er kümmerte sich trotz seines vollen Terminkalenders mit viel Elan um Facharbeiter und Hilfskräfte, die die Wünsche seiner Frau schnellstens umsetzten. Aber anstatt zufrieden zu sein, wüchse ihre Unzufriedenheit.

Wir regten an, doch einmal zu fragen, was sie sich denn konkret wünschte. Vielleicht wäre es ja ihr sehnlichster Wunsch, das Treppengeländer zum Keller gemeinsam mit ihm abzuschleifen und neu zu lackieren. Ohne sie konkret zu fragen, setzte er ihren jüngsten Wunsch gleich am folgenden Samstag gemeinsam mit ihr um. Das Ergebnis: Er hatte seine Frau schon lange nicht mehr so glücklich und zufrieden gesehen.

Gemeinsames Tun ist ein völlig unterschätztes, tatsächlich aber in hohem Maße beziehungsstiftendes Element. Das gilt auch für Arbeitsbeziehungen. Setzen Sie immer wieder Aktionen an, etwa eine gemeinsame Fahrt zu einem Kunden. Achten Sie darauf, dass die Beteiligten sich als gemeinsam Handelnde erleben. Der gute alte Betriebsausflug ist nichts anderes. Oder ein gemeinsamer Weihnachtsmarkt, bei dem der Chef nicht als Chef dabei ist, sondern sich einfach als Helfer vom verantwortlichen Mitarbeiterteam einteilen lässt und Glühwein ausschenkt.

Bei einer Aktion selbst Hand anzulegen, mit seinen Kollegen, Partnern, Mitarbeitern oder Kindern eine Arbeit gemeinsam auszuführen, anstatt sie zu delegieren, hinterlässt nachhaltige positive Spuren in einer Beziehung. Wer entsprechend handelt, wird gute Erfahrungen damit machen.

Das fünfte der Beziehungselemente nennt Bauer die »Königsklasse der Beziehungskunst« – **das wechselseitige Verstehen von Motiven und Absichten.** Meist funktioniert dies nur, wenn auch die anderen vier Komponenten vorhanden sind. Dazu ist es erforderlich, sich in den anderen hineinzuversetzen. Zu den verständlichen, aber nachteiligen Sparmaßnahmen unseres Gehirns zählt, dass es sich die Mühe erspart, etwas immer wieder aufs Neue verstehen zu wollen. Stattdessen unterstellt es anderen Menschen Motive und Absichten nach einem Schema, das auf früheren Beziehungserfahrungen beruht. Eine solche Projektion aus der Vergangenheit ist aber manchmal irreführend. Ein riesiges Motivationspotenzial wird oft allein deshalb nicht ausgeschöpft, weil man die Menschen in Schubladen steckt, ohne ernsthaft zu versuchen, sie aktuell zu verstehen. Motive, Bedürfnisse, Absichten, Vorlieben oder Abneigungen zu erkennen und auszusprechen, ohne sie zu bewerten, liefert eine entscheidende Voraussetzung dafür, bei anderen vorhandenes Potenzial zu entfalten. Empathie und Verstehen bedürfen nicht nur der Achtsamkeit und guten Beobachtung. Dazu ist auch Zeit nötig – Zeit, in der man sich mit dem anderen auseinandersetzt.

Grundlegend wichtig für alle fünf Komponenten ist die Beidseitigkeit. Eine Beziehung, in der immer nur der eine gibt und der andere nimmt, kann sich langfristig nicht gesund entwickeln. Beide müssen erfahren, dass auch der andere sich um die Beziehung bemüht. Dies verlangt, sich in den anderen hineinzufühlen. Man muss aber auch den Mut haben, klar und deutlich zu artikulieren, was man selbst will, wie es einem selbst geht und welche Vorstellungen und Absichten man hat.

Die Hauptursache, warum Beziehungen nicht gelingen, besteht darin, dass diese Beidseitigkeit fehlt. Der »Dauerversteher« ist durch und durch rücksichtsvoll, hat aber Angst, selbst zu äußern, was ihn bewegt. Menschen, die rundum von sich selbst überzeugt sind, haben oft die Illusion, der andere wäre von ihnen genauso begeistert. Sie übersehen die zunehmende Distanzierung der Menschen in ihrer Umgebung. Sie wundern sich, wenn sie dann unerwartet vor den Scherben einer Beziehung stehen. Der Schlüssel zur Beziehungskompetenz ist: Jeder Einzelne muss seine naturgegebene Sehnsucht nach Beziehung und Kooperation beständig kultivieren. Leider sind wir davon oft weit entfernt. Den Hauptgrund nennt Heiner Geißler: eine auf maximale Kapitalverzinsung eingeengte gesellschaftliche Ideologie, die ausschließlich individuelle Vorteile wahren und menschliche Ressourcen kurzfristig ausbeuten will. Der Erwerb von Beziehungskompetenz als Gegenentwurf zu dieser eingeschränkten Sicht wird einen der großen Erfolgsfaktoren in der kommenden Arbeitsepoche bilden.

Zur Beziehungskompetenz gehört darüber hinaus eine Vielzahl anderer Aspekte, etwa die Fähigkeit zur Vergebung. Oder eine gewisse Berechenbarkeit. Mit schönen Ritualen und gemeinsamen Gewohnheiten lassen sich Beziehungen aktiv pflegen. Auch gutes Benehmen kann eine Rolle spielen. Sehr wohl fällt es einem mit Akten beladenen Mitarbeiter auf, ob der Chef die Tür aufhält oder sie vor seiner Nase ins Schloss fallen lässt.

## Fragen zur Selbstreflexion

1= trifft nicht zu/5 = trifft voll zu

| | 1 | 2 | 3 | 4 | 5 |
|---|---|---|---|---|---|
| Ist mir klar, wie wichtig Sehen und Gesehenwerden in Bezug auf Beziehungen sind? | | | | | |
| Schaffe ich es, meine Aufmerksamkeit dem zu widmen, was mein Gegenüber beschäftigt oder interessiert? | | | | | |
| Die emotionale Resonanz ist bei mir ausgeprägt. | | | | | |
| Ich plane immer wieder gemeinsame Aktionen mit Menschen ein, die mir wichtig sind. | | | | | |
| In vielen meiner privaten und beruflichen Beziehungen herrscht ein wechselseitiges Verstehen von Motiven und Absichten. | | | | | |

**Ergebnis = Summe : 5 =**

## Übungen

1. Machen Sie einmal eine Liste mit Menschen, denen Sie jede Woche begegnen. Bewerten Sie die Beziehungen auf einer Skala von 0 bis 10. Schreiben Sie auf, welche konkreten Dinge die Beziehungen verbessern würden und was Sie dazu beitragen könnten.
2. Wenn Sie an das Thema Beziehung denken, welche Haupthandlungsfelder fallen Ihnen für sich persönlich ein? Was möchten Sie tun, um weiter an Ihren Beziehungen zu arbeiten?

## 4.3 Menschen/Mitarbeiter führen

*Willst du im laufenden Jahr ein Ergebnis sehen,*
*so säe Samenkörner.*
*Willst du in zehn Jahren ein Ergebnis sehen,*
*so setze Bäume.*
*Willst du das ganze Leben lang ein Ergebnis sehen,*
*so entwickle die Menschen.*

KUAN CHUNG TZU, CHINESISCHER PHILOSOPH (350-290 V. CHR.)

Menschen oder Mitarbeiter zu führen ist die Kunst, sie gemäß ihren Fähigkeiten und ihrem Entwicklungsstand so zu fördern und anzuregen, dass sie durch ihre Begabungen einen eigenen, herausragenden Platz in einer Organisation einnehmen und einen nachhaltig substanziellen Beitrag zum Gesamtresultat liefern können.

Im Laufe des letzten Jahrhunderts hat sich die gesamte Wissenschaft vom Management weiterentwickelt. Vom direktiven Führen ging der Trend hin zum »Management by objektives« (Führen durch Zielvorgaben) bis hin zum »Empowerment« (Übertragung von Verantwortung auf Mitarbeiter) und zu ausgeklügelten Belohnungs- und Bestrafungssystemen. Daniel Pink beschreibt diese Entwicklung in seinem Buch »Drive: The Surprising Truth About What Motivates Us« (»Antrieb: Die überraschende Wahrheit über das, was uns motiviert«) sehr treffend auf folgende Art und Weise:

1. Motivation 1.0 = Überleben wollen im Konkurrenzkampf
2. Motivation 2.0 = Motiviert werden durch Belohnungs- oder Strafsysteme
3. Motivation 3.0 = Intrinsisch motiviert sein durch Meisterschaft, Autonomie und Sinngebung

Das Fundament für diese Motivation 3.0 haben unter anderem zwei der bedeutendsten Psychiologen des 20. Jahrhunderts gelegt, Alfred Adler und Viktor Frankl. Beide waren Schüler von Freud, entwickelten aber die Grundlage der Psychologie und Psychiatrie bedeutend weiter. Wie er waren sie jüdische Ärzte, die Anfang des 20. Jahrhunderts in Wien lebten. Alfred Adler flüchtete in den 1930er-Jahren vor den Nazis in die USA, wo er durch seine Individualpsychologie in Fachkreisen großen Einfluss gewann. Viktor Frankl blieb in Wien, um seiner Familie Schutz zu bieten. Das half aber nichts. Seine Eltern, Geschwister und seine Ehefrau wurden alle brutal im KZ ermordet. Er selbst überlebte und schrieb sein weltberühmtes Buch »Trotzdem ja zum Leben sagen. Ein Psychologe überlebt das Konzentrationslager«.

Alfred Adler und Viktor Frankl untersuchten, was ein Mensch braucht, um sich mental gesund zu entwickeln und ein gesunder, mündiger Mensch zu werden. Ihre Ergebnisse:

**Der Mensch muss**

1. seine ureigensten Stärken (Meisterschaft)
   - entdecken,
   - entwickeln,
   - bis zur Professionalität trainieren,
   - innerhalb einer Gemeinschaft einsetzen und
   - dies genießen,
2. seinen einzigartigen Platz (Autonomie) innerhalb eines Teams
   - entdecken,
   - einnehmen,
   - sich dort weiterentwickeln und
   - dies genießen,
3. durch seinen Beitrag am Ganzen die Sinnhaftigkeit (Sinngebung)
   - entdecken,
   - entfalten,
   - erfahren und
   - dies genießen.

Als Führungskraft können Sie direkt zur mental gesunden Entwicklung und zur Mündigkeit Ihrer Mitarbeiter beitragen. Intrinsisch motivierte Mitarbeiter haben genug Energie, um dauerhaft professionelle Leistungen zu erbringen.

In diesem Kapitel lernen Sie ein Drei-Stufen-Programm kennen, nach dem Sie Ihre Mitarbeiter auf die oben genannte Art führen können.

## Stufe 1: Mitarbeiter im Team gewinnen

Ziel ist hier, aus neuen Mitarbeitern so schnell wie möglich Insider zu machen, also Menschen, die sich aus freien Stücken ganz und gar mit Ihrem Unternehmen oder Ihrer Organisation identifizieren. In jeder Organisation gibt es Insider (»Wir sind stolz auf uns!«) und Outsider (»Wir gehören zwar dazu, sind aber nicht für das verantwortlich, was hier geschieht.«). Entscheidend ist das Verhältnis zwischen beiden Gruppen. Stößt ein neuer Mitarbeiter hinzu, kommt es darauf an, ob die In- oder die Outsider zahlenmäßig überwiegen.

Überwiegen die Outsider,

- besitzt die Organisation wenig Energie, um Neues zu entwickeln und einen Platz am Markt zu erobern und zu halten,
- werden neue Mitarbeiter meist in der Anfangsphase ausgerechnet von Outsidern betreut,
- machen die Outsider aus den neuen Mitarbeitern weitere Outsider.

Wo mehr Insider als Outsider in einer Organisation sind,

- hat die Organisation genügend Energie, um Neues zu entwickeln und einen starken Platz am Markt zu erobern und zu halten,
- können sich die Insider gleich von Anfang an um neue Mitarbeiter kümmern, diese Schritt für Schritt zu Insidern entwickeln.

Folgendes Diagramm zeigt, wie sich idealerweise ein neuer Mitarbeiter zum Insider entwickelt:

Abbildung 4.1 Die Entwicklung eines neuen Mitarbeiters zum Insider

Die ersten drei Tage:

- Das vorhandene Team sollte positiv auf das Eintreffen des neuen Mitarbeiters vorbereitet sein.
- Sein Arbeitsplatz sollte komplett sein und einladend aussehen.
- Ihm sollte ein Betriebspate zur Seite gestellt werden, der ihn durch die ersten drei Monate begleitet.
- Kurz vor seinem ersten Arbeitstag sollte der neue Mitarbeiter per Post einen Willkommensbrief erhalten.
- Er sollte dem ganzen Team vorgestellt werden und eine ausführliche Betriebsbesichtigung erhalten.

- Mit ihm sollte seine Stellenvereinbarung durchgesprochen werden, damit ihm noch einmal klar wird, welche Grunderwartungen sich an ihn richten und was er von seinem Arbeitgeber erwarten darf.

Die ersten drei Wochen:

- Der neue Mitarbeiter sollte zumindest ein Mitglieder der Geschäftsleitung persönlich kennenlernen.
- Zudem sollte er in die Geschichte, Gegenwart und Zukunft des Unternehmens oder der Organisation Einblick bekommen.
- Er sollte die erste kleine Arbeit erfolgreich erledigen können.
- Es sollte ein erstes Feedbackgespräch geben, damit der neue Mitarbeiter Rückmeldung über seine Arbeit erhält und geben kann.

Die ersten drei Monate:

- Der »Betriebspate« und der Vorgesetzte des neuen Mitarbeiters tauschen sich aus und werten die Entwicklung aus.
- Die Einführung des neuen Mitarbeiters in seinem Arbeitsgebiet und seiner -umgebung sollte jetzt weitestmöglich abgeschlossen sein.
- Ein erster persönlicher Entwicklungsplan für das erste Jahr sollte zusammen mit ihm aufgestellt werden.

Die ersten drei Jahre:

- In dieser Zeit entscheidet der Mitarbeiter, ob er ein Insider bleibt, ob er zum Outsider wird oder sogar die Organisation verlässt. Darum sollte zumindest drei Mal pro Jahr ein solides Mitarbeitergespräch durchgeführt werden.
- Nach einem Jahr sollte der Mitarbeiter einen eigenen Bereich oder zumindest eigene Projekte selbstständig führen können.
- Nach zweieinhalb Jahren sollten mit ihm seine nächsten Karriereschritte für die kommenden drei Jahre vorbereitet werden.

### Stufe 2: Mitarbeiter zur Meisterschaft entwickeln

Unser Beraternetzwerk xpand arbeitet hier mit folgendem Modell:

Abbildung 4.2 Den Mitarbeiter zur Meisterschaft entwickeln

**Selbstbewusstsein bauen Sie bei Ihrem Mitarbeiter so auf:** Fördern Sie seine Fähigkeit, seine persönlichen Stärken, seine Werte und das, was ihn motiviert, zu entdecken, zu beschreiben und zu artikulieren. Schätzen Sie gemeinsam mit Ihrem Mitarbeiter und eventuell ergänzend zusammen mit Kollegen seine entscheidendsten Kompetenzen ein.

**Selbstverantwortung können Sie mit Ihrem Mitarbeiter folgendermaßen einüben:** Jede Weiterentwicklung vom Lehrling zum Profi oder sogar zum Meister bedarf der Veränderungs- und Lernbereitschaft. Hier ist es sinnvoll, folgende Veränderungsformel anzuwenden:

**Vision**
Was bringt es mir persönlich?
Wie komme ich hierdurch weiter?

\+

**Schmerz**
Welches sind die Folgen für mich und andere, wenn ich nichts verändere?

\+

**Weg**
Wie kann ich in einfachen, kurzen, realistischen Schritten diese Veränderung vollziehen?

**Diese drei Punkte müssen ergiebiger sein als die Investitionen:**

Was muss ich für diese Veränderung investieren an:

*Disziplin, Ausdauer, Zeit, Energie*

Was muss ich für diese Veränderung überwinden:

*Faulheit, Angst, Hochmut*

Abbildung 4.3 Die Veränderungsformel

Als Coach ihrer Mitarbeiter wird eine Führungskraft diese vor allem durch Fragen dazu herausfordern, selbst »Verantwortung« für ihre persönlichen Lern- und damit verbundenen Veränderungsprozesse zu übernehmen.

Gemeinsam wird dann Jahr für Jahr ein persönlicher Entwicklungsplan (PEP) erstellt, in dem die Lernziele so konkret wie möglich festgehalten werden. Ein PEP kann folgendermaßen aussehen:

**Zu entwickelnde Kompetenzen:**

- 1. Konfliktfähigkeit
-
-

**Lernziele:**

- Konflikte schneller angehen
-
-
- Gewaltfreie Kommunikation
-
-

- Konflikte offen angehen
- 
- 

**Konkrete Übungen:**

- Kleine Konflikte – innerhalb drei Tagen lösen – Coach: Peter Essler
- 
- 
- Aktiv zuhören durch Fragenstellen – 1x/Tag – Coach:
- 
- 
- Regelmäßige Teambesprechungen – 2x/Monat – Coach:
- 
- 

---

**So bauen Sie das Leistungsniveau des Mitarbeiters mehr und mehr auf:** Fordern Sie Ihren Mitarbeiter immer wieder heraus, sehr konkrete Ziele zu setzen, die den MMM-Kriterien genügen. MMM heißt:

**M = messbar**

- im Zeitbedarf
- im Ergebnis
- darin, wer sie verantwortet
- schriftlich formuliert

**M = machbar**

- realistisch zu schaffen
- in kleine Schritte unterteilt
- in einem logischen Aufbau zusammengestellt

**M = motivierend**

- positiv formuliert
- herausfordernd
- in Verbindung mit einem sinnstiftenden Auftrag

Geben Sie Ihrem Mitarbeiter regelmäßig ein positives Feedback auf gute Resultate oder spürbare Fortschritte hin. Konfrontieren Sie ihn allerdings damit, wenn er zwar Leistung hätte erbringen können, aber nicht wollte, etwa weil er zu faul war. Einen Mitarbeiter nicht damit zu konfrontieren heißt, sein negatives Verhalten zu bestätigen. Das macht vor allem die Kollegen und Kunden zunehmend aggressiv. Solche Ungerechtigkeit wächst wie ein Krebsgeschwür weiter.

**So helfen Sie Ihrem Mitarbeiter, sich in Selbstreflexion zu üben:** Seien Sie selbst ein Vorbild im Bereich Selbstreflexion. Erarbeiten Sie dazu den Abschnitt 6.5. Stehen Sie Ihrem Mitarbeiter als Coach zur Seite und zeigen Sie ihm, wie sein persönlicher Lebensstil der Selbstreflexion aussehen könnte. Führen Sie eine Struktur bei Zielvereinbarungsgesprächen für alle Ihre Mitarbeiter ein. Die minimale Grundversorgung für alle Mitarbeiter sollten zwei Gespräche pro Jahr von etwa einer Stunde Dauer sein.

- Im ersten Gespräch sollte der persönliche Entwicklungsplan des vergangenen Jahres gemeinsam ausgewertet und ein neuer für das nächste Jahr erstellt werden.
- Im zweiten Gespräch ziehen Sie gemeinsam Zwischenbilanz und halten fest, inwieweit der Mitarbeiter die angestrebten Kompetenzen im Alltag bereits erworben hat.

Einige Mitarbeiter, die eine besondere Herausforderung auf sich nehmen, sollten Sie spezifisch trainieren. Neben den oben genannten Zielvereinbarungsgesprächen sollten Sie gemeinsam ein Projekt erarbeiten. Damit schaffen Sie mehr Möglichkeiten, die betreffenden Mitarbeiter direkt bei der Arbeit zu coachen (»Training on the job«).

### Mitarbeiter zur Selbstständigkeit anregen

Wenn Sie Ihre Mitarbeiter so aufbauen, dass sie »Motivation 3.0« als tägliche Realität erleben, machen Sie selbst einige bereichernde Erfahrungen:

- Sie sehen, wie Ihre Mitarbeiter in einigen Fähigkeiten zum Profi oder sogar zum Meister werden.
- Sie erleben mit, wie sie ihren wachsenden Freiraum dazu nutzen, »Herr« oder »Dame« beziehungsweise »Herrin« in ihrem eigenen Bereich zu werden.

- Sie nehmen sie mit in die Welt der sinnstiftende Visionen und Strategien Ihrer Organisation, damit sie sich als wahre Insider zu Botschaftern dieser Visionen und Strategien entwickeln.

Je nach Erfahrung des Mitarbeiters müssen Sie ihm mehr oder weniger direkte Anweisungen geben und ihn mehr oder weniger stark bei der Bewältigung seiner Aufgaben unterstützen. Hierzu gibt es ein ausgezeichnetes Buch von Kenneth Blanchard: »Der Minuten-Manager«, das ich Ihnen sehr empfehle. Er beschreibt vier verschiedene Führungsstile, die inzwischen in der Fachwelt anerkannt und absolut gängig sind. Hier eine kurzer Überblick:

Unterstützende Führung

**Stimulieren – bei sehr hoher Kompetenz**

- durch Fragen den Mitarbeiter herausfordern, eigene Ziele und Projekte zu entwickeln
- immer mehr Verantwortung übertragen
- herausfordern bis zur Stufe der Professionalität

**Trainieren – bei mittlerer Kompetenz**

- Prozesse erklären
- beauftragen, beobachten Feedback geben
- herausfordern, konsequent an Leistungssteigerung zu arbeiten

**Delegieren – bei hoher Kompetenz**

- vollständige Verantwortung und Autorität für einen klar definierten Bereich übertragen
- als Führungskraft für den Mitarbeiter und seine Förderung verantwortlich bleiben

**Instruieren – Kompetenz auf Anfängerniveau**

- vormachen und genaue Anweisungen geben
- beauftragen und kontrollieren
- Basisqualität aufbauen

Direktive Führung

Abbildung 4.4 Die vier Führungsstile nach Kenneth Blanchard

## Menschen und Mitarbeiter führen: Übungen

1. Führen Sie die oben beschriebenen Schritte in Ihrem Unternehmen oder Ihrer Organisation ein.
2. Entwickeln Sie eine Struktur für Zielvereinbarungsgespräche mit Mitarbeitern:
   - Sorgen Sie dafür, dass alle Mitarbeiter und die Führungskräfte aller Ebenen zumindest zwei Mal pro Jahr ein Mitarbeitergespräch mit Ihnen führen.
   - Bilden Sie alle Führungskräfte dazu aus.
   - Führen Sie größere und kleinere »Erklärungsveranstaltungen« durch, um bei allen Beteiligten Verständnis für die Notwendigkeit solcher Gespräche zu wecken und sie fest in der Unternehmenskultur zu verankern.
   - Halten Sie das Ganze mindestens drei Jahre konsequent durch, damit solche Gespräche zur gesunden Gewohnheit werden.
3. Fördern Sie 3 bis 5 Mitarbeiter intensiver, um dadurch starke Kollegen um Sie herum aufzubauen.

## 4.4 Kommunikation

*Man kann nicht nicht kommunizieren!*

PAUL WATZLAWICK, PSYCHOLOGE UND AUTOR (1921-2007)

*Worte sind Fenster oder sie sind Mauern.*

RUTH BEBERMEYER, KOMPONISTIN UND DICHTERIN

Kommunikation ist der erfolgreiche gegenseitige Austausch von Informationen. Die Zahlen sprechen für sich: 86 Prozent eines normalen Bürotages verbringt eine Führungskraft im Schnitt im Gespräch mit Einzelnen oder einer Gruppe, am Telefon oder im direkten Austausch mit Menschen. Dank Handy gilt das inzwischen auch für Reisezeiten.

Die Kommunikationskompetenz gilt als wichtigster Teil der Sozialkompetenz. Dazu gehört das Wissen um das Wesen der Kommunikation, aber auch die eigene Dialogfähigkeit, das mündliche und schriftliche Ausdrucksvermögen, die Fähigkeit, zu visualisieren, zu moderieren, zu argumentieren, Verhandlungen zu führen. Des Weiteren ist das Talent, mit Spannungen und Konflikten konstruktiv umzugehen, diesem Feld zugeordnet.

Je größer Ihre Firma oder Organisation wird, desto wichtiger ist es, die gesamte Unternehmenskommunikation professionell zu gestalten. Das betrifft die Kommunikation nach außen gegenüber den unterschiedlichen Stakeholdern (gegenüber der Politik, der Gesellschaft, den Medien und gegebenenfalls den Aktionären). Es betrifft aber auch die Unternehmenskommunikation nach innen (Betriebsversammlungen, Informationspolitik, Aushänge, Infotelegramme, Intranet ...).

### Die Grundlagen

Information ist der erfolgreiche gegenseitige Austausch von Informationen. Oft meinen Führungskräfte, was gesagt wurde, sei doch auch kommuniziert. Nein. Es wurde lediglich eine Nachricht weitergegeben, informiert, mitgeteilt. Ist Ihnen bewusst, dass 50 Prozent von dem, was ein Mensch sagt, missverstanden wird? Mindestens die Hälfte dessen, was ein Mensch sagt, deutet der Empfänger der Botschaft deutlich anders als vom Sprecher ursprünglich beabsichtigt. Kommunikation bedeutet also nicht, Informationen einseitig loszuwerden, sondern sie erfolgreich gegenseitig auszutauschen. Es kommt nicht nur darauf an, was man sagt, sondern es ist wichtig, sicherzustellen, was beim anderen ankommt.

Ähnlich einem Bankkonto gibt es in jeder Beziehung so etwas wie ein Beziehungskonto. Stimmt die Beziehungsqualität, weiß die betroffene Person sich wahrgenommen, ernstgenommen und verstanden. Sie honoriert diese positiven Absichten und das Beziehungskonto befindet sich im Plus. Verursacht das Verhalten des Gegenübers viele »Abbuchungen«, rutscht ein solches Beziehungskonto durchaus einmal ins Minus.

Spannend ist es, das Beziehungskonto einmal im Zusammenhang mit Kommunikation zu betrachten. Ist Ihr Konto bei einer Person deutlich im Plus, wird die Person aus alldem, was Sie sagen, nur das Positive heraushören. Ist das Konto gerade noch ausgeglichen, wird das Gegenüber sehr kritisch wahrnehmen, was Sie sagen, und skeptisch überlegen, wie Sie bestimmte Dinge wohl gemeint haben. Sollte Ihr Konto im Minus sein, können Sie sagen, was Sie wollen – der andere wird nur das Negative aus Ihren Worten herausziehen.

Der Psychologe Albert Mehrabian hat gezeigt, dass Kommunikation zu 55 Prozent durch unsere Körpersprache geschieht. Wir glauben dem Eindruck, lesen die Körpersprache, Mimik, den Gesichtsausdruck, beobachten die Mundwinkel. Wir haben, ohne uns dessen bewusst zu sein, ein gutes Gespür für Stimmigkeit. Passt die Botschaft der Augen zum Rest des Gesichtsausdrucks? Wenn ein Mensch aufrichtig lacht, lacht das ganze Gesicht. Wenn das Lachen gespielt ist, lacht nur der Mund. Unbewusst wissen wir sofort: Dieses Lachen ist aufgesetzt. Zusätzlich zum Gesicht nehmen wir in Sekundenbruchteilen auch die Hände, die Arme, die Bein- und Körperhaltung wahr und interpretieren sie manchmal, bevor unser Gegenüber überhaupt einen Ton gesagt hat.

Weitere 38 Prozent der Botschaft beziehen wir laut Mehrabian aus dem Tonfall. Es kommt also darauf an, wie jemand etwas sagt. Es gibt Sätze, bei denen es genau auf die Betonung ankommt. Je nachdem, was betont wird, kommt ein ganz anderer Sinn heraus.

Ein Beispiel ist die Scherzfrage: »Was ist Konsequenz?« – »**Heute** so, **morgen** so.« – »Was ist Inkonsequenz?« – Heute **so**, morgen **so**.« Gerade unter Stress ist der Tonfall schwer beherrschbar. Unser Stress teilt sich mit, er vermischt sich mit der eigentlich stressfreien Botschaft. Unser Gegenüber bekommt dabei all die emotionalen Feinheiten mit, die wir senden. Oder er meint, etwas mitzubekommen, und fängt an, es nach seinem Belieben zu interpretieren ...

Ganze 7 Prozent der Botschaft werden durch die Wahl der jeweiligen Worte transportiert. All diese Dinge laufen meist unbewusst ab. Ein geschulter Beobachter kann bewusst aus der Stimmigkeit oder Unstimmigkeit der Signale seine Schlüsse ziehen und zur Klärung nachhaken. Natürlich gibt es auch andere Signale wie Kleidung, Aussehen, Frisur. Paul Watzlawick hat völlig recht, wenn er sagt: »Wir können nicht nicht kommunizieren.« Aber ist das, was wir kommunizieren, tatsächlich das, was wir kommunizieren wollen?

Dazu kommt: Oft stehen in uns verschiedene Botschaften miteinander in Konkurrenz. Eine gute Metapher ist hierzu das Modell des Kommunikationsforschers Friedemann Schulz von Thun. Er spricht vom inneren Team, das manchmal auch unvereinbar in uns miteinander ringt.

Ein Beispiel: Ein Kollege kommt zu Ihnen und bittet Sie, heute Abend eine Stunde länger zu bleiben, um mit ihm noch eine wichtige Präsentation für den morgigen Tag durchzusprechen. Der Hilfsbereite in Ihnen will natürlich sofort zur Verfügung stehen. Der Pflichtbewusste in Ihnen überlegt, dass er selbst seine Unterlagen noch fertigstellen muss. Der Gesundheitsbewusste in Ihnen denkt vielleicht: »Ich will nach Hause, weil ich den Schlaf brauche, um morgen fit zu sein.« Der Ehemann in Ihnen sagt sich: »Ich will heim zu meiner Frau, die ohnehin schon auf mich wartet.« Der Vater in Ihnen denkt vielleicht: »Ich möchte die Kinder noch wach antreffen und ihnen zumindest Gute Nacht sagen.« Womöglich gibt es sogar noch einen kleinen Rachsüchtigen in Ihnen, der sagt: »Er hat mir das letzte Mal ja auch nicht geholfen, jetzt soll er mal erleben, wie das ist!«

Viele solcher Gedanken schießen uns durch den Kopf. Die heftigeren davon zeigen sich sofort in Mimik und Gestik. In Sekundenbruchteilen wird eine Fülle von nonverbalen Botschaften gesendet. Sie führen beim anderen zu einer Reaktion, bevor überhaupt ein Wort gefallen ist. »Lassen Sie es gut sein, ich komme schon selbst zurecht!«

Sie sehen, Kommunikation kann ganz schön kompliziert sein. Trotzdem handelt es sich um eine Kompetenz, in der man wachsen kann. Gute Kommunikation trägt wie nichts anderes zu einem positiven Klima bei. Sie ermöglicht Problem- und Konfliktlösungen, hilft, Missverständnisse zu minimieren oder auszuräumen. Denn sie drückt Wertschätzung und Einfühlungsvermögen aus und vermittelt zwischen den Beteiligten. Kommunikation verbessert den Umgang mit anderen Menschen. Sie trägt unmittelbar zum Erfolg von Projekten, Unternehmungen und Organisationen bei. In jeder Organisation ist Kommunikation der soziale »Klebstoff«, der das Ganze zusammenhält.

## Die drei Basiswerkzeuge der Kommunikation

Auf drei Werkzeuge kommt es an, wenn Sie erfolgreich kommunizieren möchten:

### Werkzeug 1: Zuhören

Es gibt unzählige Seminare über Kommunikation, die sich mit Rhetorik und Präsentation beschäftigen. Keine Frage: Es ist sehr wichtig, zu lernen, sich gut auszudrücken. Aber wussten Sie, dass 70 Prozent aller Kommunikationsprobleme daher rühren, dass die Beteiligten einander nicht richtig zuhören? Zuhören fällt uns zum Teil wirklich schwer. Wir hören nicht gerne zu, weil wir denken, es koste zu viel Zeit, wir meinen, zu wissen, was der andere sagen will. Wir empfinden Zuhören als anstrengend. Tatsächlich erfordert es größere Konzentration und mehr Kraft, als anderen etwas zu erzählen.

Das Ziel des Zuhörens besteht darin zu verstehen, was der andere meint. Es geht also nicht nur darum, zu hören, was er sagt, sondern darum, sowohl die Motive als auch die Redeabsicht zu verstehen und innerlich erst einmal bei dieser Person zu bleiben.

Zuhören setzt Motivation voraus. Ist es Ihr Anliegen, Ihr Gegenüber wirklich zu verstehen? Selbst wenn Sie verstehen, heißt das noch lange nicht, dass der andere weiß, dass Sie ihn verstanden haben. Gerade deshalb ist es nötig – auch für Führungskräfte –, wichtige Gespräche mit eigenen Worten noch einmal zusammenzufassen: Sagen Sie, was Sie verstanden haben, und fragen Sie, ob das mit dem übereinstimmt, was der andere gerade erläutert hat. Stimmt er zu, bedeutet das: Sie haben verstanden und auch der andere weiß sich verstanden.

Zuhören spart Zeit. In einer amerikanischen Studie konnte nachgewiesen werden, dass durch dieses aktive Zuhören nur die Hälfte der Kommunikationszeit nötig war. Sind Sie ein guter Zuhörer?

Übrigens, da wir vorher das Beispiel vom Beziehungskonto angeführt haben: Wissen Sie, wie Sie ein überzogenes Konto am schnellsten auf null bringen? Eigentlich ist es sehr, sehr einfach. Sie müssen sich nur wirklich die Zeit nehmen, dem anderen zuzuhören. Wer sich verstanden weiß, ist bereit, den Kontostand vorsichtig auf null zurückzusetzen und seinem Gesprächspartner wieder eine Chance zu geben. Zuhören und Verstehen schaffen also auch in kritischen Fällen die Basis, um überhaupt wieder miteinander zu kommunizieren.

Ein wichtiger Aspekt des Zuhörens ist es, den Gesprächspartner dabei zu unterstüzten, eine Angelegenheit zunächst für sich selbst zu klären. Die meisten von uns sind nur auf Ergebnisse aus. Wir wollen Ziele erreichen. Auf diese Art ist echtes Zuhören nicht möglich. Langfristig werden die Ergebnisse besser, wenn Sie bereit sind, im Gespräch immer wieder beim anderen zu verweilen, anstatt Ihren Standpunkt sofort durchzusetzen.

### Werkzeug 2: Gute Fragen stellen

Bei Fragen geht es um drei wichtige Gesichtspunkte. Erstens kann Ihr Gegenüber unbewusst überprüfen, ob Sie ihm aufrichtiges Interesse entgegenbringen. Die Haltung des Fragenden spielt eine wichtige Rolle. Interessieren Sie sich wirklich für die Antwort auf Ihre Frage »Wie geht's?« Das heißt nicht, dass Sie Stunden für eine Antwort reservieren müssen.

Sie führen Menschen und arbeiten mit ihnen zusammen. Wo ist der Raum, in dem Sie diesen Menschen das Kostbarste schenken, was Sie haben – nämlich Zeit? Gerade um diese Zeit nicht nutzlos zu verplempern, sind gute, gezielte Fragen ein probates Mittel. Fragen helfen Ihnen, wichtige Informationen zu bekommen. Sie zeugen von dem Interesse, das Sie an der Position und der Person Ihres Gegenübers haben. Fragen werden als Wertschätzung wahrgenommen. Schätzen Sie einen Mitarbeiter, seine Meinung, sein Fachwissen so sehr, dass Sie ihm wirklich mit einer interessierten Frage einen besonderen Platz auf der Bühne Ihres Lebens einräumen?

Durch Fragen gewinnen Sie auch Zeit zum Überlegen. Sie können ein Gespräch durch Ihre Fragestellung gezielt lenken und führen. Fragen regen außerdem Ihr Gegenüber dazu an, sich selbst Gedanken zu machen. Wenn Sie dem Mitarbeiter bei der Antwort auf Ihre Fragen zuhören, erfahren Sie, wie dieser denkt und was er tun würde. Sie wecken bei Ihrem Gegenüber oft überhaupt erst die Bereitschaft, selbst aktiv zu werden und sich auch Gedanken über das Wie zu machen.

Eine Anregung: Vergleichen Sie doch einmal die Wirkung der Aussage: »Morgen früh um 9 Uhr liegt die entsprechende Arbeit bei mir auf dem Schreibtisch!« mit der folgenden Frage: »Herr XY, was meinen Sie: Bis wann im Laufe des morgigen Vormittags können Sie mir Ihre Arbeit persönlich vorbeibringen?« Sie werden feststellen, dass die Frage Ihrem Mitarbeiter viel mehr Raum lässt und von größerer Achtung zeugt.

### Werkzeug 3: Reden

Das dritte Basiswerkzeug für gute Kommunikation ist das, worauf Sie vermutlich längst warten: das Reden. Das heißt, eine Sache einfach, klar und verständlich mit Worten auszudrücken.

Machen Sie es anderen leicht, Ihnen zuzuhören. Dinge in die richtigen Worte zu fassen erfordert oft Vorbereitung. Die Erfahrung vieler alter Redner lautet: Reden kann man üben. Worte wirken immer in drei Richtungen: Zunächst wirken sie auf Ihr Gegenüber. Aber sie wirken auch auf Sie selbst. Sie machen etwas mit Ihnen. Gerade deshalb ist Sprache ein so machtvolles Mittel. Zudem wirken Ihre Worte auch auf die Umstehenden. Auch wer nicht direkt betroffen ist, wird von Ihren Worte beeinflusst.

Die »gewaltfreie Kommunikation« von Marshall Rosenberg hat uns in den letzten Jahren für Sprache sensibilisiert. Jedes Mal, wenn Sie bewusst oder unbewusst Gewalt anwenden, bewirkt dies Gegengewalt. Und Gewalt wird keineswegs nur körperlich ausgeübt. Es gibt auch andere Formen der Gewalt, etwa die Gewalt der Worte. Vier Schritte sind Bestandteil der gewaltfreien Kommunikation. Sie verhelfen demjenigen, der sie anwendet, unter anderem zu einem bewussteren Umgang mit Sprache:

Erstens ist es wichtig, sauber zu trennen: Die **Beobachtung** – was habe ich in einer Situation konkret beobachtet? Dies ist klar zu unterscheiden von den eigenen Gefühlen, also der Frage, wie es mir dabei geht.

Die **Gefühle**: In einem zweiten Schritt geht es darum, sich der eigenen Gefühle bewusst zu werden, die beispielsweise durch die Äußerung des anderen ausgelöst wurden.

Die **Bedürfnisse**: Beim dritten Schritt werden die Bedürfnisse erkundet, die hinter den Gefühlen stehen.

Die **Bitte**: Der vierte Schritt besteht schließlich darin, eine klare Bitte zu äußern. Worum will ich mein Gegenüber konkret bitten? Eine Bitte unterscheidet sich klar von einer Forderung.

Ist Ihr Beziehungskonto im Plus und Ihre Bitte vernünftig, wird Ihr Gegenüber von sich aus mit hoher Wahrscheinlichkeit bereit sein, Ihnen das zu geben, worum Sie ihn bitten. Gewaltfreie Kommunikation stellt aber keine Manipulationstechnik dar (»Wie kriege ich durch Schmeichelei den anderen dazu, das zu tun, was ich will?«), sondern ein wertvolles Hilfsmittel für gelingende Kommunikation.

Das Wort »Kommunikation« stammt übrigens aus dem Lateinischen (communio = Gemeinschaft; communis = gemeinsam). Das Verb »communicare« bedeutet teilen, mitteilen, teilnehmen lassen, gemeinsam machen und vereinigen. Eine offene Kommunikation stellt Kontakt her. Sie überbrückt Differenzen und schafft eine gemeinsame Basis, auf der eine Beziehung entstehen kann. Kommunkation bewirkt Verbundenheit. Sie gibt uns die Gelegenheit, einen anderen Menschen kennenzulernen. Kommunkation lässt uns Gemeinsamkeiten entdecken, die uns verbinden. Sie führt zu einem Reichtum, der aus einem »Ich« ein »Wir« macht.

### Konfliktkompetenz

Wo Menschen zusammenarbeiten, treffen unterschiedliche Persönlichkeiten, Meinungen, Gaben und Begabungen, Sichtweisen und Verhaltensweisen aufeinander. Dass so etwas zu Spannungen führt, braucht niemanden zu wundern.

Eine konstruktive Spannung belebt und bereichert. Negative Spannungen aber können jegliche Kraft und Dynamik rauben und die Kraftwirkung sogar auf null reduzieren. Zu Ihren Aufgaben als Führungskraft zählt auch, besonders auf Spannungen und Konflikte zu achten.

Wichtig: Führungskräfte sollten Konflikte weder unterdrücken noch leugnen. Sie sollten sie vielmehr als Chance betrachten, Dinge zu klären und eine Zusammenarbeit fruchtbarer zu gestalten. Es geht nicht darum, »nett« zueinander zu sein, sondern konstruktiv miteinander umzugehen.

Zur Konfliktkompetenz gehört die Fähigkeit, Konflikte zu erkennen und die Symptome zu spüren, die darauf hinweisen, dass ein Eingreifen nötig ist. Sie müssen abwägen, wann durch Ihr Einmischen eine Zusammenarbeit wieder in konstruktive Bahnen gelenkt werden kann. Wenn Sie sich zu früh in Konflikte einschalten, besteht die Gefahr, ihnen einen zu hohen Stellenwert einzuräumen. Zu spät einzugreifen hat zur Folge, dass unnötige Energie durch Zwistigkeiten verschwendet wird. Deswegen ist es wichtig, ein gutes Gespür dafür zu entwickeln, wann es sinnvoll ist, die Parteien an einen Tisch zu holen.

Gerade hier kommt es häufig zu einem typischen Fehler: In einem Konfliktgespräch werden für die Zukunft Dinge vereinbart, aber die Umsetzung wird nicht oder nicht genug begleitet. Achten Sie deshalb darauf, die Streitparteien nach einem Konfliktgespräch von Zeit zu Zeit in immer länger werdenden Abständen zu versammeln und zu überprüfen, ob sie auch weiterhin auf einem guten Weg sind.

## Einzelmaßnahmen helfen, eine gute Kommunikationskultur umzusetzen

Viele Werkzeuge können uns bei der Kommunikation im Führungsalltag helfen. Das Mitarbeitergespräch, Feedbackgespräche, gute Verhandlungsführung, gute Präsentationen, Methoden wie Open Space oder Kommunikationsmethoden, die auch in einer Gruppe zur besseren Verständigung beitragen. Leider fehlt hier der Raum, sie alle zu erläutern. Die zur gelungenen Kommunikation entscheidenden Haltungen und Werkzeuge haben Sie aber kennengelernt. Nutzen Sie Ihr Wissen!

## Fragen zur Selbstreflexion

1= trifft nicht zu/5 = trifft voll zu

| | 1 | 2 | 3 | 4 | 5 |
|---|---|---|---|---|---|
| Ich nehme mir regelmäßig Zeit, um den Menschen in meinem Umfeld zuzuhören. | | | | | |
| Diese Mitarbeiter würden sagen: Mein(e) Vorgesetzte(r) versteht, was mich bewegt, wie ich denke und was mir wichtig ist. | | | | | |
| Ich habe mich schon einmal mit der Bedeutung guter Fragen beschäftigt. | | | | | |
| Mir gelingt es immer wieder, durch gute Fragen mein Gegenüber zu aktivieren. | | | | | |
| Ich sage klar, deutlich und respektvoll, was mich bewegt und wie ich die Dinge sehe. | | | | | |
| Es gibt regelmäßige geschützte Zeiten (z. B. ein Mal pro Jahr), in denen meine Mitarbeiter und ich gemeinsam die vergangene Periode reflektieren und uns über die Zukunft austauschen. | | | | | |

**Ergebnis = Summe : 6 =**

## Übung:

1. Schenken Sie einem Menschen Zuhörzeiten. Suchen Sie sich heute irgendeinen Mitarbeiter oder Kollegen aus, von dem Sie denken, es könnte wichtig sein, und leihen Sie ihm Ihr Ohr. Sie haben Angst, dass es ausufert? Dann verabreden Sie sich doch für die zweite Hälfte der Mittagspause.
2. Sind Sie sich im Klaren darüber, was Sie bewegt? Versuchen Sie doch einmal, schriftlich festzuhalten, wie es Ihnen in einem wichtigen Bereich geht, der Sie emotional bewegt. Hören Sie sich selbst zu und gewinnen Sie so Klarheit darüber, was Sie kommunizieren wollen.
3. Wenden Sie auf eine Situation, in der Sie sich geärgert haben, die vier Schritte der gewaltfreien Kommunikation an.
   - Was konnten Sie ganz konkret äußerlich wahrnehmen?
   - Welche Gefühle hat das in Ihnen ausgelöst?
   - Was brauchen Sie, damit Sie sich in dieser Sache entspannt zurücklehnen können? Welches sind Ihre Bedürfnisse?
   - Wie lautet die konkrete Bitte, die Sie in dieser Situation stellen würden?
4. Wer sind Ihre wichtigsten Mitarbeiter und Kollegen? Wann könnten Sie mit diesen ein konstruktives Mitarbeiter- oder Reflexionsgespräch führen? Falls es schon solche Gespräche in Ihrer Firma gibt: Sind dies Gespräche, die von echtem Interesse aneinander zeugen? Oder was können Sie verbessern?
5. Wenn Sie an die Kommunikation in Ihrem Unternehmen denken: Was läuft gut, wo sind Schwachpunkte und mit welchen konkreten Maßnahmen könnten Sie die Kommunikation verbessern?

## 4.5 Teambildung

*Was dem Schwarm nicht nützt,*
*das nützt auch der einzelnen Biene nicht.*

MARC AUREL, RÖMISCHER KAISER (121-180 N. CHR.)

Seit den 1980er-Jahren ist ein wahrer Teamkult entstanden. Alles soll in Teams gemacht werden, und wer nicht teamfähig ist, disqualifiziert sich automatisch. Glücklicherweise kamen 1999 schon die ersten ernüchternden Ergebnisse seriöser Teambeobachtungen: Im Durchschnitt waren die Gesamtergebnisse dort, wo Teamarbeit eingeführt worden war, schlechter als dort, wo viele Individualisten ihre persönliche Leistung vollbrachten. Nach der ersten Entrüstung Anfang des 21. Jahrhunderts wurde klar, warum Teamarbeit nicht automatisch zu besseren Ergebnissen führt. Teamarbeit will gelernt sein. Sie erfordert Engagement sowohl des Teamleiters als auch der Teammitglieder als auch der gesamten Führungsmannschaft des Unternehmens oder der Organisation.

Tatsächlich gibt es erstklassige Vorbilder, die das geschafft haben. Die Firma Kienbaum (Personalberatung) hat dazu eine Studie durchgeführt. Sie untersuchte 10 000 neue Produkte, die in den 1990er-Jahren in Deutschland auf den Markt gebracht worden waren, auf ihren Erfolg und auf die Teams hin, die für ihren Erfolg verantwortlich waren.

Von 10 000 neuen Produkten setzten sich nur 2 000 erfolgreich am Markt durch. 400 davon waren von 96 Prozent der Unternehmen entwickelt worden, 1 600 waren von 4 Prozent der Unternehmen entwickelt worden. Danach konzentrierte sich Kienbaum auf diese 4 Prozent der Unternehmen mit sehr innovativen, erfolgreichen Teams. Die Personalberater fanden dort drei Elemente der Teamarbeit, die alle gemeinsam hatten:

1. Die Teammitglieder kannten ihre eigenen Stärken und Schwächen und nützten die Stärken der anderen, um ihre eigenen Schwächen

auszugleichen. Dazu handelte es sich um bunt zusammengewürfelte Teams mit unterschiedlichsten Kompetenzen.
2. Sie lösten interne Konflikte schnell, offen und fair.
3. Sie hatten eine inspirierende Vision, ein klares Bild vom »Feind« am Markt und eine Strategie, wie sie den Markt erobern wollten.

Seit 15 Jahren arbeiten wir als Unternehmensberater von xpand mit folgendem Teambildungsmodell.

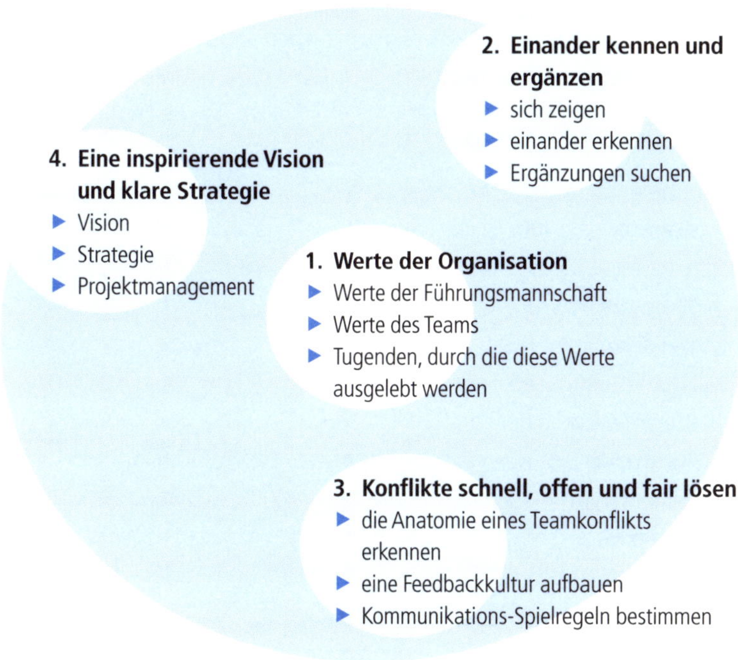


Abbildung 4.5 Die wichtigsten Erfolgsfaktoren bei Teams

Sie sehen: Zu den drei Erfolgselementen aus der Kienbaum-Studie haben wir noch eines hinzugefügt, das wir an den Anfang dieses Prozesses stellen: die gemeinsamen, anerkannten Werte.

### 1. Die Werte des Unternehmens oder der Organisation

Viele Organisationen haben ihre Grundwerte schon definiert. Allerdings bleiben diese in der Regel schöne Worte auf Papier. Folgender Workshop kann Ihnen und Ihrem Team helfen, die vorhandenen Werte zu beschreiben, sich damit zu identifizieren und sie in tagtägliche gelebte Tugenden, Handlungsweisen und Gewohnheiten zu übersetzen.

| **Thema** | **Werte der Organisation** | **Werte des Teams** | **Tugenden, Handlungen, Gewohnheiten – wie wir diese Werte leben wollen** |
|---|---|---|---|
| 1. Umgang miteinander | ▶<br>▶<br>▶ | ▶<br>▶<br>▶ | ▶<br>▶<br>▶ |
| 2. Umgang mit unseren Kunden | ▶<br>▶<br>▶ | ▶<br>▶<br>▶ | ▶<br>▶<br>▶ |
| 3. Qualität unserer Produkte oder Dienstleistungen | ▶<br>▶<br>▶ | ▶<br>▶<br>▶ | ▶<br>▶<br>▶ |
| 4. Umgang mit Ressourcen | ▶<br>▶<br>▶ | ▶<br>▶<br>▶ | ▶<br>▶<br>▶ |
| 5. Beitrag zur Gesellschaft | ▶<br>▶<br>▶ | ▶<br>▶<br>▶ | ▶<br>▶<br>▶ |

### 2. Einander kennen und ergänzen

Um sich gegenseitig kennenzulernen, muss jede Führungskraft und jedes Teammitglied einen Weg finden, seine eigenen Stärken, Wünsche und Schwächen zu zeigen, ohne angegriffen zu werden. Denn wer sich offenbart, macht sich immer verletzbar und braucht die Sicherheit, seinen Kollegen vertrauen zu können. Wir verwenden hier sehr gerne das DISG-Persönlichkeitsmodell von John Geier, da es

- einfach zu verstehen und zu interpretieren ist,
- einzelne Eigenschaften nicht in Schubladen steckt wie »gut oder schlecht«, »stark oder schwach« und sie schon gar nicht verurteilt,
- sich optimal in Teamentwicklungs-Prozessen einsetzen lässt.

Die neueste Generation des Modells wird durch Persolog Deutschland mit ausführlichen Anwendungstools vertrieben. Das ist eine für Teamleiter sehr empfehlenswerte Sache. Jedes Teammitglied füllt sein persönliches Profil aus. Damit kann es problemlos folgende Themen über sich selbst zusammenfassen:

- seine sechs größten Persönlichkeitsstärken,
- seine sechs wichtigsten motivierenden Umgebungsfaktoren,
- seine drei wichtigsten Lernziele,
- seine drei größten Irritationen (worüber sich der oder die Betreffende am meisten ärgert).

Bitten Sie dann alle Teammitglieder, diese Themen und Ihr DISG-Profil auf ein Flipchart-Blatt zu schreiben, das folgendermaßen aussieht:

---

Name:

| **Persönlichkeitsstärken** | **Motivierende Umgebungsfaktoren** |
| --- | --- |
| ▶ | ▶ |
| ▶ | ▶ |
| ▶ | ▶ |
| ▶ | ▶ |
| ▶ | ▶ |
| ▶ | ▶ |

| Lernziele | Irritationen |
| --- | --- |
| ▶ | ▶ |
| ▶ | ▶ |
| ▶ | ▶ |
| **1.** | **2.** |
| | |

Abbildung 4.6 Das DISG-Profil als Flipchartblatt

Bitten Sie dann die Teilnehmer, alle Flipchartblätter an der Wand aufzuhängen, damit eine Art von Galerie entsteht. Als Nächstes bitten Sie die Teammitglieder, bei all ihren Kollegen auf deren Flipchartblättern noch zwei Themen in den dafür freigelassenen Feldern 1. und 2. zu ergänzen:

1. Fähigkeiten, die die jeweilige Person bei diesem Kollegen sieht und schätzt
2. Rollen, die dieser Kollege im Team einnimmt oder einnehmen sollte

Nachdem alle die gesamte Galerie ergänzt haben, bitten Sie jetzt jedes Mitglied, in zehn Minuten sein vervollständigtes Flipchart dem Team vorzustellen. Sie werden sehen: Das ist eine erhellende Stunde der Wahrheit, in der alle Beteiligten einander kennenlernen, ohne einander zu verurteilen. Zum Abschluss sollte jedes Teammitglied noch folgendes Blatt ausfüllen, um so konkret wie möglich Ergänzung im Team zu suchen.

| Meine stärksten Beiträge zum Team | Meine Schwachstellen | Meine Lernziele | Kollegen, die mich ergänzen können |
|---|---|---|---|
| 1. | 1. | 1. | ▶<br><br>▶ |
| 2. | 2. | 2. | ▶<br><br>▶ |
| 3. | 3. | 3. | ▶<br><br>▶ |

## 3. Konflikte schnell, offen und fair lösen

Wo bunt zusammengewürfelte Teams miteinander arbeiten, entstehen automatisch Missverständnisse. Je bunter, desto mehr Missverständnisse. Sie als Führungskraft tragen die Hauptverantwortung dafür, Konflikten in Ihrem Team vorzubeugen oder sie schnell zu lösen. Lassen Sie uns darum als Erstes die »Anatomie eines Konflikts« anschauen.

Das Diagramm auf Seite 171 zeigt oben rechts einen Weg, wie Spannungen auf positive Weise ein Team bereichern können, und unten rechts die typische Entwicklung von Konflikten: Die Beziehung entwickelt sich meistens schnell und unauffällig. Wenn einmal Misstrauen zwischen zwei Menschen wächst, fehlt jede Bereitschaft zu Verständigung und Verständnis. Die Beteiligten verstehen einander nicht nur zu 50 Prozent falsch (was bei einer guten Beziehung normal wäre), sondern zu 80 bis 90 Prozent. Das führt zu immer größeren Irritationen. Ab dem Zeitpunkt, zu dem eine Person sich für die Ablehnung entschieden hat, hegt sie eine krankhafte Sehnsucht, sie mit anderen zu teilen.

Leider ist häufig erst das der Moment, in dem der Teamleiter erfährt, dass es zwischen zwei Teammitgliedern kriselt. Wenn allerdings eine Beziehung schon auf »Ablehnung« geschaltet ist, wird es höchste Zeit, die Talfahrt zu stoppen. Die Bremse können die beiden Betroffenen allein dann meist nicht mehr ziehen. Darum muss ein unbeteiligter Dritter als Mediator das Klärungsgespräch führen. Hier wird deutlich, warum Konflikte **schnell**, **offen** und **fair** angegangen und gelöst werden müssen.

Jeder Teamleiter hat eine natürliche Abneigung dagegen, in Konflikte zwischen Teammitgliedern einzugreifen, und hofft instinktiv, dass die beiden das selbst geregelt kriegen. Die Realität ist aber: Die Beteiligten kriegen es meistens nicht geregelt und der Konflikt weitet sich aus.

Anders, wenn Spannungen positiv bewältigt werden. Allerdings erfordert das den Beteiligten ständige Entscheidungen ab, und das bedeutet, Vertrauensvorschüsse geben zu müssen.

Investieren Sie in die rechte obere Seite:

- Geben Sie sich immer wieder Mühe, einander zu entdecken und zu verstehen.
- Geben Sie Vertrauensvorschüsse an die Menschen, die Sie immer besser kennen.
- Akzeptieren Sie die Andersartigkeit des anderen.
- Zeigen Sie dem anderen Respekt, indem Sie aktiv von ihm lernen und sich von ihm ergänzen lassen.
- Genießen Sie die Bereicherung dieser Beziehungen.

Das empfohlene Vorgehen für Teamleiter, um Konflikte schnell, offen und fair zu lösen, lässt sich so zusammenfassen:

**Ein Weg bergauf, für den man sich täglich neu entscheiden muss: Er führt zu einem gesunden Team.**

Ich bin einzigartig.

Alle anderen sind anders als ich.

Ich kann und werde niemanden ganz verstehen.

Spannung ist lebensnotwendig. = **Dies führt zu Spannungen zwischen mir und allen Menschen, denen ich begegne.**

Diese Spannung ist erst einmal neutral. =

**Die Beziehung wächst und die Beteiligten bereichern einander**

**Respekt**
- Ich achte ihn/sie hoch und will gerne von ihm/ihr lernen.

**Anerkennung**
- Ich bin begeistert von seinen/ihren Qualitäten.

**Vertrauen**
- Ich glauben daran, dass er/sie es gut meint.

**Verständnis**
- Ich will gerne verstehen, wie er/sie das meint.

**Missverständnis**
- Warum tut er/sie das?

**Misstrauen**
- Warum tut er/sie das schon wieder?

**Ablehnung**
- Er/sie ist einfach so und will nichts ändern!

**Verachtung**
- Es regt mich so sehr auf, dass ich es körperlich spüre.

**Die Beziehung bricht auseinander und die Beteiligten nehmen Abstand voneinander.**

**Ein einfacher Weg abwärts: Er führt zu einem ungesunden Team.**

Abbildung 4.7
Andersartigkeit führt zu Konflikten oder zur gegenseitigen Bereicherung.

1. Klären Sie Ihr Team bezüglich der Anatomie eines Konfliktes auf.
   Fordern Sie die Teammitglieder auf, Missverständnisse schnell zu klären.
2. Bauen Sie als Team eine konstruktive Feedbackkultur auf.
   Arbeiten Sie bewusst an der rechten oberen Seite des Spannungsfeldes.
3. Erstellen Sie mit ihrem Team Spielregeln für konstruktive Kommunikation und wirksame Einstellungen und Strategien für eine aktive Konfliktlösung.
4. Stellen Sie ein Team zusammen, in dem die drei Elemente einer gesunden Gemeinschaft einen Platz haben: die gemeinsame Arbeit und das Wachsen in der Meisterschaft, der gemeinsame Spaß und ein Ort, an dem man respektiert wird, und die gemeinsame Sinngebung sowie der gemeinsame Beitrag zu einem größeren, sinnhaften Ziel.

## 4. Eine inspirierende Vision und eine klare Strategie

Ein Team braucht neben diesen drei ersten Zutaten allerdings auch eine starke, herausfordernde und sinnstiftende Vision und außerdem eine Strategie, damit die Vision nicht nur ein Traum bleibt, sondern von der gesamten Mannschaft in die Realität umgesetzt werden kann.

Teamarbeit kann Himmel oder Hölle sein. Es liegt aber in Ihrer Hand als Teamleiter, gemeinsam mit Ihrem Team zu entscheiden und zu erarbeiten, wohin Sie sich entwickeln.

# 5 Managementkompetenz

*Der Unterschied zwischen dem, was wir tun, und dem, wozu wir fähig sind, würde die meisten Probleme auf der Welt lösen.*

MAHATMA GANDHI

Der englische Begriff »Management« hat seine Wurzeln in der lateinischen Sprache. »Manus agere« heißt handhaben, bewerkstelligen, Hand anlegen. Managementkompetenz bezeichnet alle Fertigkeiten und Aufgaben, die von einer oder mehreren führenden Persönlichkeiten ausgeübt werden, damit die Ziele einer Organisation geklärt und umgesetzt werden.

Der klassische Begriff für Managementkompetenz umschreibt die Fähigkeiten, Managementfunktionen wie Planung, Organisation, Führung und Kontrolle langfristig erfolgreich auszuüben. Viele benutzen den Begriff als Synonym für Führung, andere betrachten Führung als einen Teilaspekt von Management. Für uns bezeichnet er hier mehr die sach- und ergebnisorientierten Anteile einer Führungsaufgabe.

Manager zu schulen und zu qualifizieren hat eine relativ junge Tradition. Peter Drucker, einer der führenden Managementdenker des letzten Jahrhunderts, sagte, er hätte in den 1950er-Jahren nur zwei Unternehmen mit einer mehr oder weniger systematischen Führungskräfteentwicklung gefunden. Zehn Jahre später wären es bereits 3 000 gewesen. Heutzutage wären die Ansätze und die Anzahl fast nicht mehr bezifferbar.

Erstmals beschrieb Henri Fayol (1841-1925) eine Reihe von linear aufeinander folgenden Funktionen, die seiner Meinung nach Schlüsselfunktionen des Managements darstellten. Dazu zählte er Planen, Organisieren, Anweisen, Koordinieren und Kontrollieren. Diese Systematik wurde bis heute im Großen und Ganzen beibehalten und nur geringfügig modifiziert. Nach heutigem Verständnis gehören folgende Tätigkeiten zum Management:

- Ziele setzen (Wo stehen wir? Wo wollen wir hin?)
- Planen (Welchen Weg nehmen wir?)
- Entscheidungen vorbereiten und treffen
- Realisieren, organisieren, koordinieren und delegieren
- Optimieren: beständige Verbesserung der Qualität und der Prozesse
- Kontrollieren (sachlich, personell, zeitlich, Controlling)

Diese Aufgaben kehren wieder und fallen in jeder Leitungsposition an, unabhängig von der Hierarchieebene oder Organisation. Die dafür benutzten Begriffe weichen allerdings teilweise deutlich voneinander ab.

Diese Grundfunktionen des Managements können in einem Kreismodell, im sogenannten Managementregelkreismodell dargestellt werden.

Wir haben im Bereich der Managementkompetenz fünf Schlüsselkompetenzfelder definiert:

1. Fach- und Innovationskompetenz
2. Richtungskompetenz
3. Organisationskompetenz
4. Systematische Personalentwicklung
5. Kundenkompetenz

Was bedeuten und beschreiben diese Kompetenzen im Detail? Dazu mehr in den folgenden Abschnitten dieses Kapitels.

## 5.1 Fach- und Innovationskompetenz

*Erfinde die Zukunft – das ist die sicherste Methode, sie vorauszusagen.*

ALAN KAY, US-AMERIKANISCHER INFORMATIKER

Innovationskompetenz ist die Fähigkeit, Neues zu entwickeln, um einen sinnvollen Beitrag zum Wohlergehen des Unternehmens oder der Organisation zu leisten. Die Fach- und Innovationskompetenz stehen nicht zwangsläufig an erster Stelle. Aber sie haben eine hohe Priorität und gehören zu den zehn wichtigsten Kompetenzen, die eine Führungskraft besitzen muss.

Basis für jede fundierte Innovation ist fachliches Können. Fundiertes Fach- oder Branchenwissen bildet immer noch eine unverzichtbare Grundlage für erfolgreiches Handeln. Aber Erfahrung und Übung sind durch theoretisches Wissen nur schwer zu ersetzen.

Über die Jahrtausende hat Innovation eine große Rolle in allen Zivilisationen gespielt. Heute jedoch leben wir in einem wahren Informationszeitalter. Viele Fähigkeiten des Informationszeitalters beruhen auf typischen Kompetenzen, die sich in der linken Gehirnhälfte abspielen, wie Rechnen, Kalkulieren, Analysieren, Problemlösen und Bewerten. Das Zeitalter, das wesentlich weitergeht als das Informationszeitalter, ist das Zeitalter der Konzeption, Innovation und Kreativität. In diesem Kapitel werden wir uns allerdings auf die Innovationskompetenz beschränken, die speziell für Führungskräfte wichtig ist. Wir beschreiben den Innovationsprozess gerne folgendermaßen:

1. Die Grundfrage
2. Kreativ forschen
3. Szenarien entwerfen
4. Strategisch entscheiden

## 1. Die Grundfrage

Im Informationszeitalter lautete die Grundfrage: Wie können wir die Probleme der Kunden lösen? Das ist eine typische Frage der linken Gehirnhälfte, die auch mit der linken Gehirnhälfte beantwortet wurde.

1. Welche Probleme hat unser Kunde?
2. Wie können wir sie lösen?
3. Welches unserer Produkte passt am besten zu dieser Problemlösung?
4. Wie können wir dieses Produkt so günstig wie möglich herstellen und so teuer wie möglich verkaufen?

Kunden sind aber im 21. Jahrhundert wesentlich mündiger geworden. Sie haben fast alles, was sie brauchen. Sie wollen nicht länger mit billiger Bedürfnisreklame abgespeist werden. Zudem können sie aus einer Vielzahl zufriedenstellender Produkte wählen. Kunden des 21. Jahrhunderts wollen

- inspiriert werden,
- unterstützt werden,
- auf ihrem einzigartigen Weg zum Erfolg begleitet werden,
- Teil einer »Community« oder »Bewegung« sein.

Die Fragen, die wir also als Führungskräfte zusammen mit unseren Teammitgliedern stellen müssen, haben sich verändert. Sie sind sehr viel spannender geworden und beanspruchen sowohl die linke als auch die rechte Hälfte des Gehirns. Hier sind einige der Grundfragen, die wir im ersten Schritt des Innovationsprozesses stellen sollten:

- Wer ist unser Kunde (innerhalb und außerhalb unserer Organisation)?
- Was sind seine Stärken? Was macht ihn einzigartig? Wie trägt er zum Erfolg anderer bei?
- Wohin will er sich in seinen Kompetenzen entwickeln?
- Was hindert ihn am Erfolg?
- Welches sind heute seine wichtigsten Bedürfnisse? Welche sind es morgen?
- Was begeistert unseren Kunden? Welche Vorbilder inspirieren ihn?

Nehmen Sie sich Zeit, um diese Fragen zusammen mit Ihrem Team ausführlich zu beantworten. Gehen Sie anschließend auf Ihre Kunden zu. Stellen Sie ihnen die gleichen Fragen. Sie zeigen damit Respekt, gewinnen Vertrauen, und siehe da: Die Kunden werden sich Ihnen öffnen und Sie werden sie besser verstehen.

## 2. Kreativ forschen

Jetzt müssen Sie sich erst einmal beherrschen. Denn es geht darum, Ihre linke Gehirnhälfte zu zügeln, die schnellstmöglich zu Lösungen kommen will. Innovation bedeutet, in die Breite zu gehen, über den Tellerrand hinauszuschauen und zunächst einmal viele Informationen rund um das Thema zu sammeln. Das heißt: Sie brauchen dazu das ganze Kreativpotenzial Ihrer rechten Gehirnhälfte.

Als der Apple-Gründer Steve Jobs an der Uni studierte, war er mehr an Mädchen interessiert als an der Wissenschaft. Darum besuchte er einen Jazztanzkurs. Später berichtete er, er hätte gerade dort, beim Jazztanz, gelernt, systemisch zu denken und Abläufe des körperlichen Bewegungsapparates zu verstehen. Das hätte ihm später ermöglicht, das Apple-Grundkonzept zu entwickeln.

Nach nützlichen ergänzenden Informationen, nach rundum sinnvollen Grundfragestellungen forscht man idealerweise an sehr unterschiedlichen Stellen. Lernen Sie also, innovativ zu forschen. In seinem Buch »Der kreative Kick« präsentiert Roger van Oech einen sehr guten Kreativprozess.

Einige Beispiele: Nehmen Sie Ihre Grundfragen mit an folgende Orte, um erste Ideen zu bekommen, wie man diese Fragen beantworten könnte:

- in einen Blumenladen,
- auf einen Marktplatz mit vielen verschiedenen Produktangeboten,
- in ein Designmuseum,
- in ein Café voller interessanter Menschen,
- in einen Zoo,
- in einer erstklassige Bäckerei oder Konditorei,
- zu einer Kunst- oder Antiquitätenbörse.

Stellen Sie eigene kreative Fragen rund um die Fragestellungen Ihrer Kunden:

- Wie würde ein Kind von fünf Jahren die Fragestellung meines Kunden angehen?
- Wie würde mein Kunde diese Fragestellung angehen, wenn er nur noch ein Jahr zu leben hätte und sie trotzdem gelöst haben wollte?
- Was ärgert den Kunden am meisten, wenn er sich mit dieser Fragestellung beschäftigt?

### 3. Szenarien entwickeln

Jetzt kommt ein spannender Teil. Sie haben viele Puzzleteilchen gesammelt. Nun wird daraus ein Bild zusammengesetzt!

Eine Entwicklung – oder ein Design – entspringt einer Kombination aus

- dem Menschen, für den ich designe,
- der »Sinfonie« meines Produktes und
- meiner handwerklichen Meisterschaft.

Den Menschen, für den ich designe, haben wir in Schritt 1 ausführlich erkundet. Meine handwerkliche Meisterschaft kann ich nur erreichen, wenn ich mich auf meine zwei bis drei wichtigsten Begabungen konzentriere und 5 000 bis 10 000 Übungsstunden ansetze. Sie brauchen nicht zu warten, bis Sie genügend Übungsstunden haben. Jede einzelne Stunde wird Sie ein Stück besser machen, und gleichzeitig wird das Arbeiten an Ihren Begabungen Ihnen Energie und intrinsische Motivation verleihen.

Jetzt ist der dritte Bereich dran: Die »Sinfonie« eines Produkts lässt sich nur komponieren, indem Sie Szenarien entwickeln. Dazu brauchen Sie Ihre rechte Gehirnhälfte mehr als die linke. Suchen Sie also nicht nach der **einen** optimalen Lösung. Machen Sie nicht nur ein Bild aus allen Puzzleteilchen, sondern entwickeln Sie mindestens drei Bilder. Denn beim Zusammenfügen entstehen immer neue Bilder. Und es entwickeln sich immer neue innovative Ideen und manchmal geniale Lösungen. Warum der Begriff »Sinfonie« hier passt, kann man am besten verstehen, wenn man die neunte Sinfonie Ludwig van Beethovens mit der korrekt entwickelten Sinfonie eines professionellen Kompositionslehrers vergleicht. Die »korrekte« Sinfonie wird sich gut anhören und klar strukturiert sein. Die neunte Sinfonie von Beethoven wird Sie aber inspirieren, mitnehmen auf Entdeckungsreise in eine wunderbare Welt, wird Sie bereichern, motivieren und anregen.

Nehmen Sie sich Zeit. Es ist besser, fünf Szenarien zu entwickeln als nur zwei. Wichtig ist in dieser Phase, die Szenarien nicht zu bewerten, sondern sie als einzelne Erfindungen stehen zu lassen, die möglicherweise später zur Sinfonie werden. Das inspiriert Ihre Kunden, mit noch mehr Freude am eigenen Erfolg zu stricken.

### 4. Strategisch entscheiden

Manch eine geniale Idee bleibt in der Entwicklungsphase stecken. Von 10 000 innovativen Produkten setzen sich nur 2 000 erfolgreich am Markt durch. Hier kommen Sie als Führungskraft an den Punkt, an dem Sie die linke mit Ihrer rechten Gehirnhälfte zusammenarbeiten lassen müssen. Aus mehreren Szenarien, Bildern, Dienstleistungsideen, Produkten müssen Sie jetzt zu einer strategischen Entscheidung kommen:

1. Welche zwei dieser Szenarien versprechen am meisten Erfolg?
2. Welche zwei dieser Szenarien tragen am meisten dazu bei, dass unsere Kunden erfolgreicher werden?
3. Welche zwei dieser Szenarien inspirieren am meisten durch ihre Komposition, Eleganz und Benutzerfreundlichkeit?

Diese Fragen sollten Sie zusammen mit Ihrem Team, vor allem aber mit Ihren Kunden beantworten. Nachdem Sie die beiden besten Szenarien ausgewählt haben, setzen Sie jeweils ein Team daran, das neue Produkt oder die neue Dienstleistung bis zur Reife zu entwickeln. Warum brauchen Sie zwei Szenarien? Damit zumindest eines diesen Reifungsprozess überlebt. Schicken Sie zwei Pferde ins Rennen, und zwar beide mit einer realen Gewinnchance!

## 5.2 Richtungskompetenz

*Wenn ein Kapitän nicht weiß, welches Ufer er ansteuern soll, dann ist kein Wind der richtige.*

LUCIUS ANNAEUS SENECA,
RÖMISCHER PHILOSOPH UND DRAMATIKER (4 V. CHR-65 N. CHR.)

Richtungskompetenz nennt man die Fähigkeit, dafür zu sorgen, dass ein Team, ein Unternehmen oder eine Organisation tragfähige gemeinsame Zielvorstellungen entwickelt – Zielvorstellungen, die in den Herzen und Köpfen der Menschen lebendig sind. Diese Zielvorstellungen sind Orientierungsmaßstab sowohl für das tägliche Handeln als auch für kurz- und mittelfristige Zielsetzungen. Die Wahrscheinlichkeit, dass diese verwirklicht werden, ist hoch.

Eine der wichtigsten Aufgaben einer Führungskraft besteht darin, für eine klare Ausrichtung ihres Unternehmens oder ihrer Organisation Sorge zu tragen. Das muss auf eine Art und Weise geschehen, dass sich alles Handeln an einem Ziel orientieren kann. Dazu gehören etwa die Antworten auf folgende Fragen: Wohin sind wir unterwegs? Was wollen wir erreichen? Wie wollen wir vorgehen? Wie kann der Beitrag eines jeden Einzelnen aussehen? Was hat Priorität?

Unbestritten ist schon seit längerer Zeit: Für ein klares Ziel zu sorgen stellt ein entscheidendes Führungsprinzip dar. Die meisten Menschen sind sich bewusst, dass jede Organisation exakte Ziele braucht. Die Verantwortung für die Qualität und Klarheit der Ziele ist dabei immer Chefsache. Die Diskussion der Experten entzündet sich an der Umsetzung: Wie funktioniert die Zielsetzung in der Praxis? Was ist besser: Zielvereinbarungen oder Zielvorgaben? Brauchen wir eine Vision – oder ist das Humbug?

Ein Beispiel, das die Bedeutung von Zielen für eine Organisation veranschaulicht, kommt aus der Landwirtschaft. Es gibt einige Länder auf dieser

Welt, in denen immer noch Ochsen den Karren ziehen. Was denken Sie: Welche Last kann ein Ochse im Durchschnitt ziehen? – Etwa 500 Kilogramm. Wie viel können Ihrer Schätzung nach zwei Lastochsen ziehen? Das Doppelte? Oder weniger? Es kommt natürlich darauf an, in welche Richtung die Ochsen ziehen. Wenn jeder in die entgegengesetzte Richtung zieht, hebt sich die Kraftwirkung auf. Ziehen die Ochsen jedoch unter einem gemeinsamen Joch in eine gemeinsame Richtung, bewältigen sie sogar das Drei- bis Fünffache der Einzelleistung, also bis zu 2 500 Kilogramm. Das ist wahre Synergie! Das Ergebnis ist mehr als die Summe seiner Teile.

Wie sieht das in Ihrer Organisation aus? Bewegen sich die Menschen auf gemeinsame Ziele zu? Ziehen alle in die gleiche Richtung? Ist klar, wohin die Reise geht? Zielorientierung umfasst sowohl die Zielrichtung der aktuellen Tätigkeit als auch die Frage, welches die Ziele für diese Arbeitswoche, für diesen Monat, für das Quartal oder für das ganze Jahr sind. Aber auch längerfristige Ziele sind wichtig: Wo wollen Sie in drei Jahren stehen, in fünf Jahren, in 20 Jahren? Was können Sie tun, damit alle Beteiligten den Wagen in die gleiche Richtung ziehen?

Richtungskompetenz bedeutet aber auch, diesen Prozess so zu gestalten, dass die Organisation immer unabhängiger von der Führungskraft wird: Der Chef ist viel mehr Coach als General. Trotzdem ist er als Führungskraft präsent, um zu unterstützen, zu hinterfragen, bei der Abstimmung zu helfen, sich mit all seiner Erfahrung einzubringen und Entscheidungen herbeizuführen. Uns irritieren Chefs, die seit 20 Jahren keinen richtigen Urlaub mehr machen konnten, weil sie scheinbar unentbehrlich sind. Das kann nicht das Ziel sein! Ein weiteres Alarmsignal sind nachlassende Leistungen in Abwesenheit des Chefs. Die Schlüsselfrage lautet hier: Was kann ich tun, damit meine Mitarbeiter immer fähiger werden, gemeinsam und eigenverantwortlich gute Ziele zu erarbeiten und deren Umsetzung konsequent zu verfolgen?

Ein geniales, jedoch ausgesprochen selten funktionierendes Werkzeug sind gesunde Zielvereinbarungen mit Mitarbeitern. Bei der Mitarbeiterführung geht es vor allem darum: Wie vereinbare ich Ziele auf die richtige Art und Weise mit einem konkreten Mitarbeiter oder Kollegen? Bei der

Richtungskompetenz dreht es sich um folgende Frage: Wie schaffe ich ein langfristig gesundes System, das sich auf tragfähige Ziele ausrichtet, diese in bewältigbare Schritte aufteilt, den Einzelnen mit seinem Beitrag integriert, von sich aus immer wieder überprüft, ob alle auf dem richtigen Weg sind, und notfalls die nötigen Korrekturen einleitet?

Das klingt einfach und ist doch eine Kunst. Oft scheitert ein solches System auch daran, dass es isoliert vorangetrieben wird und dass einzelne Unternehmensbereiche davon ausgeklammert werden.

## Das große Bild, die generelle Richtung

Das Tagesgeschäft nimmt uns häufig übermäßig in Anspruch. Schlagzahl und Tempo sind hoch. Gerade wir Führungskräfte kämpfen darum, alles erledigt zu bekommen – Telefonate, E-Mails, Besprechungen, Kundentermine. Und dann sind da noch die Aufgaben, die man selbst erledigen will beziehungsweise muss. Regelmäßig fällt dabei vor allem eine Sache unter den Tisch: Wir vernachlässigen die Aufgabe, uns ausreichend mit unseren Mitarbeitern über die prinzipielle Marschrichtung abzustimmen und sie über eine klare Zielsetzung zu führen.

## Warum ist eine gemeinsame Perspektive so wichtig?

Die Begriffe »Ziel« und »Richtung« rufen viele unterschiedliche Vorstellungen hervor. Das Wort »Vision« kommt vom Lateinischen »videre« – sehen. Was sehen Sie vor Ihrem inneren Auge, wenn Sie an die Zukunft denken? Welches Ziel steuern Sie an? Sehen Sie das Gleiche wie Ihre Mitarbeiter? Ziehen die Ochsen in die gleiche Richtung?

Wir Menschen haben eine wunderbare Gabe – die Gabe der Vorstellungskraft. Wir denken in Bildern. In Beratungen und Seminaren stellen wir immer wieder die Frage: »Wer von Ihnen hat eine Vision, ein Leitbild oder Ähnliches?« Meist melden sich ein paar Führungskräfte, vielleicht drei von zehn Teilnehmern.

Kaum jemand weiß jedoch, dass jeder Mensch eine Vorstellung, ein Bild von der Zukunft hat. Diese Vorstellung, dieses Bild ist jedoch meist nur im Unterbewusstsein vorhanden. Wichtig ist dennoch: Ihr Bild, Ihre Vorstellung von der Zukunft übt massiven Einfluss auf Ihr Denken, auf Ihr Empfinden, auf Ihr Handeln und auf Ihre Entscheidungen aus. Woher kommt Ihr Bild? Es ist eine Mischung aus Erlebtem, Erträumtem, aus Hollywood-Filmen, aus Erfahrungen in Ihrem Elternhaus, aus Erlebnissen bei Ihrem vorigen Arbeitgeber. An einer Vision für die Zukunft zu arbeiten bedeutet, sich dieser Bilder bewusst zu werden, sie zu überdenken und die Gabe der Vorstellungskraft gestaltend einzusetzen. Noch schöner wird die Herausforderung, wenn mehrere Menschen auf ein gemeinsames Leitbild hinarbeiten, ihre Vorstellungen abgleichen und eine gemeinsame Vorstellung entwickeln.

Eine gemeinsame, tragfähige Vision motivert, inspiriert, bündelt Energie und schenkt Verbundenheit. Ein gutes Leitbild hilft uns zu verstehen, in welchem Geschäft wir wirklich sind. Es ist ein Leitbild, mit dem sich die Mitarbeiter identifizieren. Es spricht gleichermaßen Vernunft und Gefühle an und liefert Richtlinien, die uns dabei helfen, die Entscheidungen zu treffen, die Tag für Tag anfallen.

Geniale Visionen haben in der Vergangenheit immer wieder Menschen zu Höchstleistungen angespornt. Sie schenkten demjenigen, der sie in sich trug, den Mut, sich aufzumachen und scheinbar Unmögliches möglich zu machen. Vision verleiht außerdem die Kraft, Oberflächlichkeiten aufzugeben, die dem eigenen Leben Bedeutung und Energie rauben.

Was könnten Dinge sein, die Sie erreichen wollen?

- Ein Medikament auf den Markt zu bringen, das ein schweres Leiden heilt,
- ein Auto ohne Abgase zu bauen,
- einen Computer zu entwickeln, der sofort arbeitet, wenn Sie ihn brauchen, und der nie abstürzt,
- eine Schule zu gründen, die entwicklungsbehinderten Kindern hilft, sich voll zu entfalten,
- eine Politik zu etablieren, die Gutes bewirkt, ohne den politischen Gegner niedermachen zu müssen ...

Alle Dinge werden zweimal erschaffen – einmal als Idee und einmal in der Realität: Das wussten schon die alten Griechen.

## Bausteine der Richtungskompetenz

Im Folgenden haben wir einige wesentliche Begriffe herausgepickt, die beschreiben, worum es geht. Falls Sie es gewohnt sind, einen Begriff anders zu definieren, achten Sie vor allem auf die Beschreibung.

**Das Leitbild:** Ein Leitbild zu haben bedeutet, zu wissen, wer man ist, wohin man geht und wovon man sich dabei leiten lassen will. Das Leitbild einer Organisation formuliert kurz und prägnant die Mission (den Auftrag, den Zweck), die Werte (die wesentlichen Orientierungen für die Art und Weise der Umsetzung) und die Vision (ein konkretes großes Ziel, auf das wir gemeinsam zuarbeiten). Immer wieder werden ganz bewusst auch die Kernstrategien mit in das Leitbild integriert.

**Der Zweck, der Auftrag, die Mission** ist der Grund, weshalb Ihr Unternehmen oder Ihre Organisation existiert. Hier geht es um das Weshalb, anstatt einfach nur zu erklären: Was machen wir? In welcher Branche sind wir tätig? Wer sind unsere Kunden? Bedeutende Organisationen haben einen tiefen, edlen, wichtigen Zweck, der motiviert und zu engagiertem Verhalten führt. Idealerweise ist er aus Sicht der Kunden und nicht der Organisation formuliert. Wenn Sie beispielsweise Betten anbieten, könnte ein sinnvoller Zweck oder Auftrag darin bestehen, dass Ihnen der gesunde Schlaf Ihrer Kunden am Herzen liegt.

**Unternehmenswerte:** Werte beruhen auf der tiefen Überzeugung, dass bestimmte Eigenschaften erstrebenswert sind. Werte definieren, was für unser Miteinander von fundamentaler Bedeutung ist. Sie liefern Richtlinien für unsere Entscheidungen und Handlungen. Die Werte müssen aber eindeutig beschrieben werden, damit klar wird, was damit gemeint ist. Gemeinsam definierte Werte sind ein immer bedeutsamerer Bestandteil von Führung. Manchmal bleibt aufgrund der hohen Geschwindigkeit nicht die Zeit, Dinge im Detail abzustimmen. Die Werte können hier ideale Leitplanken für das tägliche Handeln darstellen.

**Vision:** Die Vision ist ein konkretes Bild einer angestrebten Zukunft, das man zu einem bestimmten Zeitpunkt erreicht, zu dem man beigesteuert haben will. Es ist so konkret, dass man überprüfen kann, ob es erreicht worden ist oder nicht.

**Kernstrategien und strategische Ziele:** Die Kernstrategien beschreiben, welche Handlungsfelder vor allen anderen angepackt werden müssen, um unsere Ziele und unsere Vision zu erreichen.

**Strategisches Denken** ist nötig, um sich nicht mit den Alltagsaufgaben zu verzetteln. Wer strategisch denkt, richtet sich auf das Ziel aus und setzt klare Schwerpunkte. Er versteht es, seine Aufgaben zu priorisieren und sich nicht in unwichtigen Details zu verlieren.

**Strategische Rituale:** Es wurde beobachtet, dass Organisationen, die sich gut weiterentwickeln, etwa 1 Prozent ihrer Arbeitszeit mit Reflexion verbringen. Wo wollen wir hin? Wo stehen wir? Wo dringt möglicherweise Wasser in unser Boot? Was sind kurz-, mittel- und langfristig unsere wichtigsten Handlungsfelder? Ein sinnvolles strategisches Ritual ist ein Klausurtreffen des Führungsteams. Die Beteiligten ziehen sich beispielsweise im Herbst an einen ruhigen Ort zurück, um sich diesen Fragen zu widmen. Im Frühjahr wird in einer zweiten Klausur der Fortschritt überprüft und die Umsetzung begleitet.

**Zielvereinbarungen:** Jeder Mitarbeiter überlegt, wie er optimal zur Erreichung dieser Firmenziele beitragen kann. In Gesprächen mit seiner Führungskraft werden die Ideen ausgetauscht, aufeinander abgestimmt und vereinbart, welchen Beitrag er konkret leisten kann. Diese Ziele betreffen sowohl die Arbeit des Mitarbeiters, gemeinsame Projekte, wie auch die persönliche Weiterentwicklung des Mitarbeiters. Zielvereinbarungen erfordern allerdings eine Begleitung bei der Umsetzung. Unserer Erfahrung nach scheitern am Anfang alle Vereinbarungen, die einmal im Jahr getroffen und dann erst wieder im Folgejahr gemeinsam betrachtet werden.

**Die Kunst, Ziele zu setzen:** Das QM-Lexikon definiert ein Ziel als einen angestrebten zukünftigen Zustand, der nach Inhalt, Zeit und Ausmaß genau definiert ist. Man kann ein Ziel auch als ein konkretes Resultat sehen, das es zu erreichen gilt. Verschiedene Kriterien helfen, die Ziele realistisch zu definieren. Bei xpand arbeiten wir sehr gerne mit den *MMM-Kriterien*, den Mindestkriterien für Ziele. Ein Ziel muss messbar, machbar und motivierend sein. »*Messbar*« bedeutet: Man kann eindeutig bestimmen, wann die beschriebene Sache auf welche Weise erreichbar ist (falls nicht, handelt es sich um einen Wunsch oder ein Handlungsfeld). »*Machbar*« heißt, ein Ziel muss erreichbar sein. Das gilt sowohl für einzelne Ziele als auch für die Summe aller Ziele, die ich mir gesteckt habe. (Wenn dieses Kriterium nicht erfüllt ist, handelt es sich um eine Illusion, nicht um ein Ziel). »*Motivierend*« ist eine Frage des Willens. Will ich dies wirklich tun, bin ich bereit, mich dafür einzusetzen? (Trifft das dritte Kriterium nicht zu, ist es eine Möglichkeit, aber kein Ziel.) Fehlt eines dieser drei Kriterien, sinkt die Wahrscheinlichkeit, dass das Ziel umgesetzt wird, selbst bei hoher Motivation auf maximal 0,1 Prozent.

**Controlling:** Das Controlling identifiziert wesentliche Messgrößen, die helfen, zu überprüfen, ob ein Unternehmen oder eine Organisation auf dem richtigen Weg ist. Ein Cockpit mit den wichtigsten Kennzahlen hilft, Wesentliches im Blick zu behalten und gegebenenfalls steuernd einzugreifen. Was nutzt die tollste Vision von einer Reise zum Nordpol, wenn schon hinter der dänischen Grenze der Benzintank leer ist?

Fast immer nimmt man sich im Hinblick auf Ziele zu viel und zu viel Verschiedenes vor. Bei der Zielsetzung geht es immer um Konzentration. Lernen Sie, das Dringende vom Wichtigen zu unterscheiden sowie sich und Ihre Mannschaft auf das zu fokussieren, was wirklich bedeutsam ist. Denn das macht letztlich Richtungskompetenz aus: dass die eigenen Ziele nicht auf Irrwegen aus den Augen verloren werden.

## Fragen zur Selbstreflexion

1 = trifft nicht zu/5 = trifft voll zu

| Richtungskompetenz | 1 | 2 | 3 | 4 | 5 |
|---|---|---|---|---|---|
| Für meine Arbeit und meinen Bereich haben sowohl ich, als auch meine Mitarbeiter klar formulierte Ziele. | | | | | |
| Eine inspirierende gemeinsame Vision klärt das langfristige »Wohin?«, »Warum?« und »Wie?« meines Verantwortungsbereiches. | | | | | |
| Ich entwickle mit meinen Mitarbeitern Strategien, wie wir unsere Ziele bestmöglich erreichen und in realisierbare Aktionspunkte umsetzen. | | | | | |
| Anhand einer soliden Finanzplanung und ausgewählter Kennzahlen überprüfen meine Mitarbeiter und ich nachhaltig den angestrebten Erfolg. | | | | | |
| Ich übernehme Verantwortung für die Werte und die Kultur, die meine Organisation prägen. | | | | | |

**Ergebnis = Summe : 5 =**

## Übungen für die Praxis

1. Genehmigen Sie sich doch einmal eine Auszeit, in der Sie nachdenken können: Wo soll meine Organisation/mein Unternehmen/meine Abteilung in einem, in drei, in fünf Jahren stehen? Halten Sie Ihre Gedanken schriftlich fest. Die Schriftform verhilft zu mehr Klarheit.
2. Überlegen Sie: Wie können Sie Ihre Mitarbeiter in dieses Denken integrieren? Gibt es ein Kernteam? Können Sie eventuell ein hierarchieübergreifendes Z-Team (Zukunftsteam) zusammenstellen, das sich dieser Frage annimmt?
3. Welche strategischen Rituale könnten Ihnen helfen, sich regelmäßig mit dem Thema Ziele auseinanderzusetzen?
4. Welche konkreten Ideen/Handlungsfelder werden Ihnen beim Lesen dieses Kapitels bewusst?
5. Wie könnten die nächsten Schritte aussehen?

## 5.3 Organisationskompetenz

*Organisation ist ein Mittel, die Kräfte des einzelnen zu vervielfältigen.*

PETER F. DRUCKER,
US-AMERIKANISCHER MANAGEMENTLEHRER

Organisationskompetenz bezeichnet die Fertigkeit, eine Vielzahl von Methoden und Maßnahmen wohlüberlegt einzusetzen, sodass kurz- und mittelfristige Ziele und Strategien optimal umgesetzt werden. Zur Organisationskompetenz gehört auch, Strukturen und Prozesse langfristig systematisch zu verändern und zu entwickeln, sodass sie dem gewünschten Zweck am besten dienen.

Während es sich bei der Richtungskompetenz um die Entwicklung von Zielen handelt, geht es bei der Organisationskompetenz darum, diese Ziele auf optimale Weise zu erreichen. Organisation fängt im Kleinen an, etwa dabei, Aufgaben strukturiert zu erledigen. Aber auch bezogen auf das gesamte Unternehmen ist Organisationskompetenz entscheidend, um eine effektive und effiziente Unternehmensstruktur zu schaffen.

Das Wort »Organisation« hat seine Wurzeln im Griechischen. »Organon« bedeutet ursprünglich Werkzeug und lässt sich am treffendsten mit Bewerkstelligung übersetzen. Organisation bezieht sich auf verschiedene Ebenen. Viele Organisationsprinzipien finden sowohl im Selbstmanagement als auch im großen Miteinander ihre Anwendung.

### Die persönliche Ebene

Gerade in einem übervollen Alltag fällt es schwer, das Grundlegende zu beachten. Organisation erfordert Zeit, Planung und Vorbereitung. Ein sinnvolles Maß an Reflexions- und Planungszeit spart Zeit bei der späteren Ausführung.

**Sich Zeit für die Planung nehmen:** Zehn Minuten täglich reichen im Normalfall aus, um die Details des nächsten Tages grob zu durchdenken. Für eine Wochenplanung kommen Sie mit einer halben Stunde schon erstaunlich weit. Um den nächsten Monat zu überdenken und den vergangenen zu reflektieren, ist eine Stunde eine große Hilfe. Doch gerade solche ruhigen Zeiten sind gefährdet. Sie werden allzu schnell auf dem Altar der sofortigen Umsetzung geopfert – und der Überblick geht verloren.

Was macht man in solchen Planungszeiten? Zum einen ist es wichtig, den Überblick zu behalten. Gerade beim Thema Organisation geht es wieder einmal darum, das rechte Maß zu finden. Leider fallen viele Führungskräfte auf einer der beiden Seiten vom Pferd. Entweder sie planen und organisieren gar nicht oder sie versuchen, alles perfekt bis ins Detail zu planen, was in vielen Fällen gar nicht nötig und überdies eine Zeitverschwendung ist. Reservieren Sie sich kleine, vernünftige Zeiteinheiten für die Aufgabe der Planung und Organisation. Halten Sie diese konzentriert ein, ohne sich ablenken zu lassen.

**Die Übersicht behalten:** Je größer der Stress, desto wichtiger ist ein ganz simpler, aber äußerst wirkungsvoller Tipp: Finden Sie ein verlässliches System außerhalb Ihres Kopfes, in dem Sie einfach alles festhalten können, was Ihnen tagsüber in den Sinn kommt. Dies kann ein Notizbuch sein, das Sie immer bei sich tragen, es könnte ein digitales Diktiergerät sein (das Sie aber dann auch abhören sollten). Es kann ein Assistent sein, dem Sie alle wichtigen Dinge zurufen. In der Fachsprache bezeichnet man ein solches System als »Inbox«, in der alle Informationen gesammelt werden, um dann regelmäßig zu einem späteren Zeitpunkt übertragen, gesichtet, gestrichen oder auch weitergeleitet zu werden.

**Struktur schaffen:** Wenn Sie sich an die Planung und Organisation Ihrer Aufgaben machen, gibt es viele brauchbare Methoden und Tipps, wie etwa »Getting Things Done« (»Wie ich die Dinge geregelt kriege«) von David Allen. Sollten Sie solche ausgefeilten, komplexen Konzepte nicht umsetzen können, bleiben Sie lieber bei einer simplen 80-Prozent-Lösung. Hier bietet sich beispielsweise die modifizierte **ALPEN**-Methode an:

- **A**lle Aktivitäten des Zeitraumes auflisten, der vor Ihnen steht.
- **L**änge der Aktivität schätzen. (Wie lange werden Sie aller Voraussicht nach ungefähr für diese Aufgabe brauchen? Pufferzeit einplanen.)
- **P**riorisieren Sie Ihre Aufgaben. (Welche ist die wichtigste? Hier empfiehlt sich, vor den Aufgaben eine Spalte einzufügen, in der Sie intuitiv eine Zahl auf einer Skala von 0-100 vergeben. Wie wichtig ist diese Aufgabe? 100 würde hierbei bedeuten: sehr wichtig, 0 heißt: absolut unwichtig. Bitte beachten, dass keine Zahl zwei Mal vorkommen darf!
- **E**ntscheiden Sie als Nächstes, wann Sie was konkret machen. (Tragen Sie es zur Bestärkung in Ihren Tagesplan/Monatsplan ein. Zeiten, in denen Sie wichtige Aufgaben zu erledigen haben, sollten Sie als Termine mit sich selbst eintragen!)
- **N**achreflektieren/Nachkontrollieren: Sie lernen dabei, nicht Erledigtes zu »beerdigen« oder für einen neuen Zeitpunkt einzuplanen.

Beispiel: **Aufgabenübersicht**

| Prio | Beschreibung | Dauer |
|---|---|---|
| 96 | Präsentation »Strategische Schwerpunkte« für Geschäftsführerrunde erstellen | 2,5 h |
| 86 | Wegen der Reklamation bei Schlüsselkunden anrufen | 0,5 h |
| 78 | Übersicht über laufende Projekte erstellen und diese priorisieren | 1,0 h |

Ein kleiner Tipp: Mit welcher Aufgabe beginnen Sie am Anfang eines Tages? Hier gibt es eine Übung, die zum Wohlbefinden deutlich beiträgt. Beginnen Sie den Tag oder die Woche mit einer Aufgabe, die Sie schon lange vor sich herschieben. Diese Aufgabe, in der Fachsprache »Kröte« genannt, ist nie ganz aus der Wertung herausgefallen, erreicht aber auch nie Topwerte. Es geht also darum, jeden Tag eine Kröte zu schlucken. Erledigen Sie diese Aufgabe als Erstes und widmen Sie sich dann erst der Aufgabe, der Sie die höchste Priorisierungskennzahl zugeordnet haben.

**Ordnung halten:** Leider hat sich in den letzten Jahren bestätigt, was viele befürchtet haben. Sprüche wie »Nur das Genie herrscht über das Chaos« oder »Wer Ordnung hält, ist nur zu faul zum Suchen« klingen zwar gut. Doch die Praxis zeigt: Ordnung und Sauberkeit sind für alle Organisationsebenen ein ganz hervorragendes Mittel, die Dinge ohne großen Zeitbedarf zu bewältigen.

**An sich selbst arbeiten:** Überlegen Sie, welches Handlungsfeld Ihnen im Hinblick auf Ihre persönliche Organisation am dringendsten erscheint. Ist es das Thema Ordnung? Das Thema Struktur? Das Thema Übersicht? Das Thema Störungen? Das Thema Tagesplanung? Nehmen Sie sich nur ein Thema vor und bleiben Sie dabei, bis Sie Ihre Vorsätze umgesetzt haben. Dann erst knöpfen Sie sich das nächste Handlungsfeld vor.

## Unternehmensorganisation entwickeln

Wie vorher schon erwähnt, finden viele Methoden der Selbstorganisation ihre Entsprechung in der Unternehmensorganisation. Diese zu planen, kostet Zeit. Sollte Ihnen diese Aufgabe allein schwerfallen, haben Sie keine Scheu, sie gemeinsam mit anderen in Angriff zu nehmen. Fällt sie Ihnen auch gemeinsam schwer, holen Sie sich eine externe Fachkraft dazu, die Ihnen dabei hilft, die Organisation Ihrer Abteilung oder Ihres Unternehmens zu durchdenken.

**Prozess- statt Abteilungsorientierung:** Im Bereich Organisationsentwicklung gab es in den letzten Jahrzehnten einen Paradigmenwechsel. Von der Abteilungsorientierung ist man mehr und mehr zur Prozessorientierung übergegangen. Mit zunehmender Unternehmensgröße steigt die Komplexität exponentiell. Zugleich nimmt die Dynamik rapide ab. Um diesen Umstand zu kompensieren, wurde meist die Anzahl der Abteilungen oder Bereiche erhöht. Vordergründig verbesserte sich dadurch zwar die Übersichtlichkeit und die Lenkungsspanne verringerte sich. Die Abteilungen konnten optimal für sich arbeiten. Allerdings erhöhte sich die Anzahl der Schnittstellen. Deshalb stieg die Ineffizienz. Durch die bei diesem Vorgehen notwendige Vermehrung von Hierarchieebenen wurden Unternehmen schwerfällig und träge.

Der prozessorientierte Ansatz versucht nun dieses Problem anders zu lösen. Es geht nicht länger darum, die Zahl der Abteilungen zu vermehren. Vielmehr übernehmen die Unternehmensprozesse selbst die Aufgabe, die Komplexität zu reduzieren. Dadurch sollen Schnittstellen vermieden und eine flache, schlanke Organisationsstruktur ermöglicht werden.

Was bedeutet das in der Praxis? Während in der Vergangenheit verstärkt in Abteilungen gedacht wurde (»Wir sind der Verkauf«), erkennt man mehr und mehr die Notwendigkeit, die Leistungserstellung für den Kunden im Blick zu behalten. Wie schaut der beste Weg vom Kundenwunsch bis zur Kundenbegeisterung aus? In den vergangenen Jahren haben – angestoßen durch die Automobilindustrie – viele Unternehmen umgedacht und ihre Organisationsstruktur verändert. Wie sieht der optimale Weg der Leistungserstellung aus? Diese Rückbesinnung auf den ursprünglichen Zweck des Unternehmens birgt noch viele positive Überraschungen und Schätze. Zugleich ist sie ein ganz neuer Denkansatz.

**Kontinuierliche Verbesserung:** Ein weiteres wichtiges Element bildet der Ehrgeiz der gesamten Mannschaft, ständig besser zu werden. Ob es um kontinuierliche Verbesserung, Lean oder Lessons learned geht: Allen Methoden ist zu eigen, dass die Mitarbeiter sich miteinander Gedanken machen. Was können wir tun, um weniger Fehler zu machen, schneller zu werden, Kosten zu sparen, prozessoptimiert zu arbeiten ...?

Die Hauptaufgabe des Managements besteht hierbei darin, die Mitarbeiter zu inspirieren, diesen Weg selbst zu gehen, anstatt ihn von außen vorzuschreiben. Es zeigte sich bei unserer Arbeit immer wieder, dass der Weg unter Zwang langfristig der langsamere und dramatisch schlechtere war. Die Mitarbeiter zu erziehen, die Qualität selbst im Fokus zu behalten ist fast immer besser und effektiver. Zwar ist aller Anfang schwer. Sie werden aber später ausreichend dafür entschädigt ...

**Qualitätsmanagement:** Hier gilt Vergleichbares. Die Aufgabe des Managements beinhaltet vor allem, die Mitarbeiter konsequent anzuleiten, beständig an der Verbesserung der Qualität zu arbeiten. Viele Qualitätsmanagementsysteme bleiben deutlich hinter ihren Möglichkeiten zurück. Oft liegt die ganze Last der Qualitätssicherung auf den Schultern des Qualitätsmanagement-Beauftragten. Qualität ist aber die Aufgabe eines jeden Mitarbeiters. Wir haben sehr gute Erfahrungen damit gesammelt, die QM-Beauftragten zu Multiplikatoren zu machen. Es war eine ihrer Schlüsselaufgaben, Mitarbeiter auszubilden, selbst Schulungen zu halten mit der Herausforderung, diese auch ansprechend und kreativ zu gestalten.

Klar ist, dass eine Führungskraft immer als letztverantwortlicher Organisationsdesigner für eine gesunde Struktur, für Aufbau und Ablauforganisation des Unternehmens die Verantwortung trägt.

## Umsicht beim Umbau

In einem Aufzug hörte ich (Johannes Hüger) einen Mitarbeiter zum anderen sagen: »Wie viele Reorganisationen haben Sie in den letzten drei Jahren schon überlebt? – Auch fünf?« Als letzter, aber nicht unwichtiger Baustein von Organisationskompetenz bleibt die Herausforderung, eine Organisation weise durch Phasen der Veränderung zu führen. Das geschieht idealerweise so, dass die Betroffenen nicht frustriert, sondern eher animiert werden. Es ist erschreckend, zu sehen, wie viel Schaden auch von sehr bekannten Beratungsorganisationen angerichtet wurde, weil sie wichtige, sinnvolle Veränderungen auf eine Art und Weise umgesetzt haben, die selbst Freunde dieser Veränderung frustrierte und schließlich zu Gegnern machte. Gerade der Umbau einer Organisation erfordert viel Sensibilität.

William Bridges weist in seinem Bestseller »Managing Transitions« (»Übergänge meistern«) zu Recht darauf hin, dass jeder Umbau mindestens drei Phasen durchläuft:

- Als Phase 1 bezeichnet er das, was bisher war, was jetzt aber nicht mehr funktioniert: die Phase des Sterbens.
- Phase 2 kennzeichnet eine Übergangszeit, die er »neutrale Zone« nennt. Hier funktioniert das Alte nicht mehr und das Neue noch nicht – sehr spannend für die gesamte Organisation.
- Phase 3 ist dann der Neubeginn.

Jede dieser Phasen stellt ganz besondere Herausforderungen an die Führungskraft. Nötig ist eine gewisse Grundsensibilität für das, was sich gerade abspielt. Wer verliert etwas? Wie kann man sensibel mit den Verlusten umgehen? Gibt es genügend Wertschätzung für die alten Kämpfer, deren Einsatz dazu geführt hat, dass es das Unternehmen heute immer noch gibt? Diese Wertschätzung ist nötig, selbst wenn die Methoden, die damals zum Sieg führten, heute eine Weiterentwicklung hemmen.

Wenn man einige Grundprinzipien beachtet, ist Veränderung möglich. Ein »Change Management« gelingt nur, wenn es mit den Menschen vollzogen wird, die im Unternehmen wirken. Nur diese Menschen können neue Strukturen mit Leben füllen. Sie können aber auch einen Wandlungsprozess scheitern lassen – selbst wenn er noch so sinnvoll ist, Ihr Widerstand ist keineswegs eine Folge von Bosheit oder Bequemlichkeit, sondern fast immer stecken Ängste dahinter. Ein unprofessioneller Umgang mit diesen Ängsten führt oft zu Verlusten, die fast sogar den Vorteil einer Reorganisation aufheben.

## Fragen zur Selbstreflexion

1= trifft nicht zu/5 = trifft voll zu

| | 1 | 2 | 3 | 4 | 5 |
|---|---|---|---|---|---|
| Im Hinblick auf meine persönliche Organisation habe ich ein System, das gut funktioniert. | | | | | |
| Über meine Aufgaben, Zuständigkeiten und Verpflichtungen habe ich einen guten Überblick. | | | | | |
| In unserer Organisation herrscht Klarheit darüber, welches die Kernprozesse sind. Abläufe und Zuständigkeiten sind geklärt. | | | | | |
| Bei uns gibt es eine Kultur der ständigen Verbesserung. Wir überlegen regelmäßig, was wir wie verbessern können. | | | | | |
| Unsere Führungskräfte sind für die Ängste sensibilisiert, die oft mit Veränderungen einhergehen. Sie gehen klar, aber sorgsam mit Veränderungen um. | | | | | |

**Ergebnis = Summe : 5 =**

## Übungen

1. Identifizieren Sie die wichtigsten Prozesse (Abläufe in Ihrem Unternehmen).
2. Nehmen Sie sich einen dieser Schlüsselprozesse heraus. Was steht am Anfang, was soll am Ende sein? Welche Schritte folgen im Idealfall aufeinander?
3. Was läuft immer wieder verkehrt? Wo passieren wiederholt Fehler?
4. Wo steht Ihre Organisation im Hinblick auf die notwendige Haltung der kontinuierlichen Verbesserung? Hat die ganze Mannschaft einen gesunden Ehrgeiz, besser zu werden? Wenn nein, warum nicht? Wie könnten Sie dazu beitragen, dass dies ein Thema ist, hinter dem alle stehen?
5. Was wären für Sie Zeiten und Rituale, die helfen, nicht nur im System, sondern auch am System zu arbeiten?

## 5.4 Systematische und strategische Personalentwicklung

*Die richtigen Leute einzustellen ist das Beste, was ein Manager tun kann.*

LEE IACOCCA,
ERFOLGREICHER MANAGER IN DER AUTOMOBILINDUSTRIE

Mit strategischem und systematischem Personalwesen und Personalentwicklung beschreiben wir folgende Kompetenzfelder:

- dafür zu sorgen, dass die richtigen Mitarbeiter (kompetent und kompatibel) den Weg zum Unternehmen finden und ihren Weg innerhalb des Unternehmens beschreiten,
- den richtigen Menschen an der richtigen Stelle ein optimales Umfeld zu schaffen, damit sie entsprechend ihrem Potenzial zur Weiterentwicklung des Unternehmens beitragen können,
- alle systematischen Dienstleistungen zu erbringen, die in Bezug auf Mitarbeiter nötig sind,
- eine langfristig gesunde Unternehmensentwicklung durch strategisch sinnvolle Personalmaßnahmen sicherzustellen.

Wirtschaftliche und soziale Prozesse hängen untrennbar miteinander zusammen. Eine hohe Mitarbeiterzufriedenheit hat klare Auswirkungen auf die Arbeitsproduktivität, auf eine innovative Forschung. Sie verursacht weniger Betriebskosten und sorgt für eine längere Betriebszugehörigkeit. Hochqualifizierte Leistungsträger binden sich langfristig an das Unternehmen; gut ausgebildete Bewerber interessieren sich dafür, dort zu arbeiten. Hohe Mitarbeiterzufriedenheit bedeutet auch einen niedrigeren Krankenstand und weniger Fehlzeiten, geringere Personalkosten, bessere Leistungen, schnellere Reaktionen auf Veränderungen am Markt.

Basis für eine strategische Personalentwicklung ist, ein gedeihliches Klima zu erzeugen, in dem die gemeinsame Leistung allen Beteiligten Freude macht. Gemeint ist ein Klima, in dem Menschen gerne arbeiten und nicht etwa ihre Energie auf Nebenkriegsschauplätzen verbrauchen. Ein sicherer Arbeitsplatz, ein faires Einkommen in ausreichender Höhe, die Gestaltung und Verbesserung des Arbeitsklimas stellen aus Sicht eines Mitarbeiters nur einige Bereiche dar, die dringend der Aufmerksamkeit bedürfen. Die Handlungsfelder sind Personalplanung, Personalbedarfsdeckung, Personalführung, Personalentwicklung, Entgeltgestaltung und Personalverwaltung.

Welche Standards sollen in Ihrem Unternehmen im Hinblick auf Personalführung gelten? Nach welchen Leitlinien soll sich jede Führungskraft in Ihrem Unternehmen im Umgang mit Mitarbeitern richten? Die Herausforderung besteht darin, darauf zu achten, dass diese Standards nicht nur auf Papier bestehen. Hand aufs Herz: Gibt es in Ihrer Firma Systeme, die dem Leben dienen oder die es eher behindern? Rauben Ihre Systeme womöglich Energie? Sorgen sie für unerfreuliche Gerüchte oder unterstützen sie die Mitarbeiter, das zu tun, wozu sie eigentlich eingestellt wurden?

## Mitarbeiter finden

Wie findet man die besten Mitarbeiter und wie hält man sie? So lautet eine der Schlüsselfragen erfolgreicher Unternehmensführung. Nehmen Sie in Ihrem Unternehmen jeden Bewerber, der an die Tür klopft, oder wählen Sie sorgfältig aus? Investieren Sie viel Zeit, Kraft und Geld, um qualifizierte Fach- und Führungskräfte dazu zu bringen, sich bei Ihnen zu bewerben? Oder hilft Ihnen gute Öffentlichkeitsarbeit, dass sich gute Leute von sich aus aktiv bei Ihnen bewerben und Sie aus diesen die Besten wohlüberlegt auswählen können? Die Situation hat sich in den letzten Jahren verändert. Die Rekrutierung von Personal muss inzwischen nicht mehr nur passiv organisiert, sondern aktiv gestaltet werden. Schon jetzt ist absehbar, dass wir auf einen Mangel an qualifizierten Arbeitnehmern zusteuern. Darüber hinaus kostet die Einstellung eines ungeeigneten Mitarbeiters unverantwortlich viel Zeit, Kraft und Geld. Der Autor und Managementexperte Redford D. Smart geht davon aus: Eine Fehlbesetzung im Unternehmen verursacht Folgekosten von mindestens 15 Monatslöhnen, wenn man alle Prozesskosten berücksichtigt. Der Kulturwissenschaftler Geert Hofstede stellt fest: Wir Deutschen seien nicht besonders menschenorientiert. Wir entwickelten unsere Strategien, optimierten unsere Prozesse, schafften Strukturen und erst dann, wenn alles geplant ist, seien die Menschen an der Reihe und würden in diese Systeme gepresst.

Jim Collins, ein amerikanischer Managementexperte, zeigt in seinem Bestseller »Der Weg zu den Besten«, dass der Weg erfolgreicher Unternehmen genau andersherum verlief. Erst kam das »Wer?« und dann das »Was?«. Seiner Studie zufolge gründen Unternehmenserfolge immer auf hervorragenden Mitarbeitern. Zudem müssten die richtigen Leute nicht ständig kontrolliert und angespornt werden. Basis ist natürlich eine Personalplanung. Sie soll lang-, mittel- und kurzfristig alle erforderlichen Maßnahmen planen, um dem Unternehmen die Mitarbeiter zur Verfügung zu stellen, die nötig sind, um seine Ziele zu erreichen. Wichtig ist hierbei, zu beachten: Stimmt auch der Altersquerschnitt in Ihrem Unternehmen? Bereiten Sie sich rechtzeitig auf den Ruhestand von Leistungsträgern vor?

## Mitarbeiter fördern

Wurde mit viel Mühe endlich der passende Mitarbeiter ausgewählt, ist es erst einmal wichtig, in ihn zu investieren. Welche Standards gibt es in Ihrem Unternehmen für die Einarbeitung neuer Mitarbeiter? Fast 100 Prozent aller neuen Mitarbeiter sind beim Antritt einer neuen Stelle hochmotiviert, verlieren jedoch gefährlich schnell die Lust und die Motivation, weil sie gerade in der ersten Zeit so gut wie gar nicht begleitet werden. Wer arbeitet den Neuen ein? Wie schaut der Plan aus? Gibt es so etwas wie einen Betriebspaten? Wer wacht über die Qualität der Einarbeitung und wie geschieht das?

## Feedback

Eine der simpelsten und zugleich wirkungsvollsten Methoden bilden regelmäßige Gespräche, bei denen der Mitarbeiter Feedback geben kann und Feedback bekommt. Hier gibt es alle möglichen Vorschläge, wie ein solches Gespräch ablaufen und wie es aufgebaut sein kann. In immer mehr Unternehmen ist es Standard, dass jeder Mitarbeiter einmal pro Jahr zum offiziellen Mitarbeitergespräch gebeten wird. Das ist zwar vorbildlich, aber hier noch einmal die Warnung: Bitte bleiben Sie nicht an den Formularen hängen, die Sie über dieses Gespräch ausfüllen müssen! Achten Sie vielmehr darauf, dieses Gespräch im richtigen Geiste zu führen.

Eine Sache, vor der Mitarbeiter sich genauso fürchten, wie sie sich danach sehnen, ist eine spezielle Form von Feedbackgespräch, klassisch »Leistungsrückmeldung« genannt. (Wie sieht mein Vorgesetzter mich denn? Wo sieht er meine Stärken? Wo sieht er wichtige Handlungsfelder?) Wie laufen solche Gespräche in Ihrem Unternehmen ab? Hat ein Mitarbeiter darüber hinaus die Möglichkeit, auch Ihnen Feedback zu geben? Wie erlebt er Sie als Führungskraft? Wofür ist er dankbar? Was fällt ihm schwer? Was kostet ihn Zeit, Kraft und Nerven? Wie geht es ihm, wenn er an das Unternehmen denkt? Solche Gespräche erfordern Vorbereitung. Wichtig: Bei der Bitte um Rückmeldung sollten immer beide Dinge abgefragt werden: Was schätzen Sie, wofür sind Sie dankbar? Und welche Dinge fallen Ihnen eher schwer? Sehr wichtig ist der Aspaekt der Dankbarkeit. Wenn Sie nur Negatives abfragen, richtet sich der Fokus einseitig auf Dinge, die unzureichend sind. So etwas braucht die Ergänzung durch eine wertschätzende Perspektive. Ein anderes Instrument stellt eine regelmäßige Mitarbeiterbefragung dar. Professionell durchgeführt kann sie über Themen, die Ihre Mitarbeiter bewegen, und über Entwicklungspotenziale Aufschluss geben. Hierzu ein paar Tipps:

Wenn Ihre Firma nicht zu groß ist, stellen Sie Ihren Mitarbeitern zwei Arten von Fragen: solche zum Ankreuzen und offene Fragen, bei denen die Mitarbeiter einfach ihr Herz zu Themen ausschütten können, die nicht explizit abgefragt werden.

### Fort- und Weiterbildung

Dieses Thema widmet sich der Fragestellung: Wie können wir bewusst und systematisch das Lernen und die Entwicklung von Mitarbeitern fördern? Die Entwicklung von Mitarbeitern und auch von Führungskräften braucht ihre Zeit. Deshalb ist es wichtig, rechtzeitig anzufangen. Es ist auch notwendig, mehr Mitarbeiter zu schulen als strenggenommen nötig wären. Denn es gibt immer Ausfälle. Unternehmen, die hier zu knausrig waren und zu wenige Mitarbeiter qualifizierten, haben dies später meistens bereut. In immer mehr Unternehmen werden gute Mitarbeiter als Coachs ausgebildet. Sie sollen ganz bewusst Neuen und Unerfahreneren zur Seite stehen und ihnen bei einer Vielzahl von Herausforderungen helfen.

Die Schlüsselfrage: Was für Standards und Systeme können wir schaffen, die unser Unternehmen zu einem inspirierenden, motivierenden und wirksamen Arbeitgeber machen – und das auf eine Art und Weise, dass nicht nur die aktuellen Mitarbeiter, sondern auch zukünftige Generationen etwas davon haben?

## Fragen zur Selbstreflexion

1= trifft nicht zu/5 = trifft voll zu

| | 1 | 2 | 3 | 4 | 5 |
|---|---|---|---|---|---|
| In unserer Organisation gibt es Leitlinien, die in unserem Umgang miteinander und in der Führung die Richtung vorgeben. | | | | | |
| Für wichtige Stationen auf dem Weg eines Mitarbeiters existieren Standards, die durchdacht sind und gelebt werden. | | | | | |
| In unserem Unternehmen finden regelmäßige Mitarbeitergespräche statt, bei denen Mitarbeiter Rückmeldung geben können und Feedback bekommen. | | | | | |
| Wir tragen Sorge für eine systematische und strategische Aus-, Fort- und Weiterbildung unserer Mitarbeiter. | | | | | |
| Wir investieren in unsere Führungskräfte, damit die Qualität der Führung weiter zunimmt. | | | | | |
| Wir haben auch zukünftige Mitarbeitergenerationen im Blick und ein gesundes, ausgewogenes Verhältnis von erfahrenen und jungen Mitarbeitern | | | | | |

**Ergebnis = Summe : 6 =**

## Übung und Fragen zum Weiterdenken

1. Was sollte Ihrer Meinung nach Standard für den Umgang mit Mitarbeitern in Ihrer Organisation sein?
2. Welche sind Ihre wichtigsten Handlungs- und Problemfelder im Bereich Personal? Erstellen Sie eine Liste und versuchen Sie, Prioritäten zu setzen.
3. Gibt es in Ihrem Unternehmen irgendeine Form von Mitarbeiter- oder Personalgesprächen? Wenn nicht, wie könnte so etwas bei Ihnen aussehen? Wenn ja, stimmt die Qualität, oder was könnten Sie tun, um diese zu verbessern?
4. Wie handhabt Ihr Unternehmen das Thema Fort-, Aus- und Weiterbildung? Wie könnten Sie eigene gute Leute dafür gewinnen, ihr Wissen, ihr Können und ihre Arbeit in andere in der Firma zu investieren?

# 6 Identität

*Was nützt es einem Menschen, die ganze Welt zu gewinnen, wenn er selbst dabei unheilbar Schaden nimmt?*

BIBEL (NEUE GENFER ÜBERSETZUNG), MARKUS 8,36

*Man nimmt sich mit, wohin man geht.*

ERNST BLOCH,
DEUTSCHER PHILOSOPH (1885-1977)

Die Identität ist die Eigentümlichkeit des Wesens, die einen Menschen kennzeichnet und als Individuum von anderen Menschen unterscheidet. Das Wort »Identität« hat seine Wurzel im Lateinischen. »Idem« heißt derselbe, der gleiche. Im Allgemeinen beschreibt der Begriff »Identität« die einzigartige Kombination persönlicher und damit unverwechselbarer Kennzeichen eines Individuums.

Dazu gehören beispielsweise der Name, das Geschlecht, der Beruf und die Charaktermerkmale, durch die sich eine Person von anderen unterscheidet. Die Psychologen fassen den Begriff »Identität« etwas enger und beschreiben damit eine einzigartige Persönlichkeitsstruktur.

Wer sind Sie eigentlich? Nein, ich meine nicht, wie Sie heißen, sondern was Sie ausmacht. Zunächst spielen dabei natürlich die Gene eine wichtige Rolle. Führende Forscher meinen jedoch: Unsere Umwelt entscheidet mit darüber, welche Gene aktiviert werden. Zudem sind wir Menschen offenbar sehr viel lernfähiger als bisher gedacht.

Menschen werden mit ganz unterschiedlichen Veranlagungen und Fähigkeiten geboren. Doch spielen erwiesenermaßen Erfahrung, Ausbildung und persönliche Einstellungen eine entscheidende Rolle. Der Intelligenzforscher Robert Sternberg schreibt: Der wichtigste Grund, warum Menschen bestimmte Eigenschaften entwickeln, sei kein angeborenes Talent, sondern eine zielgerichtete Tätigkeit.

Die Stanford-Professorin Carol Dweck forscht seit 20 Jahren in diesem Bereich. Sie hat entdeckt: Die innere Einstellung, die man selbst im Hinblick auf die eigene Identität hat, beeinflusst die Lebensqualität eines Menschen maßgeblich. Haben Sie ein dynamisches oder eher ein statisches Selbstbild? Ein statisches Selbstbild führt oft zu einer sehr einengenden Sicht. Man muss sich immer wieder beweisen, dass man so ist, wie man zu sein glaubt. Von Natur aus lernt jeder Mensch leidenschaftlich gerne, aber wodurch endet diese Lern- und Entwicklungsbegeisterung? Es ist vor allem ein statisches Selbstbild, die Überzeugung, man könne sich ja doch nicht ändern. Im Gegensatz dazu steht das dynamische Selbstbild, etwas, das wächst, sich weiterentwickelt und verändert. Interessanterweise lässt sich der Unterschied sogar anhand von Gehirnwellen messen.

Das dynamische Selbstbild geht davon aus, dass wir bestimmte Eigenschaften bei der Geburt mitbekommen haben, aber dass wir uns selbst während des Lebens weiterentwickeln können. Carol Dweck sagt: Auch wenn wir uns in tausenderlei Hinsicht, in Talenten, Eignungen, Interessen oder dem Temperament noch so sehr unterscheiden, wir alle können uns durch den Einsatz der Erfahrungen verändern und entwickeln. Der Glaube, bestimmte Fähigkeiten entwickeln zu können, weckt in uns Offenheit und Lernbegeisterung. Wenn wir über Identität reden, geht es um die faszinierende Spannung zwischen Veranlagung und der Möglichkeit, diese weiterzuentwickeln.

Kein Zweifel: Identität ist etwas sehr Komplexes. Die unterschiedlichsten Dinge spielen mit hinein. Worauf bauen wir unsere Identität, was macht eine gesunde Identität aus? Um diesen Fragen nachzugehen, werden wir Sie durch fünf wichtige Handlungsfelder begleiten: Selbstkenntnis, Perspektive, Lebensbalance, Ethik, Spiritualität und Selbstreflexion.

## Vom wahren Ich und dem konstruierten Ich

Woraus schöpfen Sie Ihre Identität? Auf welche Säulen bauen Sie? Da gibt es Äußerlichkeiten, die zu Ihnen gehören: Ihr Auto, Ihr Haus, Ihr Boot, Ihre Firma. Das alles mögen wunderbare Dinge sein, doch als Fundament für die eigene Identität sind sie langfristig nicht tragfähig.

Manche bauen ihre Identität auf ihrer Wirkung auf: Wenn sie den Raum betreten, werden alle anderen still. Vielleicht verlassen Sie sich auf die Anziehung, die Sie auf das andere Geschlecht ausüben oder auf eine bestimmte Person des anderen Geschlechts. Eventuell bedeutet es Ihnen viel, dass Sie andere zum Lachen bringen können. Womöglich genießen Sie zumindest unbewusst Ihre Macht, die Menschen aufzuwühlen.

Wieder andere schöpfen ihre Identität vielmehr aus ihrem Tun, Machen, Schaffen und ihrem Fleiß. Sie versuchen Wirkung zu erzielen, sei es, indem sie virtuos ein Instrument spielen, jemandem helfen oder bis zum Umfallen arbeiten. Identität entsteht hier aus dem Tun, ob konstruktiv, neutral oder sogar destruktiv. Wer nicht um seinen sonstigen Wert weiß, läuft Gefahr, seine Identität auf das Tun zu bauen: »Ich bin jemand, solange ich …« Kennen Sie das schönste Kompliment für eine schwäbische Hausfrau: »Mei, du siehsch aber g'schafft aus!«

Wieder andere haben als Fundament für ihre Identität ihr Weltbild gewählt, das ihnen aus ihrer Sicht Bedeutung verleiht. Oft gehört die Verbundenheit zu einer entsprechenden Gruppe dazu. Dieses Wir-Gefühl gibt Ihnen das Gefühl von Wichtigkeit, nach dem sie sich sehnen. Sei es durch ihre Weltanschauung, sei es über ihre Parteizugehörigkeit, sei es aufgrund ihres Engagements gegen herrschende Not. Auch das Wort »Standesdünkel« passt in diese Kategorie: Ich bin Adeliger, Unternehmer, Arzt … Weil ich zu dieser Gruppe gehöre, bin ich wertvoll und wichtig.

All diese Dinge sind für sich genommen keine schlechte Sache, aber sie tragen nicht als Fundament. Es gilt jedoch, den Kern der eigenen Identität zu erkunden: Wer bin ich jenseits all dieser Dinge? Was macht mich aus? Menschen, die auf diese Fragen Antworten gefunden haben, sind von einer ganz anderen Tiefe, Ruhe und Gediegenheit, die in ihre gesamte Führungsaufgabe hineinwirkt.

Manche sprechen hier vom »wahren, echten Ich« im Unterschied zum »konstruierten Ich«. Thomas Merton schreibt: »Jeder von uns trägt den Schatten einer eingebildeten Person mit sich. Diese Person wären wir gerne, außerhalb unserer Vorstellung existiert sie jedoch nicht. Sie ist also kein reales Wesen, sondern ein Konstrukt, das sich auf vielen netten Ideen, auf Statussymbolen, Ansehen … gründet. Wie instabil unser Selbstverständnis ist, zeigt sich, wenn wir angegriffen werden und dieses Selbstverständnis infrage gestellt oder uns sogar genommen wird. Normalerweise reagieren wir darauf sehr heftig, denn unser konstruiertes Selbstverständnis scheint das Einzige, über das wir verfügen, solange wir aus einem falschen Selbst heraus leben.«

Der Mensch, der wir gerne wären, existiert nicht. Aber hinter all diesen Konstrukten verbirgt sich etwas anderes, Wunderschönes. Das wirkliche, wahres Ich. Was das ist? Zu einer Entdeckungsreise laden wir Sie jetzt ein.

## 6.1 Selbstkenntnis

*Durch die unaufhörliche innere Nachforschung, die fragt: »Wer bin ich?«, wirst du dich selbst erkennen und dadurch Befreiung erlangen.*

RAMANA MAHARSHI, INDISCHER GELEHRTER

*Wie Wasser ein Spiegel ist für das Gesicht, so ist das Herz des Menschen ein Spiegel für den Menschen.*

BIBEL, SPRÜCHE 27,19

Selbstkenntnis ist die Fähigkeit, sich selbst mit der eigenen Geschichte, dem eigenen Potenzial und den eigenen Leidenschaften zu entdecken, zu akzeptieren und wertzuschätzen.

Eine Führungskraft führt Menschen und Organisationen, vor allem durch das, was sie ist. Ein Forschungsteam der Harvard-Universität untersuchte etwa 3 000 Führungskräfte aus verschiedensten Kulturkreisen, die erfolgreich waren sowie gesund und authentisch geblieben sind. Es gab mehrere Dinge, die bei diesen Führungskräften immer wieder auffielen, darunter folgende:

1. Sie kannten ihre eigene Geschichte und identifizierten sich mit ihr.
2. Sie kannten ihr Potenzial und ihre intrinsische Motivation und konzentrierten sich darauf, beides einzusetzen.
3. Sie kannten ihre Leidenschaft und arbeiteten daran, diese auszuleben.
4. Sie hatten sich ein integriertes Lebenshaus gebaut, in dem sie in unterschiedlichsten Lebensbereichen ganz sie selbst sein konnten.
5. Sie hatten ein Team von Mentoren und Co-Mentoren aufgebaut, die sie unterstützten.

## Meinen Lebensweg entdecken

In seinem Buch »Vom Sinn der Gemeinschaft« beschreibt der Philosoph und Theologe Romano Guardini: Um einen Menschen kennenzulernen, muss man seine Geschichtsgestalt (seinen Lebensweg), seine Wesensgestalt (sein Potenzial) und seine Berufungsgestalt (seine Perspektive) entdecken.

Wir starten diese Entdeckungsreise mit der Geschichtsgestalt. Ich (Paul Donders) mag das Wort »Gestalt« sehr gerne, weil es zum Ausdruck bringt, dass wir Menschen auf verschiedene Art und Weise gestaltet sind. Wir werden gestaltet durch unseren genetischen Code, unsere Erbanlagen. Vieles in uns, ob körperlich, emotional, geistig oder charakterlich, ist in uns hineinprogrammiert. Wir werden aber auch gestaltet durch die Art, wie wir auf unsere Anlagen, auf Umgebungseinflüsse, Chancen und Gefahren reagieren. Wir können aus Krisen lernen, können dies aber auch sein lassen. Sie als Führungskraft haben Ihre eigene Geschichts-, Wesens- und Berufungsgestalt und sind selbst dafür verantwortlich, wie Sie damit umgehen.

Als Einstieg laden wir Sie zu einem Workshop ein: Beschreiben Sie die Höhepunkte und Erfolge, die Sie in der Vergangenheit als Projektleiter oder Führungskraft erlebt haben (Zeile 2). Das können auch kleinere Geschehnisse aus Ihrer Kindheit und Jugend sein, etwa ein Amt als Klassensprecher oder Ihr Einsatz als Teamleiter im Sport. Beschreiben Sie danach in Zeile 1, welche Führungsstärken Sie dort eingesetzt haben. Wenn Sie Ihren Lebensweg im Bereich Führung vom Alter zehn Jahre bis heute durchgearbeitet haben, entdecken Sie möglicherweise wiederkehrende Führungsstärken.

Danach schauen Sie sich die schwierigen Zeiten an. Beschreiben Sie vier Führungskrisen, vier Versagen oder vier extreme Stresssituationen. Ganz unten tragen Sie ein, welche Lektionen Sie (meist im Nachhinein) daraus gelernt haben.

| Meine Führungsstärken, die ich dabei eingesetzt habe |
| --- |
| ▶ |
| ▶ |
| ▶ |
| ▶ |
| Höhepunkte und Erfolge meiner Führungsverantwortung oder Projektleitung |
| ▶ |
| ▶ |
| ▶ |
| ▶ |
| Krisen in meiner Rolle als Projektleiter oder Führungskraft |
| ▶ |
| ▶ |
| ▶ |
| ▶ |
| Lektionen, die ich dabei gelernt habe |
| ▶ |
| ▶ |
| ▶ |
| ▶ |

Notieren Sie sich jetzt Ihre sechs wichtigsten Führungsstärken und Führungslektionen:

| **Meine sechs wichtigsten Führungsstärken:** |
| --- |
| 1. |
| 2. |
| 3. |
| 4. |
| 5. |
| 6. |

| **Meine sechs wichtigsten Führungslektionen:** |
|---|
| 1. |
| 2. |
| 3. |
| 4. |
| 5. |
| 6. |

Einen großen Einfluss haben auch Vorbilder. Welche Menschen haben Sie in Ihrem Führungsverhalten geprägt?

| Meine Vorbilder | Was mich an ihrem Führungsverhalten begeistert | Was ich in mein Führungsverhalten integrieren will |
|---|---|---|
| 1. | ▶<br>▶<br>▶ | ▶ |
| 2. | ▶<br>▶<br>▶ | ▶ |
| 3. | ▶<br>▶<br>▶ | ▶ |
| 4. | ▶<br>▶<br>▶ | ▶ |
| 5. | ▶<br>▶<br>▶ | ▶ |

### Mein Potenzial entdecken

In Abschnitt 4.3 haben wir die vier Bereiche der intrinsischen Motivation bereits vorgestellt:

1. Fähigkeiten
2. Persönlichkeitsstärken
3. Motivierende Umgebungsfaktoren
4. Persönliche Werte

Führungskräfte, die ebenso authentisch wie gesund bleiben und nachhaltig erfolgreich arbeiten, sorgen dafür, dass sie so viel wie möglich mit ihren intrinsischen Motivationsfaktoren arbeiten. Denn daraus schöpfen sie täglich neue Energie und innere Motivation. In den vier folgenden kleinen Workshops können Sie eine erste Einschätzung vornehmen. Oft lohnt sich allerdings, in diesen Bereich mehr Zeit und möglicherweise ein Coaching zu investieren.

## Meine Fähigkeiten entdecken

In der folgenden Übersicht finden Sie 48 Basisfähigkeiten.

| Umgang mit Menschen | Umgang mit Information |
|---|---|
| Anleitungen folgen | verwalten |
| dienen | kalkulieren |
| nachempfinden, Mitleid empfinden | ins Rollen bringen |
| | forschen |
| kommunizieren | bewerten |
| überzeugen | organisieren |
| verhandeln, entscheiden | verbessern, anpassen |
| gründen, aufbauen | logisch denken |
| behandeln | planen, entwickeln |
| beraten | strukturieren |
| unterrichten | Konzepte entwickeln |
| führen | integrieren |
| bei Konflikten vermitteln | |

| Umgang mit Material | Bereich Kreativität |
|---|---|
| Gegenstände behandeln | vorführen, amüsieren |
| mit Erde und Natur arbeiten | musizieren |
| Maschinen bedienen | bildhauerisch tätig sein |
| den Computer bedienen | tanzen |
| Präzisionsarbeit ausführen | Pantomime aufführen |
| bauen | Theater spielen |
| malen, anstreichen | zeichnen, malen |
| reparieren | designen, Dinge entwerfen |
| dekorieren | schreiben |
| mit Elektronik umgehen | kreativ denken |
| kochen, backen | fotografieren |
| mit Tieren umgehen | sportliche Aktivitäten |

Fragen Sie sich zuerst: Welche dieser Fähigkeiten setze ich gerne ein oder würde ich gerne einsetzen? Kreuzen Sie so viele Fähigkeiten an, wie Sie mögen. Fragen Sie sich danach: Welche dieser Fähigkeiten haben sich schon zu Stärken entwickelt? Kreuzen Sie auch diese an.

Wählen Sie jetzt die sechs Fähigkeiten aus, die zwei Kreuzchen erhalten haben und deren Einsatz Ihnen am meisten Energie liefert. Schreiben Sie sie in die folgende Tabelle:

| Meine sechs wichtigsten Fähigkeiten: |
|---|
| 1. |
| 2. |
| 3. |
| 4. |
| 5. |
| 6. |

## Meine Persönlichkeitsstärken

Im folgenden Überblick haben wir gemäß der DISG-Übersicht 40 Persönlichkeitsstärken für Sie zusammengefasst:

| **D = dominant/direkt**<br>**Stärken:** | **I = initiativ/einflussreich**<br>**Stärken:** |
|---|---|
| bereitet Konflikte vor | Brückenbauer |
| ergebnisorientiert | knüpft einfach Kontakte |
| entscheidet schnell | optimistisch |
| liebt Herausforderungen | begeistert |
| unabhängig | kommuniziert gut und gerne |
| bringt Dinge ins Rollen | flexibel |
| gibt die Richtung vor | schafft eine motivierende Atmosphäre |
| löst Probleme | genießt das Leben |
| hat Ausdauer | beeinflussend |
| ist direkt in der Kommunikation | spontan |
| **G = gewissenhaft**<br>**Stärken:** | **S = stetig/stabil**<br>**Stärken:** |
| logischer Denker | geduldig |
| Freude an Details | stellt Harmonie her |
| Qualitätsbewusstsein | guter Teammitarbeiter |
| denkt kritisch, versucht Hintergrundinformation zu verstehen | guter Zuhörer (Empathie) |
| | loyal |
| gründlich | schafft ein stabiles Umfeld |
| respektiert Regeln | strukturiert |
| hört analytisch (kritisch) zu | fühlt sich verantwortlich |
| vorsichtig | pragmatisch |
| beobachtend | unterstützend |
| genau | |

Fragen Sie sich hier: Welche Persönlichkeitsstärken erkenne ich am deutlichsten bei mir selbst? Wählen Sie danach wieder die sechs aus, die Ihnen am meisten Energie geben. Tragen Sie sie in die folgende Tabelle ein.

| **Meine sechs wichtigsten Persönlichkeitsstärken:** |
| --- |
| 1. |
| 2. |
| 3. |
| 4. |
| 5. |
| 6. |

## Umgebungsfaktoren, die mich motivieren

In der folgenden Übersicht haben wir gemäß der DISG-Übersicht 33 motivierende Umgebungsfaktoren zusammengefasst:

| **D = dominant/direkt**<br>**Stärken:** | **I = initiativ/einflussreich**<br>**Stärken:** |
| --- | --- |
| sichtbare Ergebnisse | Abwechslung |
| Entscheidungsfreiheit | Zusammenarbeit mit Menschen |
| Herausforderungen | Zeit, das Leben zu genießen |
| große Projekte | keine Schwierigkeiten |
| selbstständiges Handeln | flexible Bedingungen |
| (Handlungsfreiheit) | Möglichkeit, zu kommunizieren |
| wenig Kontrolle durch das Umfeld | öffentliche Anerkennung |
| wenig Detailarbeit | freundliche, positive |
| klare Ziele | Atmosphäre |
| initiativ/einflussreich | |

| **G = gewissenhaft**<br>**Stärken:** | **S = stetig/stabil**<br>**Stärken:** |
|---|---|
| klar formulierte Erwartungen<br>klare Spielregeln<br>Erläuterung von Änderungen<br>Anerkennung der Leistungsqualität<br>klare Stellenbeschreibung<br>Gelegenheit, Fragen zu stellen<br>Aufgaben, die Präzision erfordern<br>stille Arbeit | Sicherheit, Stabilität<br>Zeit, sich auf Änderungen einzustellen<br>Arbeiten in einem kleinen Team<br>Anerkennung der eigenen Person<br>klar formulierte Erwartungen<br>harmonisches Umfeld<br>klare, gute Beziehungen<br>regelmäßige, geordnete Verfahren |

Fragen Sie sich hier: Unter welchen Umgebungsfaktoren blühe ich am meisten auf? Was sind für mich wichtige Motivationsfaktoren? Wählen Sie dann wieder die sechs aus, die Ihnen am meisten Energie verschaffen. Tragen Sie sie in die folgende Tabelle ein:

| **Die wichtigsten Umgebungsfaktoren, die mich motivieren:** |
|---|
| 1. |
| 2. |
| 3. |
| 4. |
| 5. |
| 6. |

## Meine persönlichen Werte

Dieser vierte Bereich der intrinsischen Motivation wird in der neuesten Managementliteratur als zunehmend wichtig erachtet. Einer der Begründer dieses Denkens ist sicherlich der Psychologe Viktor Frankl. Er wies durch sein Lebenswerk ausführlich nach, dass jeder Mensch ein Grundbedürfnis hat: Sinnerfüllung in seinem Leben und seiner täglichen Arbeit. Auch aus neuesten Untersuchungen, die Daniel Pink in seinem Buch »Drive: The Surprising Truth About What Motivates Us« (»Antrieb: Die überraschende Wahrheit darüber, was uns motiviert«) zusammenstellt, wird sehr deutlich: Nur wer dauerhaft intrinsisch motiviert ist, wird Sinnerfüllung in seiner Arbeit entdecken. Leider gibt es hier nicht eine einfache 4-mal-10-Übersicht von möglichen Werten, die zu Ihnen passen. Das wäre eine gefährliche Vereinfachung dieses so reichen Themas.

Darum haben wir einen Kreativ-Workshop entwickelt, in dem Sie sich in fünf Schritten Ihren persönlichen Werten nähern.

1. Zeichnen Sie eine Mindmap zum Thema: »Wofür möchte ich in fünf Jahren bekannt sein (beruflich und privat)?«
2. Zeichnen Sie eine Mindmap zum Thema: »Was will ich in den nächsten zehn Jahren umgesetzt und aufgebaut haben (beruflich und privat)?«
3. Zeichnen Sie eine Mindmap zum Thema: »Wem will ich in den nächsten fünf Jahren dienen und wie soll das geschehen (beruflich und privat)?«
4. Fassen Sie die Ergebnisse der drei Mindmaps zusammen. Gebrauchen Sie jetzt diese Puzzleteilchen, um folgende Kernsätze zu notieren. Malen Sie zu jedem Kernsatz ein Symbol. Die Kernsätze beschreiben:
   - was Ihnen sehr wichtig ist,
   - was für Sie eine hohe Priorität hat,
   - wo Sie gerne Zeit und Geld investieren,
   - was Ihrem Leben Farbe gibt und Sie begeistert,
   - wozu Sie Ihrer Einschätzung nach einen sinnvollen Beitrag bringen.
5. Fassen Sie jetzt als Ergänzung diese sechs Kernsätze in einem »Familienwappen« zusammen. Gebrauchen Sie hier Ihre Symbole und Farben, verwenden Sie aber innerhalb des Wappens keine Worte. Sie können (müssen aber nicht) dazu noch ein Motto formulieren.

Werte – Kernsätze:

Wofür will ich bekannt sein?

Was will ich in zehn Jahren realisiert haben?

Welchen Menschen möchte ich gedient haben?

Mein Wappen und mein Motto:

## Zusammenfassung

Nehmen Sie sich Zeit, um Ihre Geschichte und Ihr Potenzial zu entdecken. Besprechen Sie die jeweiligen Erkenntnisse mit einem Partner oder guten Freund. Indem Sie sich jemand anderem »erklären«, wird Ihr Selbstbild noch wesentlich schärfer und bekommt durch gute Fragen ihres Gegenübers noch mehr Farbe. Suchen Sie nach Wegen, Ihre intrinsischen Motivationsfaktoren in Ihre tägliche Arbeit und Ihre private Umgebung einzubauen. Denn das verhilft Ihnen zu mehr Energie für den Aufbau einer erfolgreichen Führungsarbeit.

## 6.2 Perspektive

*Man kann nicht in die Zukunft schauen, aber man kann den Grund für etwas Zukünftiges legen – denn Zukunft kann man bauen.*

ANTOINE DE SAINT-EXUPÉRY,
FRANZÖSISCHER SCHRIFTSTELLER (1900-1944)

Perspektive heißt, als Führungskraft aufgund der eigenen Werte eine klare Vision für die berufliche und persönliche Entwicklung aufzubauen, die durch einen persönlichen inneren Auftrag inspiriert ist.

Führungskräfte, die viele Menschen inspiriert haben, waren selbst von einem inneren Auftrag und einer klaren Vision inspiriert. Welches ist Ihr innerer Auftrag, Ihre klare Vision, Ihre Leidenschaft, Ihre Perspektive? In diesem Kapitel finden Sie einige Workshops dazu, wie Sie in Bezug auf Ihre Perspektive mehr Klarheit bekommen können. Wir gehen hier drei Schritte. Zunächst geht es um eine kreative Reise, dann um eine klare Vision und schließlich um eine umsetzbare Strategie.

### Eine kreative Reise

Betrachten Sie zunächst

- die Lektionen aus Ihrer Geschichte und den roten Faden, der sich durch sie zieht,
- Ihre Fähigkeiten und Persönlichkeitsstärken,
- die für Sie wichtigen Umgebungsfaktoren,
- die sechs Kernsätze Ihrer Werte,
- Ihr Familienwappen.

Jetzt kommt die künstlerische Aufgabe auf Sie zu, aus all diesen Puzzleteilchen zumindest drei Visionsbilder zusammenzusetzen. Warum drei? Weil eine Vision Inspiration und Kreativität braucht. Indem Sie sich nicht direkt auf nur eine »richtige« Lösung konzentrieren, fördern Sie wesentlich mehr zutage. Denn dieser innere Auftrag zieht sich wie ein roter Faden durch Ihre Geschichte, durch Ihr Wesen. Er will in jeder Lebensphase neu entdeckt und in eine Lebensvision übersetzt werden. Um sich diesen roten Faden ins Bewusstsein zu rufen, malen Sie jetzt drei Bilder von drei möglichen kreativen Reisen in Ihre Zukunft.

**Kreative Reise in die Zukunft meiner Berufswelt:**

| Jahre | **Szenario 1** | **Szenario 2** | **Szenario 3** |
|---|---|---|---|
| bis 5 | | | |
| bis 10 | | | |
| bis 15 | | | |

1. Fangen Sie in Ihrer Berufswelt an. Welche drei Szenarien könnten Sie in den nächsten fünfzehn Jahren entwickeln? Eines dieser Szenarien kann durchaus Ihrer heutigen Berufssituation entsprechen, die Sie optimal gemäß Ihren Fähigkeiten, Ihrer Persönlichkeit und Ihren Werten weiterentwickeln. Die beiden anderen Szenarien sollten dann ein Blick über den Tellerrand sein.
2. Beschreiben Sie jedes Szenario wie drei Bilder. Wie sieht Ihr Berufsleben in fünf, in zehn, in fünfzehn Jahren aus? Sie können hier zur Beschreibung neben Worten auch Zeichnungen oder Kollagen aus Zeitungsbildern verwenden.
3. Nachdem Sie die drei Szenarien für Ihr Berufsleben entwickelt haben, malen Sie sich drei Szenarien für Ihr Privatleben aus. Gebrauchen Sie auch hier Worte und Bilder.

| Kreative Reise in die Zukunft meines Privatlebens: | | | |
|---|---|---|---|
| Jahre | Familie | Gesellschaftliches, kirchliches, soziales oder vereinsmäßiges Engagement | Freizeit, Hobbys, Freunde, Reisen |
| bis 5 | | | |
| bis 10 | | | |
| bis 15 | | | |

Schauen Sie jetzt in aller Ruhe einmal alle Szenarien an. Welche beruflichen Szenarien ergänzen auf welche Weise die privaten?

## Eine klare Vision

Nachdem Sie mehrere Bilder entwickelt haben, kommt nun die spannende Aufgabe auf Sie zu, ein klare Vision sowohl für Ihr Berufsleben als auch für Ihr Privatleben zu entwickeln.

Die kreative Reise ging ganz bewusst fünfzehn Jahre in die Zukunft hinein, um Ihre Kreativität herauszufordern. Eine klare Vision aber richtet sich nur auf die nächsten fünf Jahre, denn sie soll realisierbar sein. Zudem soll sie Beruf und Privatleben miteinander kombinieren. Zeichnen Sie auch hier wieder eine Mindmap und fassen Sie danach Ihre klare Vision in Worte und Bilder. Wie sehen Sie, wie sieht Ihre Familie, Ihr Freundeskreis und Ihr Berufsleben in fünf Jahren aus?

## Eine umsetzbare Strategie

Kommen wir nun zu einer umsetzbaren Strategie. In einer Studie, so berichtet Jim Collins, wurden die Erfahrungen amerikanischer Kriegsgefangener in Vietnam ausgewertet. Es gab hier eine Korrelation zwischen ihren Überlebenschancen und ihren persönlichen Lebenseinstellungen. Im Groben ließen sie sich in drei Gruppen einteilen:

1. Die Pessimisten: Sie starben am ehesten.
2. Die Optimisten: Sie starben etwas später als die Pessimisten.
3. Die Realisten mit Perspektive: Sie überlebten am häufigsten.

Eine Führungskraft, soll nicht nur selbst überleben, sondern auch Vorbild für ihr Team sein. Darum ist es für jede Führungskraft unerlässlich, die eigene Vision in eine klare und umsetzbare Strategie zu übertragen. Ihre strategischen Ziele sollten die MMM-Kriterien erfüllen, sie sollten also messbar, machbar und motivierend sein (vgl. Abschnitt 5.2). Ihre strategischen Ziele weisen einen klaren Weg in die nächsten drei Jahre. Füllen Sie die folgende Tabelle aus:

| Strategische Ziele: beruflich | | | Strategische Ziele: privat | | |
|---|---|---|---|---|---|
| Ziele | Zeit | € | Ziele | Zeit | € |
| ▶ | | | | | |
| ▶ | | | | | |
| ▶ | | | | | |
| ▶ | | | | | |
| ▶ | | | | | |
| ▶ | | | | | |

## 6.3 Lebensbalance

*Strebe nach Ruhe, aber durch das Gleichgewicht,*
*nicht durch den Stillstand deiner Tätigkeit.*

FRIEDRICH VON SCHILLER

Sie haben es gelesen: Laut einer Studie von Harvard ist ein Hauptfaktor des nachhaltigen Erfolgs ein ausgeglichenes Leben, zu dem das Privat- und Familienleben genauso gehört wie die Arbeit. Wirklich erfolgreiche Führungskräfte haben sich ein integriertes Lebenshaus gebaut. Was heißt das? Würden Sie Paul Donders in seinem Lebenshaus besuchen, dann würde er Sie in der Eingangshalle begrüßen. Der gleiche Paul Donders würde Sie ins Wohnzimmer mitnehmen, und Sie würden in allen Räumen seines Hauses immer wieder demselben Paul Donders begegnen: auf dem Dachboden, im Bad, im Schlafzimmer, in der Küche, im Arbeitszimmer, im Keller und sogar im Garten.

Es fördert das Vertrauen, wenn das Gegenüber ein Mensch von Stetigkeit ist, der sich nicht ständig wandelt. Auch für die Mitbewohner meines Lebenshauses (meine Frau und Kinder) ist es beruhigend, zu wissen, wer ich wirklich bin. Nicht zuletzt ist es für mich selbst sehr viel angenehmer und entspannender, nicht in jedem Zimmer eine andere Maske tragen und eine andere Rolle spielen zu müssen. Zugegeben: Meine Verantwortung bei meiner Arbeit ist häufig eine andere als im Privatleben. Aber idealerweise kann ich in den verschiedenen Bereichen trotzdem dieselbe Person bleiben.

Wie können Sie so ein integriertes Lebenshaus aufbauen? Um beim Bild eines Hauses zu bleiben – Sie brauchen:

- ein Haus der Regeneration,
- ein Haus der Qualität,
- ein Haus des Feierns.

## Das Haus der Regeneration

Als Führungskraft investieren Sie ständig in das Wohlergehen Ihrer Mitarbeiter, Ihrer Kunden, Ihrer Organisation. Gleichzeitig tun Sie Ihr Bestes, um dies auch im Privatleben zu schaffen. Das wird nicht ohne Enttäuschungen, Irritationen und Verletzungen vonstatten gehen – sowohl bei Ihren Familienmitgliedern und Freunden als auch bei Ihnen selbst. Gerade deswegen braucht jede Führungskraft einen Ort, an dem sie wieder aufgebaut, wiederhergestellt werden oder einfach zur Ruhe kommen und wieder auftanken kann. Ein Burnout entwickelt sich viel eher und aggressiver bei Führungskräften, die so ein Haus der Wiederherstellung nicht besitzen, als bei solchen, die es haben. Ein solches Haus bauen Sie hauptsächlich durch gesunde Rituale, die Ihnen helfen, einen heilsamen Rhythmus im täglichen Leben zu finden. Regelmäßigkeit kennzeichnet den Weg, um Ihr eigenes gesundes Maß zu finden. Die AOK erforschte in den 1990er-Jahren, welchen Einfluss ein unregelmäßiger Lebensstil auf die Gesundheit hat: Rund 80 Prozent aller Krankheiten werden dadurch mitverursacht.

Ein gutes Beispiel ist der Schlaf. Bei vielen Führungskräften leidet die Gesundheit zunehmend, weil sie schlecht, zu wenig und unregelmäßig schlafen. In diesem Bereich ein Haus der Wiederherstellung zu bauen, bedeutet, den eigenen Lebensstil in Bezug auf das Schlafen umzukrempeln und passende Rituale zu entwickeln, wie beispielsweise:

- nach 21 Uhr keine Nachrichten mehr im Fernsehen anschauen,
- abends 20 Minuten einen Spaziergang an der frischen Luft machen,
- vor 24 Uhr das Licht ausschalten und schlafen, das bedeutet, den Tag vor 23.30 Uhr abschließen,
- 7-8 Stunden täglich schlafen.

Andere Bereiche des Hauses der Wiederherstellung sind zum Beispiel:

- Sport und Bewegung,
- gesunde Ernährung,
- eine positive Beziehung zu sich selbst,
- eine positive Beziehung zu anderen,
- Zeit für Besinnung.

Nutzen Sie den nächsten Workshop, um Bausteine für Ihr Haus der Wiederherstellung zu finden:

| Thema | Gewohnheiten, Rituale | Rhythmus | Sparring-partner | Literatur |
|---|---|---|---|---|
| | ▶ Nach 21 Uhr keine Nachrichten schauen | ▶ 4/Woche | ▶ Sylvia | ▶ »Gedanken«, Anselm Grün |
| Schlaf | ▶<br>▶<br>▶ | | | |
| Sport | ▶<br>▶<br>▶ | | | |
| Ernährung | ▶<br>▶<br>▶ | | | |
| Beziehung zu mir selbst | ▶<br>▶<br>▶ | | | |
| Beziehung zu anderen | ▶<br>▶<br>▶ | | | |
| Besinnung | ▶<br>▶<br>▶ | | | |

## Das Haus der Qualität

In diesem Buch haben wir eines immer wieder betont: wie sinnvoll, motivierend und positiv herausfordernd es ist, die drei wichtigsten Begabungen an sich zu entdecken, weiterzuentwickeln und darin sogar zum Meister zu werden. Dazu braucht es einen Lebensstil, der es ermöglicht, sich auf seine Begabungen zu konzentrieren und die 5 000 bis 10 000 erforderlichen Übungsstunden unterzubringen. Suchen Sie auch hier nach Bausteinen, mit denen Sie Ihr Haus der Qualität bauen können:

| Meine 3 wichtigsten Begabungen | Übungen, die ich täglich oder wöchentlich absolvieren kann | Rhythmus | Sparringpartner | Literatur |
|---|---|---|---|---|
| 1. | | | | |
| 2. | | | | |
| 3. | | | | |

## Das Haus des Feierns

Neben Wohlbefinden und Qualität gehört zu einem integrierten Lebenshaus auch das Feiern. Führungskräfte, die nur arbeiten, erzeugen bei der Arbeit und Zuhause einen enormen Leistungsdruck: »Nur wer Leistung bringt, ist wertvoll!« Eine Gemeinschaft oder Gesellschaft, in der der Wert eines Menschen allein über Leistung definiert wird, macht aber krank. Gerade weil das Leben mehr als nur Leistung beinhaltet, sollten Sie als Führungskraft mit gutem Beispiel vorangehen. Feiern Sie das Leben regelmäßig – in Zeiten von Erfolg und in Zeiten von Misserfolg (gerade dann brauchen Sie es besonders nötig).

Bernard von Clairvaux, einer der bekanntesten Benediktineräbte seiner Zeit, schrieb im Jahr 1140 einen fantastischen Brief an den damaligen Papst Eugen III. Dieser war von Bernard selbst ausgebildet worden. Als er den Brief bekam, war er schon einige Jahre lang vielbeschäftigter Papst.

*[...] Ich fürchte, dass Du, eingekeilt in Deine zahlreichen Beschäftigungen, keinen Ausweg mehr siehst und deshalb Deine Stirn verhärtest; dass Du dich nach und nach des Gespürs für einen durchaus richtigen und heilsamen Schmerz entledigst. Es ist viel klüger, Du entziehst Dich von Zeit zu Zeit Deinen Beschäftigungen, als dass sie Dich ziehen und Dich nach und nach an einen Punkt führen, an dem du nicht landen willst. Du fragst, an welchen Punkt? An den Punkt, wo das Herz hart wird. [...]*

*Das harte Herz ist allein; es ist sich selbst nicht zuwider, weil es sich selbst nicht spürt. [...] Wie kannst Du [...] voll und echt Mensch sein, wenn Du Dich selbst verloren hast? Auch Du bist ein Mensch. Damit Deine Menschlichkeit allumfassend und vollkommen sein kann, musst Du also nicht nur für alle anderen, sondern auch für Dich selbst ein aufmerksames Herz haben. [...] Wie lange noch schenkst Du allen anderen Deine Aufmerksamkeit, nur nicht Dir selbst?*

*Ja, wer mit sich selbst schlecht umgeht, wem kann der gut sein? Denk also daran: Gönne Dich Dir selbst. Ich sage nicht: Tu das immer, ich sage nicht: Tu das oft, aber ich sage: Tu es immer wieder einmal. Sei wie für alle anderen auch für Dich selbst da, oder jedenfalls sei es nach allen anderen.*

| **Feiern mit** | **Ideen** | **Rhythmus** | **Wann fange ich an?** |
| --- | --- | --- | --- |
| ... mir selbst | | | |
| ... meiner Familie | | | |
| ... meinem Team | | | |
| ... meinen Freunden | | | |

Immer wenn ich diesen Brief Bernhards lese, denke ich: Er könnte genausogut heute geschrieben worden sein – und zwar an uns alle. Eine der Gefahren dieser Zeit für Führungskräfte besteht im Hasten! Nie Zeit haben! Zu viel zu tun haben! Rennen im Hamsterrad! Auch hier brauchen wir gesunde Rituale, die uns bei aller Zeitnot daran erinnern, dass wir auch da sind, um zu feiern, um zu leben. Welche Bausteine können Ihnen helfen, im Alltag ein Haus des Feierns zu bauen?

Lebensbalance ist offensichtlich eine Herausforderung, die sich Führungskräften schon immer gestellt hat – ob im Jahr 1140 oder heute.

Bauen Sie das Haus der Regeneration, das Haus der Qualität und das Haus des Feierns jetzt zu einem integrierten Lebenshaus zusammen. Ich (Paul Donders) tue das selbst seit 20 Jahren, einmal pro Jahr neu. Meist nehme ich mir die Zeit dazu zwischen Weihnachten und Neujahr, reflektiere dann das vergangene Jahr und versuche daraus meine Lektionen für das kommende Jahr zu lernen. Ich benutze dazu folgende Zeichnung (vielleicht hilft sie auch Ihnen):

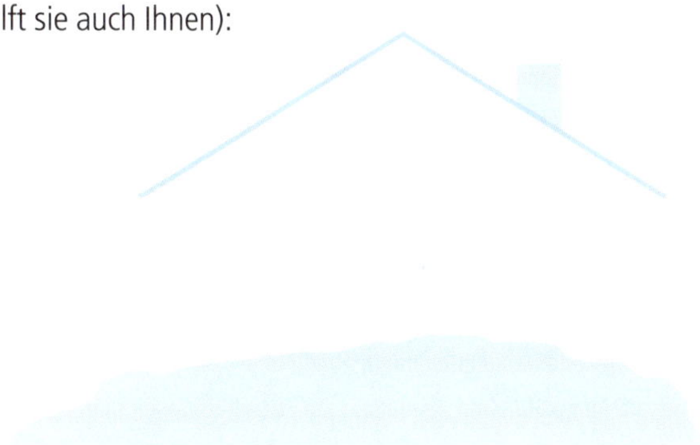

Ins Fundament schreibe ich all die Rituale hinein, die ich im kommenden Jahr praktizieren will, die mit meiner Beziehung zu mir selbst oder mit Besinnung zu tun haben. In den nächsten Etagen und Zimmern halte ich fest, welche Rituale ich in meinem Beruf, mit meiner Familie, in der Gesellschaft, in der Freizeit und mit Freunden zelebrieren möchte. Ein integriertes Lebenshaus zu bauen, kommt einer Kunst gleich. Wer nicht zu bauen beginnt, erlernt sie nie. Nichts zu tun heißt in der Regel: ein weiteres Jahr im Hamsterrad. Also, fangen Sie an!

## 6.4 Spiritualität

*Denn der Buchstabe tötet, der Geist aber macht lebendig.*

BIBEL, 2. KORINTHERBRIEF 3,6

*Menschen, die aus der Hoffnung leben, sehen weiter. Menschen, die aus der Liebe leben, sehen tiefer. Menschen, die aus dem Glauben leben, sehen alles in einem anderen Licht.*

LOTHAR ZENETTI,
DEUTSCHER THEOLOGE UND SCHRIFTSTELLER

Spiritualität bezeichnet eine tiefe Haltung, aus der heraus der Mensch sein Leben und Tun gestaltet und die sein Menschen- und Weltbild formt. Sie bietet ihm Orientierung in Bezug auf seine Werte und Verhaltensmaßstäbe und sein Leben und Handeln.

Alles, was Sie denken, reden und tun, offenbart Ihr Welt- und Menschenbild. Es formt sich meist als Summe all dessen, was Sie im Leben erfahren und wie Sie es interpretieren. Doch was sich automatisch formt, ist nicht automatisch gut im Sinne von hilfreich. Haben Sie sich einmal Gedanken darüber gemacht, was Sie glauben? Möchten Sie das überhaupt glauben, was Sie glauben?

Menschenbilder mögen die Folge von Erfahrungen und deren Interpretation sein. Noch wichtiger ist aber, was sie ihrerseits bewirken. Sie bestimmen letztendlich, ob wir anderen vertrauen oder nicht. Mein Menschen- und Weltbild bestimmt, was ich von anderen erwarte, wie ich auf andere reagiere, welche Schwerpunkte ich setze. Angenommen, ein Vorgesetzter unterstellt Menschen, sie seien grundsätzlich nur auf ihren eigenen Vorteil bedacht und bereit, sich dafür jedes erlaubten und vielleicht auch verbotenen Mittels zu bedienen. Er wird nicht nur bei einem konkreten Verdacht auf Mitarbeiter anders reagieren. Nein, sogar sein gesamtes

Verhalten an seinem Arbeitsplatz und sein Führungsstil werden von diesem Denken bestimmt. »Was der Mensch sät, wird er ernten.« – Wie wahr! Mein Leben ist immer ein Ausdruck meines Glaubensbekenntnisses, meines Glaubens, meiner Überzeugungen. Deshalb ist es wichtig, meine Glaubenssätze bewusst wahrzunehmen und auch bewusst zu gestalten, anzunehmen und umzusetzen.

Wenn man den Statistiken trauen darf, wurde das Wort »Spiritualität« noch nie so oft in den Mund genommen wie in den letzten fünf Jahren. Manche bezeichnen Spiritualität als eine aus dem eigenen Leben und aus eigenen Überzeugungen gewonnene Haltung, die das Denken, Fühlen und Handeln prägt. Auf eine interessante Deutung stößt man, wenn man sich auf den Ursprung des Wortes besinnt. »Spirituales« ist eine Übersetzung des griechischen Wortes »Pneumatikos« (»dem Geist gemäß«, »vom Geist erfüllt«). Bis zum 19. Jahrhundert verwendete man nur das Adjektiv. Im Katholizismus in Frankreich wurde um das Jahr 1900 das Wort »spiritualité« als Lehre vom geistlichen Leben gebraucht. In der Zwischenzeit ist es fast zum Modewort geworden. Der Theologe Karl Rahner versuchte Spiritualität einfach als »Leben aus dem Geist« zu definieren. Die Definition des Instituts der Orden lautet: Spiritualität ist die »Integration des gesamten Lebens in eine vom Glauben getragene und reflektierte Lebensform«. Der österreichische Theologe und Priester Paul Zulehner spricht von der »Verwirklichung dessen, was ich glaube unter konkreten Lebensbedingungen«.

## Ethische Intelligenz

Meine Spiritualität ist das, was ich glaube. Es ist meine Antwort auf die Frage, wie ich denke, dass die Welt funktioniert, und auf welche Dinge es ankommt, um ein erfolgreiches Leben zu führen. Während man vor einigen Jahrzehnten hoffte, so etwas würde vor allem durch einen hohen Intelligenzquotienten (IQ) gelingen, zeigte Daniel Goleman, dass es auch auf die emotionale Intelligenz ankommt.

In den letzten Jahren ist jedoch zunehmend das Bewusstsein gewachsen, dass eine weitere Form der Intelligenz ebenfalls für das Gelingen sehr wichtig ist – nicht nur für das Gelingen des eigenen Lebens, sondern auch für das Gelingen von Führung. Wir möchten sie hier als ethische Intelligenz beschreiben (EthIQ). Aktuelle Forschungen, etwa von Orlo Otteson, Doug Linnick und anderen, bestätigen, dass diese Form der Intelligenz von großer Bedeutung für den Einzelnen ist, für Organisationen und für die Gesellschaft als Ganzes. Sowohl emotionale Intelligenz als auch eine ausgeprägte ethische Intelligenz wirken auf Führungskräfte und Unternehmen eindeutig stärkend.

Ethische Intelligenz ist das Bewusstsein von der Bedeutung von Prinzipien, Werten und Überzeugungen und die Fähigkeit, diese auf Ziele und Handlungen des täglichen Lebens anzuwenden. Wir sehen vier Stufen ethischer Intelligenz:

1. Die Erkenntnis und Anerkennung dessen, dass ethisches Verhalten einen entscheidenden Faktor für persönlichen, zwischenmenschlichen, unternehmerischen und gesellschaftlichen Erfolg darstellt.
2. Das Erkennen, Kennen und Verstehen wesentlicher Prinzipien, Werte und Überzeugungen. Hier geht es um Prinzipien, die quer durch alle Epochen und Kulturen immer eine große Rolle gespielt haben und heute noch spielen.
3. Die Umsetzung dieser Prinzipien im Alltag als Handlungsmaßstab für das persönliche Verhalten und Planen.
4. Das sensible und nachhaltige Prägen eines solchen werteorientierten Verhaltens im eigenen Umfeld. Es geht darum, ethische Intelligenz zu multiplizieren. Warnung: Hier geht es nicht um Zwangsbeglückung, sondern um das Werben für Überzeugungen, die ein anderes Niveau von Lebens- und Beziehungsqualität ermöglichen!

Es gibt Prinzipien, die genauso klar sind wie eine Kompassnadel, die nach Norden zeigt. Es mag noch so viele unterschiedliche kulturelle Ausprägungen geben, aber es gibt Lebensprinzipien, die universell von Menschen wahrgenommen und geschätzt werden. Sosehr man im Einzelfall darüber diskutieren kann, so klar und einig ist man sich in einigen Grundprinzipien, etwa Gerechtigkeit, Ehrlichkeit, Anstand ...

## Sinn

Ein weiterer Baustein, der dieses identitätsstiftende Haltungs- und Kompetenzfeld ausmacht, ist die Dimension Sinn. Wenn Menschen den Sinn einer Handlungsweise oder einer Sache verstehen, fließt daraus eine ganz andere Kraft, als wenn sie nur aus Gewohnheit oder Angst etwas tun. Der Psychologe Viktor Frankl war während der Nazi-Diktatur in mehreren verschiedenen Konzentrationslagern inhaftiert. Er beobachtete: Diejenigen konnten am besten mit dem Leid umgehen, die sich innerlich bereits auf das Danach vorbereiteten, die das Ziel hatten, wieder mit ihren Familien vereinigt zu sein und am Aufbau einer besseren Gesellschaft mitzuwirken. Frankl entwickelte aus dieser Erkenntnis eine eigene Therapie, die Logotherapie. Sie stellt die Aufforderung in den Mittelpunkt, zu erkennen, wozu man leben will. Um es mit den Worten von Friedrich Nietzsche zu sagen: »Wer ein Warum hat, erträgt jedes Wie.«

Die Frage nach dem Sinn ist für jeden Menschen relevant – egal, woran er glaubt. Interessant sind in diesem Zusammenhang auch die Forschungsergebnisse des amerikanischen Wissenschaftlers Mihaly Csikszentmihalyi. Er fand in seinen Feldstudien heraus, dass diejenigen Menschen am häufigsten Glücksgefühle erleben, die sinnstiftende Lebensziele haben. Das betrifft auch Ziele, die letztendlich über das Grab hinausreichen.

Ganz grob kann man verschiedene Horizontebenen von Sinn unterscheiden. Die kurzfristigste Ebene entspricht dem Sinn dessen, was ich ganz aktuell tue, der konkreten derzeitigen Aufgabe, mit der ich gerade beschäftigt bin. Menschen wollen, dass das aktuelle Tun Sinn hat und nicht vergebens ist. Erklären wir als Führungskräfte unseren Mitarbeitern den Sinn ihres Tuns!

Die zweite Sinnebene steht für den Sinn der größeren Aufgabe. Wozu tragen die einzelnen sinnvollen Handgriffe bei? Was ist meine aktuelle Aufgabe? Wenn ich darin einen Sinn sehe, schenkt das eine zusätzliche Portion Kraft und Motivation.

Die dritte Ebene betrifft die Frage nach dem Sinn der aktuellen Lebensphase. Er sieht bei einem Teenager anders aus als bei einem Menschen, der sich auf seinen Ruhestand vorbereitet.

Die vierte Sinnebene entspricht der Lebenserwartung. Wie möchte ich angesichts der Endlichkeit meines Lebens gelebt haben, wenn ich am Ende mein Leben Revue passieren lasse? Menschen, die dies im Blick haben, wissen, worauf es ihnen besonders ankommt.

Die fünfte Ebene geht noch weiter. Denken Sie einmal an Menschen, die schon einige hundert Jahre tot sind: Alexander der Große, Julius Cäsar, Wolfgang Amadeus Mozart ... Wenn Sie im Jahr 2500 zurückschauen auf Ihr Leben heute, wie würden Sie es dann gelebt haben wollen? Menschen, die auf all diese Sinnebenen eine tragfähige, für sich stimmige Antwort gefunden haben, besitzen eine ganz andere Kraft, Konzentration und Tiefe und einen deutlich höheren Zugang zu positiven Lebensgefühlen.

Natürlich ist das eine Frage der Weltanschauung, anders geht es gar nicht. Sie werden Ihre eigene Antwort darauf finden. Wir Autoren haben im Lauf der Jahre die Schönheit, Tiefe und Tragfähigkeit einer christlichen Spiritualität und Ethik für uns entdeckt. Und wir merken, wie sie uns sowohl bei unseren Führungsaufgaben als auch im Umgang mit uns selbst eine große Hilfe und Kraftquelle ist. Jeder Mensch braucht solche Kraftquellen. Alle spirituellen Methoden und Wege haben letztlich den Sinn, uns mit dieser Quelle in unserem Inneren in Berührung zu bringen. Was hilft uns dabei?

**Begegnungen,** zum Beispiel tiefe Gespräche mit Menschen. Wenn diese erzählen, was sie bewegt, was sie beschäftigt, wie sie auf diese Frage und Sinnfrage antworten, inspiriert das.

**Geisterfüllte Worte:** In der Geschichte der Menschheit haben Menschen aufgeschrieben, was sie auf der Suche nach dem Sinn im Kleinen wie im Großen bewegt hat, was sie erfahren haben. Diese Bücher bergen einen wahren Schatz. Für viele Christen stellt die Bibel eine solche Quelle dar, die sie inspririert. Sie lesen regelmäßig darin und erfahren Trost und Stärkung. Für manche sind einzelne Zitate zu Lieblingsworten geworden, die sie ihr ganzes Leben begleiten und prägen.

**Meditation und Gebet:** Aus der modernen Gehirnforschung wissen wir, dass Hirnareale für Aufmerksamkeit und Sinneswahrnehmungen bei denjenigen Menschen deutlich mehr neuronale Verknüpfungen aufweisen, die sich regelmäßig für Gebet und Meditation Zeit nehmen. Was sich – wie im Alter deutlich wird – positiv auf psychische Gesundheit und körperliche Befindlichkeit auswirkt. In vielen geistlichen Traditionen wurden Betrachtung und Gebet immer als hilfreicher Weg dafür gesehen, die eigene Mitte zu finden und dahinter etwas zu entdecken, was uns auch trägt. Wir kennen einige Manager, die es immer wieder ins Kloster zieht. Manche davon sind nicht einmal im klassischen Sinn gläubig. Sie schätzen aber den Rhythmus zwischen Gebet und Arbeit, die Stille, das Chorgebet. Für wieder andere kommt das Gebet einer Quelle und Kraft gleich, in der sie ihre Beziehung zu Gott pflegen und ihn um Hilfe und Kraft für ihre Führungsaufgabe und um seinen Beistand für die ihnen anvertrauten Menschen bitten.

**Die Kraft der Rituale:** Eine gute Möglichkeit, immer wieder mit der inneren Quelle in Berührung zu kommen, sind auch tägliche Rituale. Sie erinnern uns regelmäßig daran, woraus wir eigentlich schöpfen. Sie geben uns – im richtigen Geist praktiziert – das Gefühl, selbst zu leben, anstatt gelebt zu werden.

**Zeiten der Stille und Ruhe:** Wir alle brauchen immer wieder Zeiten der Stille, der Ruhe, der Selbstreflexion, in denen wir uns von der Geschäftigkeit und vom Lärm der Arbeit zurückziehen können. Jeder hat andere Formen entwickelt, wie er sich zurückziehen kann. Ich (Johannes Hüger) schätze es gerade in den Wintermonaten, mich nach meinem Tagwerk vor den offenen Kamin zu setzen und den Tag ausklingen zu lassen – Feierabend! Dazu gehört auch der regelmäßige freie Tag, an dem wir uns nicht mit Arbeit beschäftigen. Verschiedenste Studien belegen den hohen Wert eines solchen Tages. Für uns ist der Sonntag ein solcher Tag geworden, an dem wir die Uhr beiseitelegen und einfach unsere Form von Sabbat praktizieren.

Ethik und Spiritualität beschäftigen sich mit unserem Menschen- und Weltbild. Sie helfen, uns unserer Werte bewusst zu werden, die Bedeutung ethischer Maßstäbe und ethischer Intelligenz zu erkennen, die eigene Mitte zu finden und stimmige Antworten auf die Sinnfrage zu finden.

Eine Tugend, die uns dieses Feld ganz neu erschließt, ist die Tugend der »achtsamen Präsenz«. Gerade als Führungskräfte laufen wir Gefahr von einem zum Nächsten zu hasten. Wir denken über Dinge nach, die geschehen sind, entwickeln Zukunftsszenarien, und überlegen, wie wir uns bestens darauf vorbereiten. Und wir vergessen dabei, dass der kostbarste Augenblick im Leben immer der aktuelle ist.

## Fragen zur Selbstreflexion

1= trifft nicht zu/5 = trifft voll zu

| | 1 | 2 | 3 | 4 | 5 |
|---|---|---|---|---|---|
| Über den Einfluss, den mein Welt- und Menschenbild auf mein Handeln hat, bin ich mir im Klaren. | | | | | |
| Ich nehme mir regelmäßig Zeit, um es zu überdenken und reifen zu lassen. | | | | | |
| Ich bin mir der Bedeutung, die Ethik auch auf mein Führungsverhalten hat, bewusst. | | | | | |
| Ich habe klare ethische Prinzipien, an denen ich mich selbst orientiere. | | | | | |
| Es gelingt mir, jeden Augenblick zu genießen und nicht nur getrieben immer schon das Nächste im Blick zu haben. | | | | | |

**Ergebnis = Summe : 5 =**

## Übungen zur Weiterentwicklung

1. Stellen Sie sich vor, es wäre Ihr 80. Geburtstag und Sie selbst dürften eine Rede darüber halten, was für Sie in Ihrem Leben bisher wichtig war und was Sie geschafft haben. Was wäre das? Versuchen Sie doch einmal, eine solche Rede aufzusetzen, und schauen Sie, was Ihnen dabei wichtig wird.
2. Was würde Ihr imaginärer Lieblingsfeind – ein ethisch hochstehender Mensch, der nie lügt – über Sie sagen, wenn er beschreiben müsste, welches Menschenbild Sie haben und was Sie im Umgang mit Menschen prägt?
3. Welche Rituale könnten Ihnen helfen, im Alltag immer wieder innezuhalten, zur Ruhe zu kommen und einfach den Tag zu genießen? Was könnte dies jeden Tag sein, jede Woche, jeden Monat, zu jeder Jahreszeit, jährlich?

## 6.5 Selbstreflexion

*Gesunde Führungskräfte haben eine Gabe, sich selbst zu beobachten und zu analysieren. Die besten sind hochmotiviert, regelmäßig Zeit zu investieren, sich selbst zu reflektieren.*

MANFRED KETS DE VRIES,
NIEDERLÄNDISCHER PROFESSOR UND FÜHRUNGSEXPERTE

Selbstreflexion bedeutet, lernwillig zu sein sowie Zeit in die Selbstbeobachtung und -analyse zu investieren. Für Führungskräfte gehört ebenfalls zur Selbstreflexion, eine Kultur von konstruktivem Feedback im eigenen Team aufzubauen.

Indem Sie dieses Buch lesen und durcharbeiten, sind Sie schon intensiv dabei, Selbstreflexion zu üben. Gerade das Kapitel »Identität« fordert Sie ständig heraus, sich zu beobachten und zu analysieren. Mehr noch, es lädt dazu ein, das Gelernte im eigenen Leben umzusetzen. In diesem Abschnitt erhalten Sie noch einige Extratipps und strukturelle Lösungsansätze, um die Selbstreflexion zu vertiefen. Wir konzentrieren uns hier nur auf zwei Teilbereiche: die Haltung und Tugend der Lernwilligkeit und den Aufbau eines Unterstützungsteams inklusive einer Feedbackkultur in Ihrem Umfeld.

### Die Haltung und Tugend der Lernwilligkeit

Lernwilligkeit ist die Bereitschaft und Fähigkeit, ständig Neues zu entdecken und es in vorhandenes Wissen zu integrieren. Warum ist Lernwilligkeit eine notwendige Tugend für gesunde und erfolgreiche Führungskräfte?

- Sie bleiben demütig, sind also bereit, von anderen zu lernen, sie damit wertzuschätzen und sie dadurch zu inspirieren, selbst weiter zu lernen.

- Sie trainieren ihr Hirn, das wie ein Muskel täglich Bewegung braucht. Ein frischer Verstand ist notwendig, um Menschen und Organisationen sinnvoll zu führen.
- Lernbereitschaft bildet die Grundlage für innovatives und visionäres Denken. Dazu brauchen Sie sowohl die linke als auch die rechte Hirnhälfte. Sie müssen also beide in Bewegung halten.
- Ohne Lernbereitschaft werden Sie nicht mit Veränderungsprozessen zurechtkommen. Sie brauchen einen offenen Verstand und eine offene Haltung, um die Chancen und Gefahren von Veränderungen zu entdecken und positiv für Ihr Team zu nutzen.
- Lernbereitschaft fördert Dankbarkeit. Wenn Sie aktiv von Ihren Mitarbeitern, Kollegen und Kunden lernen wollen, wird Ihre Dankbarkeit gegenüber diesen Menschen ständig wachsen. Sie werden Ihre Dankbarkeit spüren und Sie gerne auf dem Weg begleiten.

Welche Folgen hat ein Mangel an Lernbereitschaft?

- Wer nicht lernbereit ist, kann – wie ein sturer Bock – dauerhaft in die verkehrte Richtung laufen. Das Ärgerliche daran ist, dass er auch eine ganze Menge anderer Leute auf die falsche Fährte setzt.
- Wer nicht lernbereit ist, neigt dazu, um seine eigenen Ideen zu kreisen. Diese Ideen können zu Wahnvorstellungen werden und neurotisches Verhalten zur Folge haben.
- Vorgesetzte, die nicht lernbereit sind, verlieben sich oft in ihre eigene Traumwelt und werden zu Egoisten und Despoten. Alexander der Große, Stalin, Hitler und Mao sind Beispiele dafür.
- Wer nicht oder kaum lernbereit ist, spaziert nie weiter als über seine eigenen Gehirnwindungen hinaus. Dadurch wird der »Gehirnmuskel« zu wenig in Anspruch genommen und schrumpft mit der Zeit.

Wie lässt sich Lernwilligkeit trainieren? Ein wichtiger Tipp lautet: Lesen, lesen, lesen! Das Lesen von unterschiedlichsten Büchern, Fachbüchern, Biografien, Geschichtsromanen bringt Sie weiter. Auch Reisen erhöht die Lernwilligkeit. Entdecken Sie jedes zweite Jahr eine neue Kultur, indem Sie das Ursprungsland dieser Kultur besuchen, dessen Geschichte entdecken, dessen Menschen kennenlernen und sie befragen, worauf sie am meisten stolz sind.

Und noch eine Empfehlung: Lernen Sie jüngere und ältere Menschen kennen. Kinder und Jugendliche öffnen uns die Augen für Realitäten, die wir schon nicht mehr sehen. Aber auch ältere Menschen sind eine Quelle wunderbarer und inspirierender Gedanken und Welten.

## Ein Unterstützungsteam aufbauen und eine Feedbackkultur etablieren

Die weiter vorne zitierte Harvard-Studie konnte den nachhaltigen Erfolg einiger Führungskräfte auch damit erklären, dass sie sich ein Team von Unterstützern aufgebaut hatten und dies nutzten und pflegten.

Dies ist auch meine (Paul Donders') Erfahrung. Mit 21 Jahren wurde ich für eine Studentenorganisation verantwortlich. Seither war ich ununterbrochen in Führungspositionen bei unterschiedlichsten Organisationen und Unternehmen tätig. Dies hätte ich nie durchgestanden, wenn ich nicht kontinuierlich ein starkes Unterstützungsteam gehabt hätte. Auch heute habe ich ein fantastisches und vielfältiges Unterstützungsteam um mich herum:

- Menschen, die fachlich oder menschlich weiter sind,
- Kollegen, die gleich professionell und/oder menschlich reifer sind,
- Menschen, für die ich ein Mentor bin.

Mein Unterstützungsteam besteht aus Personen aus meinem beruflichen, sportlichen, geistlichen und privaten Umfeld. Tragen Sie in der folgenden Übersicht mehrere Namen von Menschen ein, die Sie für Ihr Unterstützungsteam gewinnen möchten:

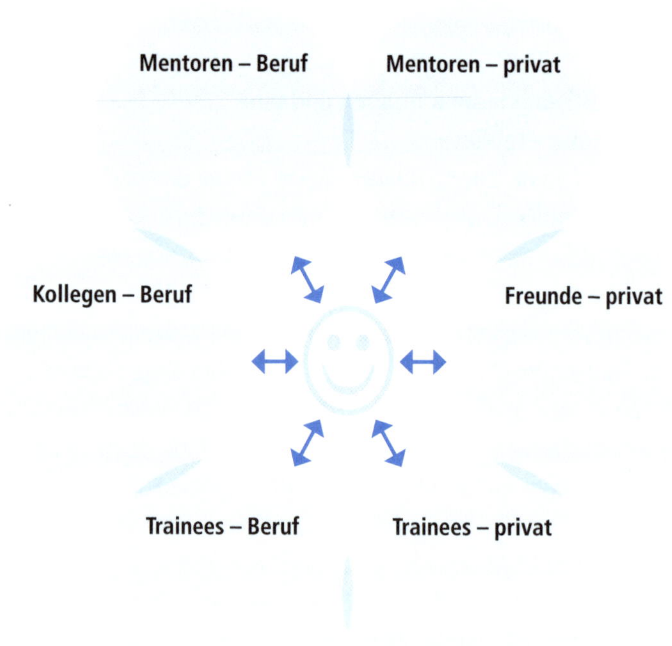

Wenn ein Unterstützungsteam Ihnen wirklich wichtig ist, schaffen Sie auch hier gesunde Rituale, damit diese besonderen Menschen Ihnen Feedback geben und Sie bei Ihrer Selbstreflexion unterstützen können. Folgende Menschen will ich in mein Unterstützungsteam einladen:

| **Name** | **Was will ich lernen?** | **Wie oft treffen wir uns?** |
|---|---|---|
| 1. | | |
| 2. | | |
| 3. | | |
| 4. | | |
| 5. | | |

Daneben ist es außerdem sinnvoll, eine Feedbackkultur zu etablieren. Kollegen, Mitarbeiter und Kunden sollten einander und Ihnen als Führungskraft gerne und regelmäßig Feedback geben. Regen Sie sowohl positive als auch kritische Rückmeldungen an. Beide sind wichtig, um eine lernende Organisation zu werden und zu bleiben. Folgender Workshop hilft Ihnen, die Feedbackkultur Ihrer Organisation einzuschätzen:

| | Was funktioniert gut? | Was können wir strukturell verbessern? | Ideen, um Feedback zu fördern | Menschen, die eine Feedbackkultur blockieren |
|---|---|---|---|---|
| Feedbackkultur: Kollegen | ▶<br>▶<br>▶<br>▶ | ▶<br>▶<br>▶<br>▶ | ▶<br>▶<br>▶<br>▶ | ▶<br>▶<br>▶<br>▶ |
| Feedbackkultur: Mitarbeiter | ▶<br>▶<br>▶<br>▶ | ▶<br>▶<br>▶<br>▶ | ▶<br>▶<br>▶<br>▶ | ▶<br>▶<br>▶<br>▶ |
| Feedbackkultur: Kunden | ▶<br>▶<br>▶<br>▶ | ▶<br>▶<br>▶<br>▶ | ▶<br>▶<br>▶<br>▶ | ▶<br>▶<br>▶<br>▶ |

# 7 Abschluss und Ausblick

*Lerne einzusehen, dass das Leben zwar eine Gabe,*
*aber vor allem ein Auftrag ist.*

ERNST FREIHERR VON FEUCHTERSLEBEN,
ÖSTERREICHISCHER ARZT UND ESSAYIST DES 19. JAHRHUNDERTS

Sie haben jetzt die 25 Themen kennengelernt, die zum »wertvollen«, das heißt werteorientierten, wirksamen und gesunden Führen gehören. Wenn Sie sie regelmäßig trainieren und die Balance zwischen Charakterentwicklung und Kompetenztraining halten, werden Sie als Führungskraft wachsen. Das heißt auch, Sie können Ihr Mandat, zu führen, und Ihre natürliche Autorität auf eine konstruktive und dienende Art und Weise zum Wohl Ihrer Organisation einsetzen.

## 7.1 Mandat und Führungsautorität

*Das unfehlbare Mittel, Autorität über die Menschen zu gewinnen, ist, sich ihnen nützlich zu machen.*

MARIE VON EBNER-ESCHENBACH,
ÖSTERREICHISCHE SCHRIFTSTELLERIN (1830-1916)

Johann ist Geschäftsführer eines größeren Krankenhauses mit 1 500 Mitarbeitern. Als er seine Position vor drei Jahren antrat, war das Krankenhaus in Not geraten, schrieb seit einigen Jahren Verluste und verlor immer mehr gute Mitarbeiter und Führungskräfte.

Wir (Johann und Paul Donders) saßen zusammen am Mittagstisch, nachdem wir beide gerade eine zweitägige Strategieklausur mit dem gesamten Managementteam (Chefärzte, Pflegedienstleiterinnen und Führungskräfte aus Verwaltung und Serviceabteilungen) beendet hatten. Es war nicht das erste Mal, dass wir beide gemeinsam eine solche Tagung gestaltet hatten. Eines der Topthemen lautete: Wie können wir unsere Mitarbeiter und Führungskräfte dazu bewegen, in diesem Krankenhaus auf längere Sicht an einer Topqualität, einem guten Patientenservice und gesundem Wachstum mitzuarbeiten?

In ihrer Studie »The Enemies of Trust«, erscheinen im Harvard Business Review OnPoint, Sommer 2010, beschreiben Robert Galford und Anne Seibolt Drapeau die drei Hauptvoraussetzungen für eine starke Identifikation mit dem Arbeitsplatz:

1. Vertrauen in die Strategie des Unternehmens
2. Vertrauen in die Organisation und Verlässlichkeit des Unternehmens
3. Vertrauen in die Führungskräfte des Unternehmens

Johann hat in den letzten drei Jahren in allen drei Bereichen Boden gutgemacht:

1. Er hat mit seinem Team eine klare Vision und Strategie entwickelt, die sowohl inspirierend als auch realistisch ist. Sie hat dazu beigetragen, dass das Krankenhaus in diesem Jahr sogar ein positives Ergebnis verzeichnet.
2. Er hat mit einem kleineren Teil seines Teams das Krankenhaus optimiert und ein Projektmanagement eingeführt. Plötzlich sagen Führungskräfte und Mitarbeiter: Wir tun ja tatsächlich, was wir behaupten!
3. Er führt seine Führungskräfte mit Kopf und Herz. Er ist klar in seinen Erwartungen, fordert und fördert und hört vor allem richtig zu.
4. Er hat einige Führungskräfte, die nicht bereit waren, die angebotene Förderung ernst zu nehmen, nach mehreren Versuchen, sie dennoch dazu einzuladen, entlassen. Er hat neue Führungskräfte sorgfältig ausgewählt und sehr gut eingeführt.

Das Ergebnis: In drei Jahren hat er ein klares Mandat bekommen, sowohl von seinem Vorstand als auch von seinem Managementteam und der Belegschaft! Er hat an Führungsautorität hinzugewonnen. Insgesamt 1 500 Angestellte folgen ihm gerne, weil sie ihm vertrauen. Natürlich ist dieses Vertrauen noch zögerlich und wenig gereift. Aber es ist genug für Johann, um mit Freude und Erfolg führen zu können.

Was mir besonders an Johann gefällt, ist sein erklärter Wille, ein Lernender zu bleiben. Er arbeitet fortlaufend daran, seinen Charakter und seine Führungskompetenzen weiterzuentwickeln. In allem bleibt er seiner eigenen Identität treu. Johann hat einen exzellenten Sparringpartner in seiner Frau und einige Sparringpartner in seinem Managementteam. Dazu lässt er sich durch jemanden außerhalb seines Krankenhauses coachen. An Johann wird sichtbar, dass eine Führungskraft, die alle fünf Bereiche des in diesem Buch besprochenen integrativen Führungsmodells weiterentwickelt, in Mandat und natürlicher Führungsautorität wächst.

1. Wenn ich Selbstverantwortung übe, tue ich das, was ich verspreche. Damit wächst mein Mandat.
2. Wenn ich soziale Verantwortung übernehme, diene ich meinen Mitarbeitern, damit sie erfolgreich werden. So wächst ihr Vertrauen in mich.
3. Wenn ich soziale Kompetenz erwerbe, fällt es mir leichter, meine Mitarbeiter zu verstehen, zu fördern und zu coachen, und sie folgen mir gerne.
4. Wenn ich in Sachen Managementkompetenz zum Profi werde und damit eine klare Vision, Strategie und Organisation entwickle, erfahren meine Mitarbeiter: Es ist sinnvoll, motivierend und effektiv, mit mir zusammen diese Organisation zu bauen. Sie spüren, dass ich damit Respekt für ihre Talente ausdrücke und für die Lebenszeit, die sie mir zu Verfügung stellen.
5. Wenn ich mir selbst treu bleibe, indem ich meine Stärken einsetze und mich in meinen Schwächen bewusst und transparent ergänzen lasse, werde ich glaubwürdig. Profis suchen authentische Führungskräfte, die es wert sind, Vertrauen in sie zu investieren.

Zwei Begriffe tauchen in Bezug mit natürlicher Autorität immer wieder auf: Mandat und Macht.

## Mandat

Unter Mandat verstehen wir freiwillig geschenktes Vertrauen und eine damit verbundene natürliche Autorität. Dieses Mandat wird mir durch verschiedene Menschen verliehen.

- Durch mich selbst: Eine Führungskraft gibt sich selbst ein Mandat, zu führen, indem sie sich selbst vertraut und respektiert. Gesunde Menschen folgen jemandem, der ein gesundes Selbstvertrauen und eine gesunde Selbstachtung entwickelt hat.
- Durch Vorgesetzte: Eine Führungskraft braucht eine zugesprochene Autorität, ein Mandat von ihren Vorgesetzten, vom Vorstand oder zumindest von ihren Kunden. Ohne Mandat der Vorgesetzten wird es schwierig, ein dauerhaftes Mandat der Mitarbeiter zu gewinnen.

- Durch die Mitarbeiter: Mitarbeiter werden mir nur freiwillig folgen, wenn sie mir zutrauen, dass ich sowohl von meinem Charakter als auch von meinen Kompetenzen her vertrauenswürdig bin

Nutzen Sie den nächsten Workshop einmal als Möglichkeit, zu beschreiben, inwiefern Sie bereits ein Mandat besitzen. Fragen Sie anschließend einige Freunde, was sie bestätigen oder hinzufügen können.

| Mandat gegeben durch: | **Welche Charaktereigenschaften schätzt derjenige an mir?** | **Welche Führungskompetenzen schätzt derjenige an mir?** | **Welche Fachkompetenzen schätzt derjenige an mir?** |
|---|---|---|---|
| mich selbst | | | |
| Vorgesetzte | | | |
| Mitarbeiter | | | |
| Kunden | | | |

## Macht

Woran denken Sie spontan, wenn Sie den Begriff »Macht« lesen? Angst vor Machtmissbrauch? Ärger über arrogante Machtmenschen? Ungerechte Verteilung von Macht? Mächtige, die die Machtlosen unterdrücken? Macht, die zu Korruption führt?

In der Regel denkt der Mitteleuropäer über »Macht eher negativ als positiv! Fast, als ob Macht an sich negativ wäre. Daher versuchen wir immer, Macht einzudämmen und auf jeden Fall zu vermeiden, einen »mächtigen« Eindruck zu machen. Geschichtlich betrachtet ist unsere Reaktion verständlich. In den vergangenen 3 000 Jahren geschah Machtmissbrauch häufig. Dennoch ist unsere Reaktion irreführend und sogar destruktiv.

Was ist Macht eigentlich? Romano Guardini hat in seinem Buch »Die Macht« kurz nach dem Zweiten Weltkrieg eine philosophisch sehr brauchbare Definition von Macht geliefert. Ich fasse sie hier auf einfache Art und Weise zusammen:

1. Macht umfasst die Fähigkeit, die Möglichkeit und den Willen, eine Entscheidung zu treffen und etwas zu bewirken.
2. Macht ist neutral. Sie kann zum Guten oder zum Schlechten eingesetzt werden, zum Lieben oder zum Hassen.
3. Macht ist immer an eine Person gebunden. Denn ein Tier oder eine Institution hat keinen Willen, der die Macht ausübt. Vor allem der Mensch verfügt über Macht.
4. Macht ist immer persönlich zu verantworten. Die Freiheit, zu entscheiden, führt per definitionem stets zu der Verantwortung für die Folgen dieser Entscheidung.
5. Macht und die damit empfundene Freiheit, selbst gestalten zu können ruft eine existenzielle Motivation hervor: Ich bin ein selbstständiger Mensch und gestalte mein Leben.
6. Diese existenzielle Motivation kann süchtig danach machen, immer mehr Macht zu bekommen, immer unabhängiger zu sein. Aber nicht die Macht ist Auslöser von Sucht und Korruption, sondern der unreife Charakter desjenigen, der nicht mit dieser Motivation umgehen kann und es zulässt, dass sie ihn süchtig macht und korrumpiert.
7. Macht ist die Fähigkeit, das eigene Leben einzusetzen, um diese Welt ein Stück positiver zu gestalten, bewusst Verantwortung zu übernehmen, Neues zu tun und den Dingen eine Richtung zu geben.
8. Wachsende Macht (zum Beispiel bei kompetenten Führungskräften) braucht auch einen stetig wachsenden Charakter, bei dem die Tugenden mit den Möglichkeiten reifen, die die Macht bietet.
9. Herrschen und Dienen sind zwei Seiten der gleichen Medaille. Wer nur dient, ohne zu herrschen (selbstverantwortlich zu entscheiden), ist ein feiger Mensch

(er gibt anderen die Macht, sein Leben zu gestalten). Wer nur herrscht, ohne zu dienen, ist ein Gewaltherrscher über Menschen (er missbraucht seine Macht, um sich selbst auf Kosten anderer Vorteile zu verschaffen). Nur der, der zugleich dient und herrscht, lebt nach dem Bild Gottes und erfüllt damit seine Lebensbestimmung.

10. Benedikt von Nursia (der Vater Europas) fasste es auf treffende Art und Weise zusammen: »Macht ist die Freiheit, zu dienen.«

Wenn wir als Führungskräfte eine starke natürliche Autorität gewinnen wollen, müssen wir einen konstruktiven Weg finden, mit Macht umzugehen. Das fällt uns häufig auch aufgrund unserer eigenen Geschichte im Umgang mit Macht schwer. Nehmen Sie sich Zeit, um die nächsten Fragen zu beantworten:

| | **Wer hat wen wie missbraucht?** | **Was war die Folge des Missbrauchs?** | **Wie will ich in vergleichbaren Situationen anders handeln?** |
|---|---|---|---|
| Andere haben ihre Macht mir gegenüber missbraucht. | | | |
| Andere haben ihre Macht gegenüber anderen missbraucht. | | | |
| Ich habe meine Macht gegenüber anderen missbraucht. | | | |

| | Auf welche Art und Weise wurde Macht eingesetzt, um zu dienen? | Was war die Folge dieses Dienens? | Wie will ich dies in meinem Umgang mit Macht einsetzen? |
|---|---|---|---|
| Andere haben ihre Macht eingesetzt, um mir zu dienen. | | | |
| Andere haben ihre Macht eingesetzt, um anderen zu dienen. | | | |
| Ich habe meine Macht eingesetzt, um anderen zu dienen. | | | |

In der Hoffnung, dass dieser Workshop Ihnen konstruktive Ideen zum Umgang mit Macht vermittelt hat, fordere ich (Paul Donders) Sie jetzt heraus, diese Ideen in drei bis fünf Kernsätzen unter der Überschrift **So will ich führen!** zusammenzufassen.

Ich wünsche Ihnen bei diesem Lernprozess viel Freude und Durchhaltevermögen!

| Meine Führungsgrundsätze | Wie ich sie in den Alltag umsetzen will |
|---|---|
| 1. | ▶<br><br>▶ |
| 2. | ▶<br><br>▶ |
| 3. | ▶<br><br>▶ |
| 4. | ▶<br><br>▶ |
| 5. | ▶<br><br>▶ |

## 7.2 Führungsqualität entwickeln

*Strebe nach Vollkommenheit, aber nicht*
*nach dem Scheine der Vollkommenheit und Unfehlbarkeit.*

ADOLPH FREIHERR KNIGGE,
DEUTSCHER SCHRIFTSTELLER UND AUFKLÄRER

Wie gesagt: Eigentlich sehnt sich jeder Mensch zutiefst nach Weiterentwicklung. Oft ist sich der Einzelne nur nicht sicher, ob er sich dies zutraut und ob das Verhältnis von Aufwand und Ertrag stimmt. Lohnt sich der Aufwand? Ist eine Weiterentwicklung überhaupt möglich?

Die Praxis hat uns überzeugt: Ja, Entwicklung ist möglich. Es geht hier nicht um Perfektion. Der Anspruch, die perfekte Führungskraft zu sein, entspringt manchmal krankem Ehrgeiz. Unter den Menschen, die sich aus freien Stücken und nicht etwa von Angst getrieben weiterentwickeln, sind viele Zeitgenossen, die sich in ihrer Unvollkommenheit annehmen, dazu stehen und sich trotzdem nicht zufriedengeben. »Ja, jetzt stehe ich da, aber ich will da nicht stehen bleiben.« Dazu gehört einfach auch, zu reflektieren, sich weiterzuentwickeln und an sich selbst zu arbeiten. Doch wie geht das? Was heißt das?

### Nachdenken

Am Anfang steht immer der bewusste oder unbewusste Raum, den ich dem Nachdenken über mich selbst und meine Führungsqualität gebe. Manchmal ist der Anstoß eine Kritik, eine Krise, ein Schmerz. Sie haben sich auf den Weg gemacht, anhand dieses Buches zu reflektieren: Wo stehe ich als Führungskraft? Worauf kommt es an? Was klappt bei mir gut, wo brauche ich Rat und wo dringt Wasser in mein Boot?

Wir (Paul Donders und Johannes Hüger) nehmen uns mehrmals im Jahr meist hart umkämpfte Auszeiten, um uns selbst, unser Handeln, unsere Ziele und unsere Entwicklung zu reflektieren. Vieles, was Sie in diesem Buch gelesen haben, ist in solchen Situationen entstanden.

Im Folgenden finden Sie eine übersichtliche Tabelle, die an unser Führungsmodell angelehnt wurde. Anhand dieser Tabelle können Sie noch einmal darüber nachdenken, wo Ihre Stärken liegen, die Sie unterstützen wollen, und wo ihre Schwächen liegen, die Sie abbauen möchten. Leider sind wir Menschen oft betriebsblind. Zudem ist die erfolgreichste Form von Betrug immer noch der Selbstbetrug. Gerade deshalb ermuntern wir Sie, diese Tabelle zu kopieren und Menschen in Ihrem Umfeld um eine aufrichtige Rückmeldung zu bitten. Wo sehen diese Personen Ihre Stärken und wo sehen sie auch Handlungsfelder, an denen zu arbeiten sie Ihnen nahelegen?

Ein Chef gab diese Fragen seinen Azubis und war nach einigem Nachdenken überrascht über die Qualität und die Trefferquote dieser jungen Leute, die noch nicht von der Harmoniesucht seines Umfelds infiziert waren. Andere Mitarbeiter tadelten die Azubis aber wegen angeblich mangelnden Respekts gegenüber ihrem Chef, sie waren zu ehrlich. Sie hatten ihm, ohne ein Blatt vor den Mund zu nehmen, ruhig ins Gesicht gesagt, was sie dachten, wahrnahmen und nicht verstanden.

»Selbsterkenntnis ist der erste Schritt zur Besserung«, sagt der Volksmund. Hier ist Ihre Gelegenheit dazu:

1 = trifft nicht zu/5 = trifft voll zu

**Integriertes Führungsmodell – Reflexion**

| **Managementkompetenz** | **1** | **2** | **3** | **4** | **5** | | **Ideen** |
|---|---|---|---|---|---|---|---|
| ▶ Innovations- und Fachkompetenz | | | | | | | |
| ▶ Richtungskompetenz | | | | | | | |
| ▶ Organisationskompetenz | | | | | | | |
| ▶ strategische Personalentwicklung | | | | | | | |
| ▶ Kundenorientierung | | | | | | | |
| **Ergebnis:** | | | | | **:5 =** | | |

| Soziale Kompetenz | 1 | 2 | 3 | 4 | 5 | | Ideen |
|---|---|---|---|---|---|---|---|
| ▶ Menschenkenntnis | | | | | | | |
| ▶ Beziehungskompetenz | | | | | | | |
| ▶ Menschenführung | | | | | | | |
| ▶ Kommunikationskompetenz | | | | | | | |
| ▶ Teambildung | | | | | | | |
| **Ergebnis:** | | | : 5 = | | | | |

| Soziale Verantwortung | 1 | 2 | 3 | 4 | 5 | | Ideen |
|---|---|---|---|---|---|---|---|
| ▶ Zugehörigkeit und Verbundenheit | | | | | | | |
| ▶ Respekt | | | | | | | |
| ▶ Unterstützung und Dienstbarkeit | | | | | | | |
| ▶ Vertrauen | | | | | | | |
| ▶ Mut | | | | | | | |
| **Ergebnis:** | | | : 5 = | | | | |

| Selbstverantwortung | 1 | 2 | 3 | 4 | 5 | | Ideen |
|---|---|---|---|---|---|---|---|
| ▶ Gestaltungswille | | | | | | | |
| ▶ Leistungswille und Disziplin | | | | | | | |
| ▶ Integrität | | | | | | | |
| ▶ Achtsamkeit | | | | | | | |
| ▶ Maßhalten | | | | | | | |
| **Ergebnis:** | | | : 5 = | | | | |

| Identität | 1 | 2 | 3 | 4 | 5 | | Ideen |
|---|---|---|---|---|---|---|---|
| ▶ Selbstkenntnis | | | | | | | |
| ▶ Perspektive | | | | | | | |
| ▶ Lebensbalance | | | | | | | |
| ▶ Ethik und Spiritualität | | | | | | | |
| ▶ Selbstreflexion | | | | | | | |
| **Ergebnis:** | | | : 5 = | | | | |

## Auswertung der Reflexion

Bitte tragen Sie hier jeweils Ihre fünf stärksten Handlungs- bzw. Aktionsfelder (höchste Punktzahl) und Ihre fünf schwächsten Bereiche (niedrigste Punktzahl) ein. In der Spalte »Ideen« können Sie notieren, welche Ideen Sie haben, um die Stärken auszubauen und Ihre Schwachstellen zu reduzieren.

| Handlungsfelder | |
|---|---|
| **Stärken** | **Ideen** |
| | |
| | |
| | |
| | |
| | |
| **Schwächen** | **Ideen** |
| | |
| | |
| | |
| | |
| | |

| Aktionsfelder | |
|---|---|
| **Aktionsfeld** | **Ideen** |
| | |
| | |
| | |
| | |
| | |

Gerne können Sie Ihre Werte auch in den folgenden Radarchart übertragen, indem Sie die Ergebnisse aus der obigen Reflexion übertragen. Ist Ihr Rad rund?

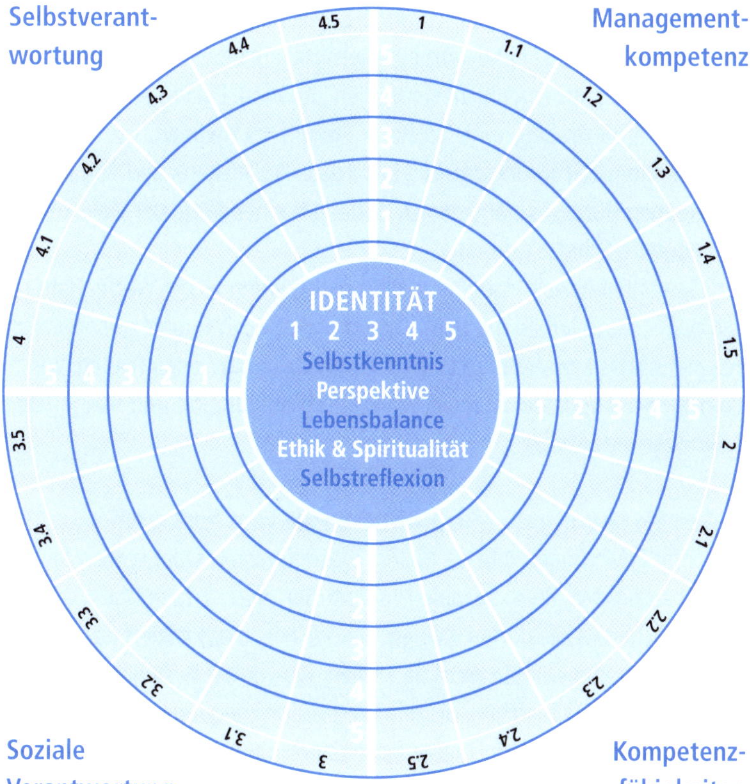


Abbildung 7.1 Ist Ihr Rad rund?

Nun beginnt die Suche nach geeigneten Maßnahmen, um Ihre Stärken zu fördern und gleichzeitig bei Ihren Schwächen den Schaden zu begrenzen. Scheuen Sie sich nicht, einen Fachmann zurate zu ziehen. Gebraucht erhält man viele Lebenserfahrungen und Lebenshinweise deutlich billiger!

## Weiterentwicklung ist kein Event, sondern ein Prozess

Gerade wenn es um Weiterentwicklung geht, gibt es zwei Arten von Zielen: Projektziele und Gewohnheitsziele. Immer jedoch handelt es sich bei Entwicklung um einen Weg und nie nur um ein Event. Noch kein Mensch hat sich charakterlich verändert, weil er bloß einmalig etwas probiert hat. Ein Projektziel besteht beispielsweise in einem verantwortungsvollen Rückzug aus einer nicht stimmigen Situation. Ein Projektziel ist aber ebenso das Bestreben, eine Sache in Angriff zu nehmen, vor der man schon längere Zeit zurückschreckt, etwa das »Ausmisten« und Aufräumen des eigenen Büros. Es handelt sich dabei um einen Weg, der viele kleine, konsequente Schritte erfordert.

Gewohnheitsziele dagegen helfen meist, wenn es um Werte, Haltungen oder Charakterbildung geht. Dazu können auch Rituale gehören. Ein Beispiel ist das konsequente Einhalten von Ordnung: Jeden Freitag, wenn ich mein Büro verlasse, ist mein Schreibtisch aufgeräumt und meine Wiedervorlage aktualisiert.

## Lassen Sie sich inspirieren, profitieren Sie vom Austausch

Gute Erfahrungen gibt es häufig »secondhand«. Oder wollen Sie einen überteuerten Preis bezahlen, indem Sie diese Erfahrungen leidvoll selbst machen? – Sie dürfen wählen. Natürlich ist dies karikiert dargestellt. Aber wir Autoren würden nicht da stehen, wo wir heute stehen, ohne die Inspiration durch Menschen, die den Weg vor uns gegangen sind.

Wie machen es denn meine Kolleginnen und Kollegen? Wie gehen andere Unternehmer mit diesen Herausforderungen um? Gerade deshalb ist unsere Organisation xpand seit vielen Jahren bestrebt, Orte zu schaffen, an denen Begegnung und Erfahrungsaustausch möglich sind. Fast seit Beginn unserer Tätigkeit vor 25 Jahren arbeiten wir, wann auch immer möglich, im Team, veranstalten »Think Tanks«, um gemeinsam zu denken, zu inspirieren und inspiriert zu werden.

Haben Sie Freunde und Kollegen, denen Sie offen und ehrlich Ihr Herz ausschütten können, ohne negative Konsequenzen befürchten zu müssen? Menschen, die Ihnen nicht nach dem Mund reden, sondern Sie gegebenenfalls ermahnen, auf sich, Ihre Mitarbeiter oder Ihren Partner zu achten? Menschen, deren konkrete Lösungsversuche Ihnen wertvolle Anregungen für die eigene Führungspraxis liefern?

Wir schätzen diesen Austausch, weil wir unendlich davon profitiert haben und profitieren. Gerade Führung stellt eine Aufgabe dar, bei der es wichtig ist, dass nicht jeder allein in seiner Schutzburg sitzt und versucht, seine Herausforderungen mit aller Kraft zu bewältigen. Führung bedeutet Verantwortung, und Menschen, die sie auf reife Art und Weise praktizieren, sind ein großer Segen für viele andere.

Was nehmen Sie sich konkret vor? Wo finden Sie Menschen, die Sie auf diesem Weg begleiten? Verschiedene Experten haben herausgearbeitet, dass es für eine Führungskraft wichtiger ist, sich weiterzuentwickeln, als perfekt zu sein. Wo Sie diese Verantwortung für sich selbst und auch für Ihr Umfeld übernehmen, dort wird Ihre Wirksamkeit Kreise ziehen.

## Tipps für eine nachhaltige Entwicklung:

1. Nehmen Sie sich regelmäßige Auszeiten für die Selbstreflexion – allein oder mit anderen.
2. Nehmen Sie sich Zeit, um in Ihrem Alltag regelmäßige Lern-, Lese- und Studierzeiten einzubauen.
3. »Es ist nicht gut, dass der Mensch allein sei.« Verfügen Sie über ein Team innerhalb und außerhalb Ihrer Organisation, in dem Sie offen und vertrauensvoll reden und sich Rat holen können? Einige Unternehmer, die wir kennen, haben aus diesem Grund nur für sich einen Beirat gegründet, der ihnen in ihrer Verantwortung als Führungskraft zur Seite steht.
4. Gibt es einen Ort, am dem Sie sich immer wieder mit gleichgesinnten Führungskräften treffen können, um gemeinsam zu lernen und sich weiterzuentwickeln?
5. Gerade wenn Sie Verantwortung für eine ganze Organisation und für viele Menschen tragen, kann ein wertekompatibler, erfahrener Coach ein sehr guter Spiegel und Ratgeber sein.

# Nachwort

*Führungskunst ist eine Kunst,*
*aber kein Buch mit sieben Siegeln.*

JOHANNES HÜGER UND PAUL CH. DONDERS

Wir hoffen, die Ausführungen in diesem Buch konnten Ihnen helfen, eine Struktur und einen Überblick über die nötigen Kompetenzen und Haltungen zu bekommen.

Wer sich als Führungskraft entwickelt, entwickelt sich immer auch als Mensch. Und wer sich als Mensch konsequent entwickelt, entwickelt sich zur Führungskraft.

Wir hoffen, dieses Buch hat Ihnen Lust auf mehr gemacht, Lust darauf, die Reise hier nicht abzubrechen, sondern weiterzureisen, sich um ein tieferes Verständnis zu bemühen und dabei zu merken, dass dies möglich ist.

Es ist möglich, in dieser Welt etwas zu bewirken. Und die Menschen hungern danach. Es ist möglich, etwas im eigenen Umfeld zu bewegen, im Team, in Ihrer Firma oder Organisation. Sie werden eines sehen: Wo Sie gewissenhaft Verantwortung übernehmen, zieht Ihr Tun Kreise und Sie tragen zu einer besseren Welt bei.

Weihnachten 2010

Paul Ch. Donders und Johannes Hüger
p.donders@xpand.eu j.hueger@xpand.eu

# Quellenverzeichnis

## Bücher

Allen, David. Wie ich die Dinge geregelt kriege. Selbstmanagement für den Alltag. 6. Aufl. München 2007.

Arendt, Hannah. Eichmann in Jerusalem. Ein Bericht von der Banalität des Bösen. München 1995.

Asserate, Asfa-Wossen. Manieren. 5. Aufl. München 2010.

Bauer, Joachim. Warum ich fühle, was du fühlst. München 2006.

Bauer, Joachim. Das Prinzip Menschlichkeit. Warum wir von Natur aus kooperieren. 2. Aufl. Hamburg 2006.

Blanchard, Kenneth. Der Minuten-Manager. 8. Aufl. Berlin 2002.

Blanchard, Kenneth. Führung. Der One-Minute Manager rechnet ab. München 2008.

Blanchard, Kenneth. Gung Ho! Wie Sie jedes Team in Höchstform bringen. Berlin 2003.

Branham, Leigh. The 7 Hidden Reasons Employees Leave: How to Recognise the Subtle Signs and Act Before Its Too Late. New York 2004.

Bridges, William. Managing Transitions. Making the most of change. Jackson 2009.

Buckingham, Marcus et al. Erfolgreiche Führung gegen alle Regeln: Wie Sie wertvolle Mitarbeiter gewinnen, halten und fördern. 3. Aufl. Frankfurt 2005.

Christakis, Nicholas und Fowler, James. Connected! Die Macht sozialer Netzwerke und warum Glück ansteckend ist. Frankfurt 2010.

Cloud, Henry. Integrity: The Courage to Meet the Demands of Reality. New York 2006.

Collins, Jim et al. Der Weg zu den Besten: Die sieben Management-Prinzipien für dauerhaften Unternehmenserfolg, München 2003.

Collins, Jim. How the mighty fall and why some companies never give in. London 2009.

Covey, Stephen M. R. Schnelligkeit durch Vertrauen. Offenbach 2009.

Csikszentmihalyi, Mihaly. Flow im Beruf. Das Geheimnis des Glücks am Arbeitsplatz, Stuttgart 2004.

Doidge, Norman. Neustart im Kopf: Wie sich unser Gehirn selbst repariert. Frankfurt 2008.

Donders, Paul Ch. Kreative Lebensplanung: Entdecke deine Berufung. Entwickle dein Potenzial – beruflich und privat. Asslar 2001.

Donders, Paul Ch. Mitarbeiter fördern und fordern. 3. Aufl. Asslar 2001.

Drucker, Peter. Die fünf entscheidenden Fragen des Managements. Weinheim 2009.

Dweck, Carol. Wie unser Denken Erfolge oder Niederlagen bewirkt. Frankfurt 2007.

Ernst, Heiko. Wie uns der Teufel reitet. Von der Aktualität der 7 Todsünden. Berlin 2006.

Erikson, Erik H. Der vollständige Lebenszyklus. 7. Aufl. Frankfurt 1988.

Frankl, Viktor. Trotzdem ja zum Leben sagen. Ein Psychologe erlebt das Konzentrationslager. 29. Aufl. München 2008.

Frankl, Viktor. Ärztliche Seelsorge: Grundlagen der Logotherapie und Existenzanalyse. München 2007.

Gaillot, Jacques. Eine Kirche, die nicht dient, dient zu nichts. Erfahrungen eines Bischofs. Freiburg 1995.

Gay, Friedbert und Seiwert, Lothar. Das 1 x 1 der Persönlichkeit. Remchingen 1996.

Gerster, Petra und Nürnberger, Christian. Charakter. Worauf es bei Bildung wirklich ankommt. Berlin 2010.

Gladwell, Malcolm. Überflieger. Warum manche Menschen erfolgreich sind – und andere nicht. München 2010.

Goleman, Daniel. Soziale Intelligenz. Wer auf andere zugehen kann, hat mehr vom Leben. München 2006.

Greenleaf, Robert. Servant leadership: A Journey into the Nature of Legitimate Power and Greatness. New York 2002.

Grün, Anselm und Jarosch, Linda. Königin und wilde Frau. Lebe, was du bist! 10. Aufl. Münsterschwarzach 2009.

Grün, Anselm. Geborgenheit finden und Rituale feiern. Freiburg 2002.

Grün, Anselm. Gut mit sich selbst umgehen. Mainz 1995.

Grün, Anselm. Kämpfen und lieben: Wie Männer zu sich selbst finden. 8. Aufl. Münsterschwarzach 2009.

Grün, Anselm. Menschen führen – Leben wecken. 10. Aufl. Münsterschwarzach 2010.

Grün, Anselm. Leben und Beruf. Eine spirituelle Herausforderung. 4. Aufl. Münsterschwarzach 2007.

Guardini, Romano. Tugenden. Mainz 1984.

Guardini, Romano. Die Lebensalter: Ihre ethische und pädagogische Bedeutung. 9. Aufl. Kevelaer 2010.

Guardini, Romano. Vom Sinn der Gemeinschaft. Hamburg 1992.

Guardini, Romano. Die Macht: Versuch einer Wegweisung. Mainz 1989.

Gunnarson, Lars. Hostmanship, Vardskapet 2007.

Händeler, Erik. Die Geschichte der Zukunft. Sozialverhalten heute und der Wohlstand von morgen. 7. Aufl. Moers 2005.

Höhler, Getrud. Warum Vertrauen siegt. 50 gute Gründe, sich aufeinander einzulassen. München 2003.

Hüger, Johannes M., Knoblauch, Jörg et al. Dem Leben Richtung geben. 5. Aufl. Frankfurt 2007.

Hüther, Gerald. Bedienungsanleitung für ein menschliches Gehirn. Göttingen 2004.

Lee, Fred. If Disney Ran Your Hospital. 9 ½ Things You Would Do Differently. New York 2004.

Leoncioni, Patrick. The Five Dysfunctions of a Team. New York 2002.

Kasper, Walter (Hg.). Lexikon für Theologie und Kirche. Freiburg 1965.

MacDonald, Gordon. Getrieben oder berufen. Asslar 1988.

Malik, Fredmund. Führen, Leisten, Leben. 17. Aufl. München 2004.

Martin, James. Becoming Who You Are. Insights on the True Self from Thomas Merton and Other Saints. 2006.

Mintzberg, Henry. Managen. Offenbach 2010.

Morgan, Gareth. Bilder der Organisation. 4. Aufl. Stuttgart 2000.

Morhart, Felizitas und Jenewein, Wolfgang. Was gute Führung ausmacht. Boston 2010.

Müller, Wunibald. Gönne dich dir selbst. 14. Aufl. Münsterschwarzach 2011.

Nanus, Burt. Visionäre Führung. Frankfurt/New York 1997.

Panse, Wilfried. Angst – Macht – Erfolg. München 2005.

Pattakos, Alex und Frankl, Viktor. Freiheit unserer Gedanken. Wien 2005.

Pelz, Waldemar. Kompetent führen: Wirksam kommunizieren, Mitarbeiter motivieren. Wiesbaden 2004.

Peter, Lawrence J. und Hull, Raymond. The Peter Principle. New York 1969.

Pieper, Josef. Über die Tugenden. 3. Aufl. München 2004.

Pink, Daniel. Drive: The Surprising Truth About What Motivates Us. Edinborough 2010.

Pink, Daniel. Unsere kreative Zukunft: Warum und wie wir unser Rechtshirnpotenzial entwickeln müssen. München 2008.

Pollmann, Arnd. Integrität: Aufnahme einer sozialphilosophischen Personalie. Bielefeld 2005.

Precht, Richard David. Wer bin ich – und wenn ja, wie viele? München 2007.

Rosenberg, Marshall. Gewaltfreie Kommunikation. Eine Sprache des Lebens. 6. Aufl. Paderborn 2007.

Schwarz, Christian und Schalk, Christoph. Die Praxis der natürlichen Gemeindeentwicklung, Emmelsbüll 1997.

Morrell, Margot und Stephanie, Caparell. Shackletons Führungskunst. Hamburg 2003.

Simon, Walter. Grundlagen der Kommunikation. 3. Aufl. Offenbach 2004.

Simon, Walter. Gabals großer Methodenkoffer. Offenbach 2004.

von Oech, Roger. Der kreative Kick. Paderborn 1994.

Wälde, Rainer. Guter Stil: Mit Gefühl, Takt und Umsicht zum Erfolg. Ihr Knigge für mehr Sicherheit und Souveränität. München 2007.

Weber, Max. Wirtschaft und Gesellschaft, Hauptwerke der großen Denker. Paderborn 2004.

Weiss, Halko, Harrer, Michael E. et al. Das Achtsamkeits-Buch. 4. Aufl. Stuttgart 2010.

Whitmore, John. Coaching für die Praxis. 3. Aufl. Frankfurt 1996.

Wunsch, Albert. Die Verwöhnungsfalle. Für eine Erziehung zu mehr Eigenverantwortlichkeit. 12. Aufl. München 2008

Wunsch, Albert. Abschied von der Spaßpädagogik. Für einen Kurswechsel in der Erziehung. 4. Aufl. München 2007

## Zeitschriften

Karsh, Laurence. The Hidden Costs of Poor People Management. In: Inc. Magazine, Dezember 2004.

Kernes, Michael und Goldman, Brian. Dare to be yourself. In: Psychology today, Oktober 2010.

Galford, Robert und Seibolt Drapeau, Anne. The Enemies of Trust. In: Harvard Business Review OnPoint. 2010.

## Internetquellen

Finfacts, Ireland's Business & Finance Portal.

http://www.finfacts.ie/irishfinancenews/International_4/article_1018381_printer.shtml

(abgerufen am 6. November 2009).

# Dank

PAUL CH. DONDERS: Mein Dank gilt Pastor Heinz Schreckenberg, denn du bist seit mehr als 30 Jahren ein Mentor für mich und meine Frau Sylvia und das Vorbild eines authentischen Leiters, Hirten und Menschen voller Lebensweisheit.

Besonders dankbar bin ich Dir, Sylvia, die du mit mir seit 33 Jahren unsere Familie führst und mich immer wieder neu inspirierst!

Mein Dank gilt ebenfalls dem xpand Leistungsteam in den Niederlanden: Janny Budding, Albert Hoekstra und Jeroen Mom. Ein Teil eurer Gemeinschaft zu sein ist ein Vorrecht: spannend und motivierend. Es gibt mir ein Fundament für all meine anderen Führungsaufgaben. Danke für euer langjähriges Engagement.

Nicht zu vergessen, bin ich Annette van Dijk von Herzen dankbar, die neben ihrem Job als Büromanagerin mein handgeschriebenes Skript mit viel Geduld und Hingabe digitalisiert, kontrolliert und verbessert hat. Es ist ein Privileg, mit dir zusammenzuarbeiten!

JOHANNES HÜGER: Es gibt so viele Menschen, durch die mein Leben so reich ist. Danke an euch alle! Ganz besonders danken will ich:

meiner Lieblingsführungskraft und Ehefrau Birgit, durch die ich so viel lernen und erkennen darf,
meinen drei »Nachwuchsführungskräften«: David, Stephan und Benjamin,
meinen Kollegen und Kolleginnen bei xpand, vor allem Jürgen und Michaela Kast,
Susanne Kleider, Lars Stängle, Ricardo Wiedenbrüg,
Judith Maier, Christine Engst und Nora Lange für eure Hilfe beim Schreiben und Recherchieren,
den Wegbegleitern bei Koinonia,
meinen Kollegen und dem Team von Tempus sowie Prof. Jörg Knoblauch,
all den wertvollen Mitmenschen und Führungskräften, mit denen wir gemeinsam unterwegs sein dürfen.

PAUL CH. DONDERS UND JOHANNES HÜGER: Unser gemeinsamer Dank gilt den besonderen Menschen beim Vier-Türme-Verlag in Münsterschwarzach, vor allem Bruder Linus Eibicht und Herrn Dr. Matthias E. Gahr. Unser Dank gilt auch Judith Engst, die mit Herz, Professionalität und Engagement als Lektorin wesentlich zum Erscheinen dieses Buches beigetragen hat.

Der größte Dank aber gilt unserem himmlischen Vater, der der beeindruckendste Leiter aller Zeiten ist!

1. Faktoren von Leitung – S. 11 / 1–2

2. Führungsfaktoren im Wandel – wie Zeit im Wandel (S. 15–17)

↳ Aufgaben von Führungskräften S. 18 als Ergebnis des Wandels.

↳ Stagnation / Frieden – Konflikt

↳ Führungsstil ⇒ Lockmittel / Belohnungssystemen ⇒ Dienstwagen

3. Definitionen (S. 23/24/26

↳ Mt 20,20 / Phil 2,1–5/6–11)

↳ Führen heißt Grenzen kennen ↳ Stopp.

↳ Führungskraft die sich selbst überschätzt, wird sein begrenzendes Talent

↳ Ein Werk darf nie so gut sein wie sein Gutes!

4. Führungsmodell – („Das integrierte Führungsmodell")

↳ Integrität – Werte integrierter Führung"

a) sieben Urnorm (S. 30 – 53)

b) Modell

5. Grundkategorien

1. Selbstverantwortung
2. Soziale Verantwortung
3. Soziale Kompetenz
4. Management Kompetenz
5. Identität.